BRIAN COX
JEFF FORSHAW

Warum ist $E = mc^2$

Albert Einstein ebnete den Weg für das Verständnis des Leuchtens der Sterne. Und er legte letztlich die Basis, auf der die gesamte moderne Physik beruht. Egal ob Wissenschaftler oder nicht – wir alle ziehen unsere Schlüsse über den Lauf der Welt aus der Alltagserfahrung. Doch sobald sich Dinge mit sehr hoher Geschwindigkeit bewegen, sind die Vorstellungen von Raum und Zeit mit dem gesunden Menschenverstand nicht mehr vereinbar. An seine Stelle tritt etwas völlig Neues, Unerwartetes und Elegantes: Das Universum ist deutlich vielfältiger, als unsere Erfahrungen uns glauben machen wollen. Zwei junge Physik-Professoren bieten uns einen ganz neuen Zugang, der Einsteins Theorie von Raum und Zeit so einfach wie möglich vermittelt und gleichzeitig ihre tiefgreifende Schönheit offenbart.

Brian Cox ist Professor für Teilchenphysik an der Universität Manchester. In Großbritannien ist er dank der Sendereihe »Wonders of the Universe« auf BBC überaus populär. Mit der Popgruppe D:REAM landete er außerdem einige Top-10-Hits, darunter »Things Can Only Get Better«.

Jeff Forshaw ist Professor für theoretische Physik an der Universität Manchester. In seinen Vorlesungen hat er sich auf Einsteins Relativitätstheorie spezialisiert. Im Jahr 1999 wurde ihm die Maxwell-Medaille für seine außergewöhnlichen Leistungen auf diesem Gebiet verliehen.

BRIAN COX
JEFF FORSHAW

Warum ist $E = mc^2$

EINSTEINS BERÜHMTE FORMEL
VERSTÄNDLICH ERKLÄRT

KOSMOS

Impressum

Aus dem Englischen übersetzt von Michael Vogel.

Titel der Originalausgabe: Why does E = mc²?, erschienen bei Da Capo Press, Großbritannien, unter der ISBN 978-0-306-81911-7.

Umschlaggestaltung von Jorge Schmidt unter Verwendung einer Illustration von Thomas Kuhlenbeck. Fotos auf den Innenseiten: vorne Brian Cox und Jeff Forshaw (© Dan Pothecary), hinten Albert Einstein im Jahr 1916 (P. Ehrenfest, Rijksmuseum Boerhaave, Leiden).

Mit 25 Schwarzweißzeichnungen nach Vorlagen der Verfasser.

Unser gesamtes Programm finden Sie unter **kosmos.de**.
Über Neuigkeiten informieren Sie regelmäßig unsere Newsletter, einfach anmelden unter **kosmos.de/newsletter**.

Gedruckt auf chlorfrei gebleichtem Papier

MIX
Papier | Fördert gute Waldnutzung
FSC® C014889

3., überarbeitete deutschsprachige Ausgabe

Pfizerstraße 5–7, 70184 Stuttgart
kosmos.de/servicecenter

ISBN 978-3-440-18596-4
Redaktion: Sven Melchert
Produktion: Ralf Paucke
Druck und Bindung: Friedrich Pustet GmbH & Co. KG, Regensburg
Printed in Germany/Imprimé en Allemagne

Für unsere Familien, namentlich Gia, Mo, George, David, Barbara, Sandra, Naomi, Isabel, Sylvia, Thomas und Michael

Inhalt

Danksagung

Wir danken unseren Agenten Susan, Diane und George sowie unseren Lektoren Ben und Cisca. Unter unseren Kollegen aus der Wissenschaft möchten wir uns besonders bei Richard Battye, Fred Loebinger, Robin Marshall, Simone Marzani, Ian Morison und Gavin Smith bedanken. Besonderer Dank gebührt Naomi Baker, vor allem für ihre Anmerkungen zu den ersten Kapiteln, sowie Gia Milinovich, die die Frage gestellt hat.

Vorwort

In diesem Buch wollen wir Einsteins Theorie von Raum und Zeit so einfach wie möglich beschreiben und gleichzeitig ihre tiefgreifende Schönheit vermitteln. Das führt uns zu Einsteins berühmter Gleichung $E = mc^2$, ohne dass wir kompliziertere Mathematik anwenden müssen als den Satz des Pythagoras. Und keine Sorge, falls Sie sich nicht mehr an den Satz von Pythagoras erinnern, denn wir werden auch ihn behandeln. Genauso wollen wir jedem zeigen, wie sich die moderne Physik die Natur vorstellt und wie die Wissenschaft nützliche Theorien entwickelt, die unser aller Leben verändern. Albert Einstein ebnete den Weg für das Verständnis des Leuchtens der Sterne. Er deckte die wahren Gründe auf, warum elektrische Motoren und Generatoren funktionieren und legte letztlich die Basis, auf der die gesamte moderne Physik beruht. Dieses Buch soll zudem provokant und fordernd sein. Die Physik selbst steht nicht zur Debatte: Einsteins Theorien sind sehr gefestigt und werden von vielen experimentellen Nachweisen gestützt, wie wir im Lauf des Buches feststellen werden. Zu gegebener Zeit möchten wir betonen, dass Einsteins Erkenntnisse durch ein noch genaueres Bild der Natur verdrängt werden könnten. Denn in den Naturwissenschaften gibt es keine absoluten Wahrheiten, nur Auffassungen über die Welt, deren Fehler noch nachgewiesen werden müssen. Sicher ist, dass Einsteins Theorie derzeit funktioniert. Die Provokation besteht darin, wie die Naturwissenschaften unsere Vorstellungen über die Welt strapazieren. Egal ob Wissenschaftler oder nicht – jeder von uns besitzt Intuition und wir alle ziehen unsere Schlüsse über den Lauf der Welt aus der Alltagserfahrung. Wenn wir jedoch die Beobachtungen im präzisen Licht der wissenschaftlichen Methodik betrachten, müssen wir feststellen, dass die Natur unseren Erwartungen häufig nicht folgt. So werden wir im Verlauf dieses Buches feststellen: Sobald sich Dinge mit sehr hoher Geschwindigkeit bewegen, sind die Vorstellungen von Raum und Zeit mit dem gesunden Menschenverstand nicht mehr vereinbar. An seine Stelle tritt etwas völlig Neues, Unerwartetes und Elegantes. Diese Erkenntnis ist lehrreich und macht bescheiden. Sie erzeugt bei vielen Wissenschaftlern ein Gefühl der Ehrfurcht: Das Universum ist deutlich vielfältiger, als unsere Alltagserfahrungen uns glauben machen wollen. Dabei ist vielleicht der Umstand am wunderbarsten, dass die neue Physik in all ihrer Fülle mit einer erstaunlichen mathematischen Eleganz ausgestattet ist.

So schwierig die Physik manchmal auch wirkt, in ihrem Kern ist sie keine komplizierte Disziplin. Man könnte sie als einen Versuch auffassen, unsere angeborenen Vorurteile abzubauen, um die Welt so objektiv wie möglich zu betrachten. Bei diesem Vorhaben ist sie mehr oder minder erfolgreich, doch es besteht kaum Zweifel an ihrem Erfolg, viele Aspekte des Universums zu erklären. Indem die Wissenschaft uns lehrte, sich mit der Natur abzufinden, wie sie ist, statt sie sich gemäß unserer Vorurteile so vorzustellen, wie sie sein könnte, hat uns der wissenschaftliche Ansatz die moderne technische Welt ermöglicht. Kurz gesagt: Wissenschaft funktioniert.

Im ersten Teil des Buches werden wir die Gleichung $E = mc^2$ herleiten. Mit »herleiten« meinen wir, dass wir zeigen werden, wie Einstein zu dem Schluss kam, dass die Energie gleich der Masse multipliziert mit dem Quadrat der Lichtgeschwindigkeit ist. Genau das besagt die Gleichung. Die wohl bekannteste Form der Energie ist die Bewegungsenergie. Wenn Ihnen jemand einen Ball ins Gesicht wirft, tut es beim Aufprall weh. Ein Physiker würde sagen, es liege daran, dass der Werfer dem Ball Energie mitgegeben hat und diese Energie auf Ihr Gesicht übertragen wird, wenn es den Ball stoppt. Die Masse ist ein Maß dafür, wieviel Materie ein Körper enthält. Ein Fußball ist massereicher als ein Tischtennisball, aber masseärmer als ein Planet. $E = mc^2$ besagt, dass Energie und Masse austauschbar sind, wie Dollar und Euro ineinander umtauschbar sind, und dass das Quadrat der Lichtgeschwindigkeit der Wechselkurs ist. Wie in aller Welt konnte

Einstein zu diesem Schluss kommen, und wie konnte die Lichtgeschwindigkeit ihren Weg in eine Gleichung finden, in der es um die Beziehung zwischen Energie und Masse geht? Wir setzen kein wissenschaftliches Vorwissen voraus und wir vermeiden Mathematik so weit wie möglich. Trotzdem ist unser Ziel, dem Leser eine echte Erklärung (und nicht bloß eine Beschreibung) des wissenschaftlichen Sachverhalts zu liefern. Besonders in dieser Hinsicht hoffen wir, etwas Neues anbieten zu können.

In den späteren Kapiteln werden wir sehen, wie $E = mc^2$ unser Verständnis vom Funktionieren des Universums stützt. Warum leuchten Sterne? Warum ist die Kernenergie so viel effizienter als die Verbrennung von Kohle oder Öl? Was ist Masse? Diese Fragen werden uns in die Welt der modernen Teilchenphysik führen, zum Large Hadron Collider am CERN in Genf und zur Suche nach dem Higgs-Teilchen, das eine Erklärung für den eigentlichen Ursprung der Masse liefern kann. Das Buch endet mit Einsteins bemerkenswerter Entdeckung, dass die Struktur von Raum und Zeit letztlich für die Schwerkraft und die sonderbare Vorstellung verantwortlich ist, dass die Erde »auf gerader Linie« um die Sonne herumfällt.

KAPITEL 1

Raum und Zeit

Was bedeuten für Sie die Begriffe »Raum« und »Zeit«? Vielleicht stellen Sie sich den Raum als die Leere zwischen den Sternen vor, wenn Sie Ihren Blick in einer kalten Winternacht an den Himmel richten. Oder Sie haben die Weite zwischen Erde und Mond vor Augen, die ein in Goldfolie gepacktes Raumschiff zurücklegte – herausgeputzt mit der amerikanischen Flagge, gesteuert von kahlrasierten Astronauten, die Namen wie Buzz trugen. Die Zeit könnte das Ticken Ihrer Uhr sein oder das Welken der Blätter, wenn die Erde bei ihrem Umlauf um die Sonne zum Fünfmilliardsten Mal ihre nördlichen Breiten von der Sonne weg neigt. Wir haben alle ein intuitives Gefühl für Raum und Zeit; sie sind mit unserer Existenz verwoben. Wir bewegen uns durch den Raum auf der Oberfläche unseres blauen Planeten, während die Zeit vergeht.

Gegen Ende des 19. Jahrhunderts gab es eine Reihe von wissenschaftlichen Durchbrüchen, die scheinbar nichts miteinander zu tun hatten. Sie zwangen die Physiker nach und nach dazu, diese einfache, intuitive Vorstellung von Raum und Zeit nochmals zu überprüfen. Anfang des 20. Jahrhunderts fühlte sich Albert Einsteins Kollege und Lehrer Hermann Minkowski dazu bemüßigt, seinen inzwischen berühmten Nachruf auf die bis dahin akzeptierte Vorstellung zu verfassen: »Der Raum und die Zeit, jeweils für sich genommen, sind zu bloßen Schatten geworden, und nur die Vermischung der beiden existiert eigenständig.«

Was könnte Minkowski mit der Vermischung von Raum und Zeit gemeint haben? Um diese fast mystisch klingende Aussage zu verstehen, muss man Einsteins Spezielle Relativitätstheorie nachvollziehen – jene Theorie, die der Welt die berühmteste aller Gleichungen gebracht hat, $E = mc^2$, und die in den Mittelpunkt unseres Verständnisses von der Struktur des Universums die Größe mit dem Symbol c, die Lichtgeschwindigkeit, gerückt hat.

Einsteins Spezielle Relativitätstheorie ist in ihrem Kern die Beschreibung von Raum und Zeit. Zentral für die Theorie ist die Vorstellung einer besonderen Geschwindigkeit – einer Geschwindigkeit, über die hinaus nichts im Universum beschleunigen kann, egal wie leistungsfähig etwas ist. Diese Geschwindigkeit ist die Lichtgeschwindigkeit: 299.792.458 Meter pro Sekunde im Vakuum des leeren Raums. Ein von der Erde ausgesendeter Lichtblitz benötigt bei dieser Geschwindigkeit acht Minuten bis zur Sonne, 100.000 Jahre, um das Milchstraßensystem zu durchqueren, und mehr als zwei Millionen Jahre, um unseren galaktischen Nachbarn zu erreichen, die Andromedagalaxie. Heute Nacht wird das größte Teleskop auf der Erde in die Schwärze des Raums blicken und das Licht von fernen, schon lange erloschenen Sonnen am Rande des beobachtbaren Universums auffangen. Deren Licht trat seine Reise vor mehr als zehn Milliarden Jahren an, mehrere Jahrmilliarden, bevor die Erde aus einer kollabierenden Wolke interstellaren Staubs entstanden ist. Die Lichtgeschwindigkeit ist schnell, aber bei weitem nicht unendlich schnell. Bei den gewaltigen Entfernungen zwischen Sternen und Galaxien kann die Lichtgeschwindigkeit entmutigend langsam sein – langsam genug, dass wir sehr kleine Körper fast bis auf Lichtgeschwindigkeit beschleunigen können. Möglich ist das mit Anlagen wie dem 27 Kilometer großen Large Hadron Collider am Europäischen Zentrum für Kernforschung (CERN) in Genf.

Dass eine solche spezielle Geschwindigkeit existiert, eine kosmische Höchstgeschwindigkeit, ist eine seltsame Vorstellung. Wie wir im Verlauf des Buches erkennen werden, wird sich die Verknüpfung dieser besonderen Geschwindigkeit mit der Lichtgeschwindigkeit als eine Art Ablenkungsmanöver herausstellen. Sie muss in Einsteins Universum eine viel grundlegendere Rolle spielen, und es gibt gute Gründe dafür, dass sich Licht mit dieser Geschwindigkeit bewegt. Wir werden darauf später zurückkommen. Für den Moment genügt es zu sagen, dass sonderbare Dinge geschehen, wenn Körper sich der Lichtgeschwindigkeit nähern. Wie ließe sich ein Körper davon abhalten, über diese Geschwindigkeit hinaus zu beschleunigen? Es wäre so, als ob es ein universelles physikalisches Gesetz gäbe, das Ihr Auto daran hindert, schneller als mit 100 Kilometer pro Stunde zu fahren, egal wie leistungsfähig der Motor ist. Anders als eine Geschwindigkeitsbegrenzung muss diesem Gesetz jedoch nicht durch eine himmlische Polizei Geltung verschafft werden. Die bloße Struktur von Raum und Zeit ist so gestaltet, dass es absolut unmöglich ist, dieses Gesetz zu brechen. Das erweist sich als sehr glücklicher Umstand, denn sonst käme es zu unerfreulichen Folgen. Wenn es möglich wäre, die Lichtgeschwindigkeit zu überschreiten, ließen sich Zeitmaschinen bauen, die uns zurück zu jedem beliebigen Punkt in der Vergangenheit befördern könnten. Wir könnten uns vorstellen, in eine Zeit vor unserer Geburt zurückzureisen und zufällig oder absichtlich verhindern, dass sich unsere Eltern jemals kennen lernten. Das ist exzellente Science-Fiction, aber keine Methode, ein Universum aufzubauen. Und Einstein fand tatsächlich heraus, dass das Universum so nicht aufgebaut ist. Raum und Zeit sind filigran miteinander verwoben, so dass solche Widersprüche nicht auftreten können. Doch die Sache hat ihren Preis: Wir müssen dafür unsere tief verwurzelte Vorstellung von Raum und Zeit aufgeben. Einsteins Universum ist eines, in dem Uhren in Bewegung langsamer ticken, Körper in Bewegung schrumpfen und wir Jahrmilliarden in die Zukunft reisen können. Es ist ein Universum, in dem sich das Leben eines Menschen fast unendlich lange verlängern lässt. Wir könnten der Sonne beim Erlöschen zusehen, dem Verdampfen der irdischen Ozeane und wie unser Planetensystem in ewige Finsternis fällt. Wir könnten Sternen bei ihrer Entstehung aus turbulenten Staubwolken zuschauen sowie der Entstehung von Planeten und womöglich dem Anfang des Lebens auf neuen, derzeit noch unfertigen Welten. Einsteins Universum lässt zu, dass wir in die ferne Zukunft reisen, während es die Türen zur Vergangenheit fest vor uns verschlossen hält.

Am Ende dieses Buches werden wir sehen, wie Einstein zu so einer fantastischen Vorstellung unseres Universums gezwungen war, und wie sich mit vielen wissenschaftlichen Experimenten und technischen Anwendungen zeigen ließ, dass diese Vorstellung richtig ist. Die Satellitennavigation in Ihrem Auto zum Beispiel muss den Umstand berücksichtigen, dass die Zeit für die Satelliten in der Erdumlaufbahn mit einer anderen Geschwindigkeit vergeht als am Boden. Einsteins Vorstellung ist radikal: Raum und Zeit sind nicht das, was sie zu sein scheinen.

Aber wir überholen uns selbst. Um Einsteins Entdeckung zu verstehen und wertzuschätzen, müssen wir zunächst sehr sorgfältig über die beiden Konzepte nachdenken, die den Kern der Relativitätstheorie ausmachen: Raum und Zeit.

Stellen Sie sich vor, dass Sie dieses Buch während eines Flugs lesen. Um 12 Uhr schauen Sie auf ihre Uhr, legen das Buch beiseite, verlassen Ihren Platz und laufen den Gang entlang, um mit Ihrem Freund zu reden, der zehn Reihen vor Ihnen sitzt. Um 12:15 Uhr kehren Sie an Ihren Platz zurück, setzen sich und greifen wieder zum Buch. Der gesunde Menschenverstand besagt, dass Sie wieder zum selben Ort zurückgekehrt sind. Sie mussten dieselben zehn Reihen zurückgehen, um Ihren Platz zu erreichen, und als Sie zurückkehrten, war Ihr Buch da, wo Sie es zurückgelassen hatten. Aber denken Sie mal etwas ausführlicher über die Formulierung »derselbe Ort« nach. Das mag etwas pedantisch wirken, weil es unmittelbar offensichtlich ist, was wir meinen, wenn wir einen Ort beschreiben. Wir können einen Freund anrufen und uns mit ihm auf einen Drink in einer Bar verabreden, und die Bar wird sich nicht bewegt haben, wenn wir beide ankommen. Sie wird am selben Ort sein, wo wir sie verlassen hatten – womöglich in der vergangenen Nacht. Viele Dinge in diesem Kapitel werden ziemlich pedantisch erscheinen, doch bleiben Sie dran! Das sorgfältige Nachdenken über diese scheinbar offensichtlichen Vorstellungen führt uns in die Fußstapfen von Aristoteles, Galileo Galilei, Isaac Newton und Albert Einstein. Wie könnten wir also präzise definieren, was wir mit »demselben Ort« meinen? Wie wir das auf der Erdoberfläche tun müssen, wissen wir bereits. Eine Kugel hat ein Koordinatensystem auf ihrer Oberfläche, Längen- und Breitengrade. Jeder Ort auf der Erdoberfläche lässt sich mit zwei Zahlen beschreiben, die für die Position in diesem Koordinatensystem stehen. Zum Beispiel liegt Manchester in Großbritannien bei 53 Grad 30 Minuten Nord und 2 Grad 15 Minuten West. Diese beiden Zahlen sagen uns genau, wo wir Manchester finden können, vorausgesetzt, dass wir uns über den Ort des Äquators und des Nullmeridians (des Meridians von Greenwich) einig sind. Analog dazu gibt es eine Möglichkeit, den Ort eines beliebigen Punktes festzulegen – egal ob er auf der Erdoberfläche liegt oder nicht: die Vorstellung eines imaginären dreidimensionalen Koordinatensystems, das über die Erdoberfläche hinaus in die Luft reicht. Tatsächlich könnte das Koordinatensystem auch nach unten durch den Erdmittelpunkt bis auf die andere Seite weitergehen. Dann könnten wir beschreiben, wo sich alles auf der Welt relativ zum Ursprung dieses Koordinatensystems befindet – egal ob in der Luft, auf der Oberfläche oder unter der Erde. Tatsächlich müsste dies nicht bei unserer Welt enden. Das Koordinatensystem könnte weiterreichen – zum Mond, zum Jupiter, zu Neptun und Pluto, selbst über das Milchstraßensystem hinaus bis in die tiefsten Tiefen des Universums. Mit unserem riesigen, womöglich unendlich großen Koordinatensystem könnten wir herausfinden, wo alles ist, oder um ein Woody-Allen-Zitat umzuformulieren: Es wäre sehr nützlich, wenn Sie zu dieser Art von Menschen gehören, die sich niemals daran erinnern können, wo Sie etwas hingelegt haben. Unser Koordinatensystem definiert daher eine Manege, in der alles existiert – eine Art von gewaltiger Kiste, die alle Dinge des Universums enthält. Wir könnten sogar versucht sein, diese riesige Manege »Raum« zu nennen.

Kehren wir nun zurück zu unserem Beispiel mit dem Flugzeug und kommen zu der Frage, was es bedeutet, »am selben Ort« zu sein. Sie könnten annehmen, dass Sie um 12:00 und 12:15 Uhr am selben Punkt im Raum waren. Aber stellen Sie sich nun vor, wie die Abfolge der Ereignisse für eine Beobachterin am Erdboden war. Wenn das Flugzeug über sie mit 1000 Kilometer pro Stunde hinwegfliegt, würde die Beobachterin sagen, dass Sie sich zwischen 12:00 und 12:15 Uhr um 250 Kilometer bewegt haben. Anders gesagt: Sie befanden sich um 12:00 und um 12:15 Uhr an verschiedenen Punkten im Raum. Wer hat Recht? Wer hat sich bewegt und wer blieb in Ruhe?

Wenn Ihnen die Antwort auf diese scheinbar einfache Frage unklar ist, befinden Sie sich in guter Gesellschaft. Aristoteles, einer der größten Denker des antiken Griechenlands, lag mit seiner Antwort völlig daneben. Er hätte unmissverständlich geantwortet, dass Sie, der Passagier an Bord des Flugzeugs, sich bewegt haben. Aristoteles glaubte nämlich, dass die Erde im Mittelpunkt des Universums stillsteht. Dagegen kreisen Sonne, Mond, Planeten und Sterne auf 55 konzentrischen Kristallsphären um die Erde, die wie eine Matrjoschka ineinander gestapelt sind. Er teilte mit uns also unsere intuitiv befriedigende Vorstellung von Raum: die Kiste oder Manege, in der sich die Erde und die Kristallsphären befinden. Für heutige Ohren klingt diese Vorstellung eines Universums, das nur aus der Erde und einer Reihe von Kristallsphären besteht, ziemlich kurios. Aber denken Sie mal darüber nach, welchen Schluss Sie ziehen könnten, wenn Ihnen niemand gesagt hätte, dass die Erde um die Sonne läuft und die Sterne ferne Sonnen sind, einige davon viele tausend Mal heller als unser nahe gelegener Stern, aber Milliarden und Milliarden von Kilometern weiter weg. Es fühlt sich gewiss nicht so an, als ob die Erde durch ein unvorstellbar großes Universum treibt. Unser modernes Verständnis der Welt ist hart erarbeitet und oft nicht eingängig. Die heutige Vorstellung des Universums haben wir im Lauf von Jahrtausenden durch Experimente und Nachdenken entwickelt. Wäre diese Vorstellung offensichtlich gewesen, dann hätten es die großen Namen der Vergangenheit, wie Aristoteles, selbst herausgefunden. Sich das bewusst zu machen, lohnt sich. Wenn Sie eine Idee in diesem Buch kompliziert finden, dann hätten Ihnen die größten Denker der Antike vermutlich zugestimmt.

Lassen Sie uns die Vorstellung von Aristoteles für einen Moment akzeptieren, um den Fehler in der Antwort zu finden. So erkennen wir, zu was diese Vorstellung führt. Gemäß Aristoteles müssen wir den Raum mit einem imaginären Koordinatensystem ausfüllen, dessen Mittelpunkt auf der Erde liegt, und dann herausfinden, wo sich alles befindet und wer sich bewegt. Wenn wir die Vorstellung des Raums als eine Kiste gefüllt mit Objekten akzeptieren und die Erde im Mittelpunkt ruht, dann ist es offensichtlich, dass Sie, der Passagier im Flugzeug, Ihre Position verändert haben. Dagegen ruht die Beobachterin, die Sie vorbeifliegen sieht, auf der Erdoberfläche bewegungslos im Raum. Anders gesagt gibt es so etwas wie eine absolute Bewegung und damit einen absoluten Raum. Ein Körper ist in absoluter Bewegung, wenn er seinen Ort im Raum verändert. Gemessen wird das im imaginären Koordinatensystem, dessen Ursprung im Erdmittelpunkt ruht, während die Zeit vergeht.

Ein Problem dieser Vorstellung ist natürlich, dass die Erde nicht bewegungslos im Mittelpunkt des Universum steht; sie ist eine rotierende Kugel, die um die Sonne kreist. In Wirklichkeit bewegt sich die Erde mit knapp 110.000 Kilometer pro Stunde relativ zur Sonne. Wenn Sie abends zu Bett gehen und acht Stunden schlafen, haben Sie beim Aufwachen fast 900.000 Kilometer zurückgelegt. Sie können sogar behaupten, dass in ungefähr 365 Tagen Ihr Schlafzimmer an den genau gleichen Punkt im Raum zurückkehren wird, weil die Erde dann einen Umlauf um die Sonne vollendet hat. Also könnten Sie bereit sein, Ihre Vorstellung ein bisschen zu korrigieren, selbst wenn Sie Aristoteles' Sichtweise beibehalten wollen. Warum nicht den Mittelpunkt des Koordinatensystems in die Sonne verlegen? Der Gedanke ist naheliegend, aber ebenfalls falsch, weil die Sonne wiederum das Zentrum des Milchstraßensystems umrundet. Die Milchstraße ist unsere heimische Galaxie aus mehr als 200 Milliarden Sonnen. Wie Sie sich vielleicht vorstellen können, ist sie ziemlich groß, so dass ein Umlauf eine Weile dauert. Die Sonne, mit der Erde im Schlepptau, wandert mit 790.000 Kilometer pro Stunde um das Milchstraßenzentrum, in einem Abstand von 244.000 Billionen Kilometer zum Zentrum. Mit dieser Geschwindigkeit dauert es 226 Millionen Jahre, um einen Umlauf zu vollenden. Es wäre also ein weiterer Schritt erforderlich, um Aristoteles zu retten. Legen Sie den Ursprung des Koordinatensystems in das Zentrum der Milchstraße, und es könnte sich Ihnen ein weiterer Gedanke aufdrängen: Stellen Sie sich vor, während Sie im Bett liegen, wie die Welt ausgesehen haben könnte, als die Erde zum letzten Mal »hier« an genau diesem Punkt im Raum war. Am frühen Morgen hätte an diesem Ort, wo nun Ihr Schlafzimmer ist, ein Dinosaurier sich an prähistorischen Blättern gütlich getan. Trotzdem falsch. Denn auch die Galaxien selbst rasen voneinander weg, je weiter eine Galaxie weg ist, desto schneller entfernt sie sich von uns. Unsere Bewegung zwischen den Myriaden von Galaxien, die das Universum ausfüllen, ist anscheinend extrem schwierig festzulegen.

Aristoteles hat wohl ein Problem, weil die Definition »still zu stehen« unmöglich ist. Anders gesagt scheint eine Festlegung des Koordinatenursprungs unmöglich zu sein, um so zu entscheiden, was ruht und was sich gerade bewegt. Aristoteles selbst stand nie vor diesem Problem, da seine Vorstellung einer stationären Erde, umgeben von rotierenden Sphären, fast 2000 Jahre lang nicht ernsthaft hinterfragt wurde. Vielleicht hätte das geschehen sollen, aber wie bereits gesagt, sind solche Dinge selbst für die größten Denker bei weitem nicht offensichtlich gewesen. Claudius Ptolemäus arbeitete in der großen Bibliothek von Alexandria in Ägypten im zweiten Jahrhundert. Er war ein sorgfältiger Beobachter des Nachthimmels und zerbrach sich den Kopf über die scheinbar sonderbare Bewegung der fünf damals bekannten Planeten am Himmel – den »Wandelsternen«, von denen das Wort »Planet« abgeleitet ist. Von der Erde aus betrachtet beschreiben die Planeten im Lauf der Monate keine flache Bahn vor dem Hintergrund der Sterne, sondern scheinbar Loopings am Himmel. Dieses sonderbare Verhalten wird als rückläufige Bewegung bezeichnet und war tatsächlich schon viele Jahrtausende vor Ptolemäus bekannt. Bereits in der ägyptischen Hochkultur wurde der Mars als »der rückwärts Wandernde« beschrieben. Ptolemäus stimmte mit Aristoteles darin überein, dass die Planeten um eine stationäre Erde kreisten. Um die rückläufige Bewegung zu erklären, sah er sich daher gezwungen, die Planeten auf kleine exzentrische Scheiben zu setzen, die wiederum auf den rotierenden Sphären saßen. Mit diesem ziemlich komplizierten Modell ließ sich die Bewegung der Planeten am Nachthimmel beschreiben, auch wenn sie bei weitem nicht elegant war. Die richtige Erklärung der rückläufigen Planetenbewegung lieferte erst Nikolaus Kopernikus in der Mitte des 16. Jahrhunderts. Er schlug die elegantere (und richtige) Erklärung vor, wonach die Erde nicht im Mittelpunkt des Universums ruht, sondern in Wirklichkeit zusammen mit den anderen Planeten die Sonne umrundet. Kopernikus' Arbeit zog Kritik auf sich und wurde erst 1835 von der Katholischen Kirche aus dem »Verzeichnis der verbotenen Bücher« gestrichen. Präzisionsmessungen von Tycho Brahe und die Arbeiten von Johannes Kepler, Galilei und Newton zeigten letztlich nicht nur, dass Kopernikus Recht hatte, sondern mündeten in einer Theorie der Planetenbewegung durch Newtons Bewegungsgesetze und das Gravitationsgesetz. Diese Gesetze blieben bis 1915 unangefochten unsere beste Vorstellung von der Bewegung wandelnder Planeten und überhaupt der Bewegung aller Körper unter dem Einfluss der Schwerkraft – von rotierenden Galaxien bis zu Artilleriegeschossen. Dann kam Einsteins Allgemeine Relativitätstheorie hinzu.

Diese sich kontinuierlich verändernde Vorstellung von der Position der Erde, der Planeten und ihrer Bewegung am Himmel sollte jedem als Warnung dienen, der absolut davon überzeugt ist, etwas zu wissen. Es gibt viele Dinge in der Welt, die auf den ersten Blick offensichtlich wahr sind – eines davon ist, dass wir gerade stillstehen. Künftige Beobachtungen können uns jederzeit überraschen und tun das oft auch. Vielleicht sollten wir nicht zu überrascht sein, wenn die Natur nicht eingängig zu sein scheint für einen Stamm beobachtender, kohlenstoff-basierter Nachfahren von Affen, die auf der Oberfläche eines Gesteinsplaneten leben, der einen durchschnittlichen Stern mittleren Alters umrundet und in den Randbereichen des Milchstraßensystems liegt. Die Theorien von Raum und Zeit, die wir in diesem Buch diskutieren, werden sich eventuell – eher wahrscheinlich – als Näherungen einer bislang unbekannten, umfassenderen Theorie erweisen. Die Wissenschaft ist eine Disziplin, die Unsicherheit zelebriert. Das zu erkennen, ist der Schlüssel zum Erfolg.

Galileo Galilei wurde 20 Jahre, nachdem Kopernikus sein Modell des Universums mit der Sonne im Mittelpunkt vorschlug, geboren. Galilei dachte intensiv über die Bedeutung der Bewegung nach. Seine Intuition war wahrscheinlich dieselbe wie die unsrige: Die Erde wirkt auf uns, als ob sie stillsteht, obwohl die Bewegung der Planeten am Himmel ziemlich stark die Vorstellung stützt, dass die Erde nicht ruht. Galileis große Erkenntnis war, aus diesem scheinbaren Widerspruch einen fundierten Schluss zu ziehen. Es sieht aus, als ob wir ruhten, obwohl wir wissen, dass wir uns auf einer Umlaufbahn um die Sonne bewegen, denn es gibt – selbst prinzipiell – keine Möglichkeit, festzulegen, was ruht und was sich bewegt. Anders gesagt macht es immer nur Sinn von Bewegung zu sprechen, wenn es sich um eine Bewegung relativ zu etwas anderem handelt. Das ist eine unglaublich wichtige Vorstellung! In gewisser Weise mag sie offensichtlich sein, aber um ihre Tragweite vollständig zu verstehen, ist Nachdenken erforderlich. Die Vorstellung ist natürlich offensichtlich, wenn Sie mit Ihrem Buch im Flugzeug sitzen: Relativ zu Ihnen bewegt sich das Buch nicht. Wenn Sie es vor sich auf den Tisch legen, bleibt es dort in unveränderlicher Entfernung. Und natürlich bewegt sich das Buch aus der Perspektive eines Betrachters am Boden zusammen mit dem Flugzeug durch die Luft. Die wahre Bedeutung von Galileis Erkenntnis ist, dass die getroffenen Aussagen die einzigen sind, die man treffen kann. Und wenn Sie über das Buch nur sagen können, wie es sich relativ zu Ihnen im Flugzeugsitz bewegt, oder relativ zum Boden, oder relativ zur Sonne, oder relativ zur Milchstraße, dann ist die absolute Bewegung eine überflüssige Vorstellung.

Diese ziemlich provokante Behauptung klingt vordergründig so profund, wie das bei kryptischen Äußerungen von Wahrsagern häufig der Fall ist. Diesmal erweist sie sich jedoch als große Erkenntnis; Galilei gebührt Anerkennung. Um zu verstehen warum, nehmen wir an, dass wir ergründen wollen, ob das bestimmte Koordinatensystem von Aristoteles, mit dem wir unterscheiden könnten, ob sich etwas absolut bewegt, aus wissenschaftlicher Sicht nützlich ist. Nützlich in wissenschaftlichem Sinne heißt, dass die Vorstellung beobachtbare Folgen hat. Das bedeutet, dass es eine Auswirkung hat, die sich experimentell feststellen ließe. Mit »experimentell« meinen wir irgendeine Messung von überhaupt irgendetwas – das Schwingen eines Pendels, die Farbe des Lichts, das eine brennende Kerze abstrahlt, oder die Kollisionen subatomarer Teilchen im Large Hadron Collider am CERN (auf dieses Experiment werden wir später zurückkommen). Wenn es von einer Vorstellung keine beobachtbaren Folgen gibt, dann ist diese Vorstellung nicht erforderlich, um das Funktionieren des Universums zu verstehen – auch wenn sie eine Art von fantastischem Wert hätte, durch den wir uns besser fühlen.

Das ist in einer Welt voller unterschiedlicher Vorstellungen und Meinungen eine ziemlich wirkungsvolle Methode, um die Spreu vom Weizen zu trennen. Mit seiner Analogie von der chinesischen Teekanne verdeutlichte der Philosoph Bertrand Russell, wie sinnlos es ist, an Auffassungen festzuhalten, die keine beobachtbaren Folgen haben. Russell behauptete in der Analogie, er glaube, dass eine kleine chinesische Teekanne zwischen Erde und Mars um die Sonne kreise, die zu klein sei, um sie selbst mit dem leistungsfähigsten Fernrohr entdecken zu können. Nachdem ein größeres Fernrohr gebaut wurde und eine erschöpfende, zeitaufwändige Suche am gesamten Himmel keine Hinweise auf die Teekanne lieferte, würde Russell behaupten, dass die Teekanne etwas kleiner als erwartet sei – aber immer noch da. Landläufig nennt man das »die Spielregeln nachträglich verändern«. Selbst wenn die Teekanne niemals beobachtet wird, wäre es laut Russell »eine unerträgliche Anmaßung« seitens der Menschheit, die Existenz der Teekanne zu bezweifeln. Gewiss sollte der Rest der Menschheit diese Sichtweise respektieren, egal wie grotesk sie wirkt. Der Punkt ist: Russell will niemandem verbieten, mit einer persönlichen Täuschung zu leben, vielmehr hält er das bloße Formulieren einer Theorie in dem Sinne für zwecklos, weil es einen nichts lehrt, egal wie leidenschaftlich man daran glaubt. Sie können nach eigenem Gutdünken einen beliebigen Gegenstand oder eine beliebige Idee erfinden, aber wenn es keine Möglichkeit gibt, seine oder ihre Folgen zu beobachten, haben Sie keinen Beitrag zum wissenschaftlichen

Verständnis des Universums geleistet. Ebenso würde die Vorstellung einer absoluten Bewegung in einem wissenschaftlichen Zusammenhang nur etwas bedeuten, wenn wir ein Experiment ersinnen, mit dem wir die absolute Bewegung nachweisen könnten. Zum Beispiel könnten wir ein Physiklabor in einem Flugzeug aufbauen und hochgenaue Messungen an jedem denkbaren physikalischen Phänomen durchführen – in einem tapferen letzten Versuch, unsere absolute Bewegung nachzuweisen. Wir könnten ein Pendel schwingen lassen und messen, wie lange es dafür benötigt, wir könnten Experimente mit Akkus, elektrischen Generatoren und Motoren durchführen oder wir könnten Kernreaktionen beobachten und die ausgesandte Strahlung messen. Im Prinzip könnten wir mit einem ausreichend großen Flugzeug so ziemlich jedes Experiment durchführen, selbst solche, die noch nie in der Geschichte der Menschheit durchgeführt wurden. Der springende Punkt, der sich durch dieses ganze Buch zieht und einen der wesentlichen Eckpfeiler der modernen Physik bildet: Solange das Flugzeug weder beschleunigt noch bremst, wird keines dieser Experimente zeigen, dass wir uns bewegen. Selbst der Blick aus dem Fenster besagt nichts, weil die Aussage, dass der Boden an uns mit 1000 Kilometer pro Stunde vorbeifliegt und wir in Ruhe sind, genauso richtig ist. Das Beste, was wir sagen können, ist: Wir ruhen relativ zum Flugzeug. Oder: Wir bewegen uns relativ zum Boden. Das ist Galileis Prinzip der Relativität; es gibt nicht so etwas wie eine absolute Bewegung, weil es experimentell nicht nachzuweisen ist. Das mag uns womöglich nicht sehr schockieren, weil wir es tatsächlich intuitiv bereits wussten. Ein Beispiel ist die Erfahrung, in einem stehenden Zug zu sitzen, während der Zug am benachbarten Bahnsteig den Bahnhof verlässt. Für den Bruchteil einer Sekunde wirkt es so, als ob wir uns gerade bewegten. Für uns ist es schwer, eine absolute Bewegung zu erkennen, weil es so etwas nicht gibt.

All das mag ziemlich philosophisch klingen, aber tatsächlich haben solche Grübeleien zu einer fundierten Schlussfolgerung über die Eigenschaften des Raumes geführt und ermöglichen uns nun, den ersten Schritt auf dem Weg zu Einsteins Relativitätstheorien zu gehen. Was lässt sich also aus Galileis Argumentation über den Raum folgern? Das Ergebnis lautet: Wenn es prinzipiell unmöglich ist, eine absolute Bewegung nachzuweisen, dann folgt daraus, dass es keine Größe in einem bestimmten Koordinatensystem gibt, die den Begriff »in Ruhe« definiert – und daher gibt es keinen absoluten Raum.

Das ist wichtig. Lassen Sie uns diese Feststellung daher genauer untersuchen. In einem Koordinatensystem, das sich über das gesamte Universum erstreckt, ließe sich eine Bewegung relativ zu diesem Koordinatensystem als absolut bezeichnen. Da es aber nicht möglich ist, mit einem Experiment festzustellen, ob wir in Bewegung sind, müssen wir die Vorstellung von diesem Koordinatensystem aufgeben – weil wir nie herausfinden könnten, woran wir diese Bewegung festmachen sollten. Doch wie sollten wir dann die absolute Position eines Körpers festlegen? Anders gefragt: Wo sind wir im Universum? Ohne das aristotelische Koordinatensystem haben diese Fragen keine wissenschaftliche Bedeutung. Alles, worüber wir reden können, sind die relativen Positionen von Körpern. Daher gibt es keine Möglichkeit, absolute Positionen im Raum festzulegen. Deshalb hat die Vorstellung eines absoluten Raums keine Bedeutung. Die Vorstellung eines Universums als riesige Kiste, in der sich die Dinge bewegen, ist aus experimenteller Sicht nicht erforderlich. Wir können gar nicht überbetonen, wie wichtig dieser Teil der Argumentation ist. Der bekannte Physiker Richard Feynman sagte einst, es sei egal, wie schön eine Theorie wirkt, wie klug man ist und wie man heißt: die Theorie ist falsch, wenn sie nicht mit dem Experiment in Einklang steht. In dieser Aussage steckt der Schlüssel zur Wissenschaft. Drehen wir sie um: Wenn sich ein Konzept nicht experimentell überprüfen lässt, können wir nicht entscheiden, ob es richtig oder falsch ist, und es wäre so oder so einfach bedeutungslos. Natürlich können wir immer noch annehmen, eine Vorstellung sei gültig, selbst wenn sie nicht überprüfbar ist. Aber die Gefahr beruht dann darin, dass wir riskieren, den künftigen Fortschritt zu behindern, weil wir an unnützen Vorurteilen festhalten. Ohne die Möglichkeit, ein besonderes Koordinatensystem zu erkennen, haben wir uns daher von der Vorstellung eines absoluten Raums befreit, so wie wir uns vom Konzept der absoluten Bewegung befreit haben. Die Befreiung vom Mühlstein des absoluten Raums spielte eine entscheidende Rolle, damit Einstein seine Theorie von Raum und Zeit entwickeln konnte (mehr dazu im nächsten Kapitel). Für den Moment haben wir unsere Freiheit gewonnen, aber wir haben noch nicht als emanzipierte Wissenschaftler gehandelt. Als Appetitanreger stellen wir nur fest, dass es ohne einen absoluten Raum auch keinen Grund gibt, warum sich zwei Beobachter zwangsläufig über das Ausmaß eines Körpers einig sein sollten. Das sollte Ihnen wirklich grotesk vorkommen – natürlich würde eine Kugel mit vier Zentimetern Durchmesser die Diskussion beenden, doch ohne absoluten Raum muss das nicht so sein.

Bislang haben wir die Verbindung zwischen Bewegung und Raum diskutiert. Was ist dann mit der Zeit? Eine Bewegung wird als Geschwindigkeit ausgedrückt, und die Geschwindigkeit lässt sich in Kilometer pro Stunde messen – als eine Entfernung, die man im Raum in einer bestimmten Zeit zurücklegt. So gesehen hat die Auffassung von der Zeit bereits Einzug in unsere Überlegungen gehalten. Was ist über die Zeit zu sagen? Gibt es ein Experiment, mit dem sich beweisen lässt, dass die Zeit absolut ist, oder sollten wir diese noch tiefergehende Idee ebenfalls aufgeben? Auch wenn Galilei die Vorstellung eines absoluten Raums verworfen hat, können wir aus seiner Argumentation nichts über die absolute Zeit lernen. Gemäß Galilei ist die Zeit unveränderlich. Eine unveränderliche Zeit bedeutet, dass man sich kleine perfekte Uhren vorstellen kann, die alle untereinander synchronisiert sind, so dass sie dieselbe Zeit zeigen und an jedem Punkt im Universum vor sich hin ticken. Die eine Uhr könnte an

Bord eines Flugzeugs sein, eine andere am Boden, eine (robuste) auf der Saturnoberfläche und eine in der Umlaufbahn um eine ferne Galaxie. Vorausgesetzt, diese Uhren sind perfekte Zeitmesser, werden sie für jetzt und alle Ewigkeit alle dieselbe Zeit anzeigen? Erstaunlicherweise erweist sich diese scheinbar offensichtliche Annahme als ein direkter Widerspruch zu Galileis Aussage, nach der kein Experiment zeigen kann, ob wir uns absolut bewegen. So unglaublich es klingen mag: Der experimentelle Nachweis, der letztlich die Auffassung von einer absoluten Zeit widerlegte, ging von solchen Experimenten aus, an die sich viele von uns aus ihrem Physikunterricht erinnern – mit Akkus, Drähten, Motoren und Generatoren. Um sich mit der Vorstellung der absoluten Zeit befassen zu können, müssen wir zunächst einen Umweg über das 19. Jahrhundert nehmen, jener goldenen Phase der Entdeckungen in Elektrizität und Magnetismus.

KAPITEL 2

Die Lichtgeschwindigkeit

Michael Faraday war der Sohn eines Schmieds aus Nordengland und wurde 1791 in Londons Süden geboren. Er war Autodidakt, mit 14 verließ er die Schule, um eine Ausbildung als Buchbinder anzufangen. Sein Wechsel in die Wissenschaft vollzog sich, nachdem er 1811 einen Vortrag des Wissenschaftlers Sir Humphry Davy in London gehört hatte. Faraday schickte seine Notizen, die er sich während des Vortrags gemacht hatte, an Davy. Dieser war so von Faradays sorgfältiger Mitschrift beeindruckt, dass er ihn zu seinem wissenschaftlichen Assistenten ernannte. Faraday entwickelte sich zu einem der einflussreichsten Wissenschaftler des 19. Jahrhunderts. Er gilt vielen sogar als einer der größten Experimentalphysiker aller Zeiten. Davy wird die Aussage zugeschrieben, dass Faraday seine größte wissenschaftliche Entdeckung war.

Ein Wissenschaftler des 21. Jahrhunderts kann beim Blick zurück auf das frühe 19. Jahrhundert neidisch werden. Faraday musste nicht mit 10.000 anderen Forschern und Ingenieuren am CERN zusammenarbeiten oder Weltraumteleskope von der Größe eines Doppeldeckerbusses in eine hohe Erdumlaufbahn bringen, um weitreichende Entdeckungen zu machen. Faradays »CERN« passte bequem auf einen Labortisch, und trotzdem war Faraday zu Beobachtungen in der Lage, mit denen sich unmittelbar die Vorstellung einer absoluten Zeit widerlegen ließen. Die Maßstäbe der Wissenschaft haben sich im Lauf der Jahrhunderte gewiss gewandelt. Zum Teil, weil jene Bereiche der Natur, die sich ohne technisch fortgeschrittene Geräte beobachten ließen, bereits ungemein detailliert untersucht worden waren. Das soll nicht heißen, dass es in der heutigen Wissenschaft keine Beispiele für einfache Experimente gibt, die wichtige Ergebnisse lieferten, oder dass ein Zugewinn an Erkenntnis grundsätzlich komplizierte Anlagen erfordert. Im damaligen viktorianischen London benötigte Faraday jedoch nichts Exotischeres oder Teureres als Drahtspulen, Magnete und einen Kompass, um die ersten experimentellen Hinweise darauf zu finden, dass die Zeit nicht das ist, was sie zu sein scheint. Er gewann diese Erkenntnis, indem er das tat, was Wissenschaftler am liebsten tun. Er baute den ganzen Krimskrams auf, der mit der neu entdeckten Elektrizität zu tun hatte, spielte damit herum und beobachtete sorgfältig. Sie können den dunkel lackierten Labortisch förmlich riechen, auf dem aufgewickelte Drähte verstreut herumlagen, erleuchtet vom flackernden Licht einer Gaslampe. Denn obwohl bereits Davy seinem Publikum 1802 in der Royal Institution elektrisches Licht demonstriert hatte, musste die Welt noch bis zu einem viel späteren Zeitpunkt im Jahrhundert warten, bevor Thomas Edison eine brauchbare elektrische Glühbirne vollendet hatte. Anfang des 19. Jahrhunderts war die Elektrizität physikalisches und technisches Neuland.

Faraday entdeckte, dass beim Schieben eines Magneten durch eine Drahtspule ein elektrischer Strom durch die Drähte fließt, solange der Magnet in Bewegung ist. Er beobachtete auch, wie ein kurzer Stromstoß durch einen Draht eine in der Nähe stehende

Kompassnadel gleichzeitig mit dem Stromstoß bewegt. Der Kompass war ein Detektor: Floss keine Elektrizität durch den Draht, dann richtete sich die Nadel am Magnetfeld der Erde aus und zeigte zum Nordpol. Der Stromstoß muss daher ein Magnetfeld erzeugen, stärker als das der Erde, denn die Kompassnadel wird für die Kürze des Pulses förmlich aus der Nordrichtung weggerissen. Faraday schloss daraus, dass er gerade eine tiefe Verbindung zwischen Magnetismus und Elektrizität beobachtete – zwei Phänomene, die auf den ersten Blick überhaupt nicht zusammenzuhängen schienen. Was hat der elektrische Strom, der durch eine Glühbirne fließt, wenn Sie im Wohnzimmer den Lichtschalter drücken, mit der Kraft zu tun, die kleine magnetische Buchstaben an Ihrer Kühlschranktür haften lässt? Diese Verbindung ist gewiss nicht offensichtlich, und trotzdem hatte Faraday durch sorgfältiges Beobachten der Natur festgestellt, dass elektrische Ströme Magnetfelder erzeugen und sich bewegende Magnete elektrische Ströme. Diese beiden einfachen Phänomene, die heute als elektromagnetische Induktion bezeichnet werden, bilden die Grundlage der Elektrizitätserzeugung in allen Kraftwerken der Welt und in allen elektrischen Motoren, die wir täglich verwenden – vom Gebläse im Haarfön bis zum Auswurfmechanismus am DVD-Spieler. Faradays Beitrag zum Wachstum der industrialisierten Welt ist unermesslich.

Fundamentale Fortschritte in der Physik gehen jedoch selten allein auf Experimente zurück. Faraday wollte den zugrundeliegenden Mechanismus hinter seinen Beobachtungen verstehen. Wie konnte es sein, fragte er sich, dass ein Magnet nicht physisch mit einem Draht verbunden ist und trotzdem einen elektrischen Strom verursacht? Und wie konnte ein elektrischer Stromstoß eine nach Norden zeigende Kompassnadel bewegen? Irgendeine Art von Einfluss musste durch den leeren Raum zwischen Magnet, Draht und Kompass wirken; die Drahtspule musste den sich durch sie bewegenden Magneten spüren und die Kompassnadel den Strom. Dieser Einfluss ist heute als elektromagnetisches Feld bekannt. Wir haben bereits den Begriff »Feld« im Zusammenhang mit dem Erdmagnetfeld verwendet, weil das Wort zur Alltagssprache gehört. Sie hatten es daher womöglich noch nicht einmal bemerkt. Tatsächlich sind Felder eine der abstrakteren Konzepte der Physik. Sie gehören zudem zu den wichtigsten und ergiebigsten Konzepten, um ein tieferes Verständnis zu entwickeln. Die Gleichungen, die am besten das Verhalten der Milliarden an subatomaren Teilchen beschreiben, aus denen das Buch besteht, das Sie gerade lesen, oder die Hand, mit der Sie das Buch festhalten, und gewiss Ihre Augen, sind durch Feldgleichungen beschreibbar. Faraday stellte seine Felder als eine Reihe von Linien dar, die er Feldlinien nannte. Sie gingen von Magneten und stromführenden Drähten aus. Falls Sie jemals einen Magneten unter ein Blatt Papier gelegt haben und Eisenspäne darauf streuten, so haben Sie diese Feldlinien mit eigenen Augen gesehen. Ein einfaches Beispiel für eine Alltagsgröße, die sich durch ein Feld darstellen lässt, ist die Lufttemperatur in Ihrem Zimmer. Nahe bei der Heizung wird die Luft wärmer sein, nahe des Fensters kühler. Stellen Sie sich vor, wie Sie die Temperatur an jedem Punkt im Zimmer messen und diese große Menge an Zahlen in einer Tabelle aufschreiben. Die Tabelle ist dann eine Darstellung des Temperaturfeldes in Ihrem Zimmer. Im Fall eines Magnetfeldes könnten Sie sich die Auslenkung einer kleinen Kompassnadel an jedem Punkt vorstellen und dadurch eine Darstellung des Magnetfeldes im Zimmer bekommen. Ein subatomares Teilchenfeld ist noch abstrakter. Sein Wert an einem Punkt im Raum ist die Wahrscheinlichkeit, dass das Teilchen an diesem Punkt zu finden ist, wenn Sie dort nach ihm suchen. Wir werden diesen Feldern in Kapitel 7 wieder begegnen.

Warum, werden Sie sich berechtigterweise fragen, sollten wir uns damit herumquälen, diese ziemlich abstrakte Vorstellung eines Feldes einzuführen? Warum bleiben wir nicht bei den Dingen, die wir messen können: den elektrischen Strom und die Auslenkung der

Kompassnadel? Faraday fand diese Vorstellung attraktiv, weil er in seinem tiefsten Innern ein praktisch veranlagter Mensch war – ein Wesenszug, den er mit vielen großen Wissenschaftlern und Ingenieuren der industriellen Revolution teilte. Instinktiv erschuf er ein mechanisches Bild des Zusammenhangs zwischen sich bewegenden Magneten und Drahtspulen. Für Faraday überbrückten die Felder den Raum dazwischen, um die physikalische Verbindung herzustellen, auf die seine Experimente hinwiesen. Es gibt jedoch einen tiefergehenden Grund, warum die Felder notwendig sind – und warum heutige Physiker die Felder als genauso real betrachten wie die elektrischen Ströme und die Auslenkung des Kompasses. Der Schlüssel zu diesem tieferen Verständnis der Natur liegt im Werk des schottischen Physikers James Clerk Maxwell. 1931, am Jahrestag von Maxwells Geburt, beschrieb Einstein Maxwells Arbeit an der Theorie des Elektromagnetismus als »das Tiefste und Fruchtbarste, das die Physik seit Newton entdeckt hat«. 1864, drei Jahre vor Faradays Tod, gelang es Maxwell, eine Reihe von Gleichungen aufzustellen, die alle elektrischen und magnetischen Phänomene beschrieb, die Faraday und viele andere während der ersten Hälfte des 19. Jahrhunderts akribisch beobachtet und dokumentiert hatten.

Gleichungen sind das mächtigste Werkzeug der Physiker zum Verständnis der Natur. Sie gehören häufig auch zu den angsteinflößenden Dingen, denen die meisten Menschen während ihrer Schulzeit ausgesetzt waren. Daher halten wir es für erforderlich, dem besorgten Leser vor der weiteren Lektüre ein paar Worte mit auf den Weg zu geben. Natürlich wissen wir, dass nicht jeder so über Mathematik denkt. Wir bitten die zuversichtlicheren Leser um eine gewisse Geduld und hoffen, dass sie sich nicht zu sehr bevormundet fühlen. Im einfachsten Fall erlaubt Ihnen eine Gleichung, die Ergebnisse eines Experiments vorauszusagen, ohne dass Sie es durchführen müssen. Ein sehr einfaches Beispiel, das wir später im Buch verwenden werden, um alle unglaublichen Befunde über die Beschaffenheit von Zeit und Raum zu beweisen, ist der berühmte Satz des Pythagoras. Er verbindet die Längen der Seiten eines rechtwinkligen Dreiecks. Pythagoras behauptet, dass das Quadrat der Hypotenuse gleich der Summe der Quadrate der beiden anderen Seiten ist. Als mathematische Symbole können wir den Satz von Pythagoras als $x^2 + y^2 = z^2$ schreiben, wobei z die Länge der Hypotenuse ist, also der längsten Seite eines rechtwinkligen Dreiecks, und x und y die Längen der beiden anderen Seiten. Abbildung 1 veranschaulicht diesen Zusammenhang. Die Symbole x, y und z sind Platzhalter für die tatsächlichen Längen der Seiten, und x^2 ist die mathematische Schreibweise für »x multipliziert mit x«. Zum Beispiel $3^2 = 9$, $7^2 = 49$ usw. Dass wir gerade x, y und z verwenden, ist nichts Besonderes; wir könnten jedes Symbol, das uns gefällt, als Platzhalter nutzen. Vielleicht sieht der Satz des Pythagoras freundlicher aus, wenn wir ihn als ☆^{2} + ✈^{2} = ☺^{2} schreiben. Diesmal steht der Smiley für die Länge der Hypotenuse. Hier nun ein Beispiel für die Anwendung des Satzes: Wenn die beiden kürzeren Seiten des Dreiecks drei und vier Zentimeter lang sind, dann besagt der Satz, dass die Länge der Hypotenuse gleich fünf Zentimeter ist, denn $3^2 + 4^2 = 5^2$. Natürlich müssen die Zahlen keine ganzen Zahlen sein. Die Messung der Seitenlängen in einem Dreieck ist ein Experiment, wenn auch ein langweiliges. Pythagoras ersparte uns diese Mühe, indem er seine Formel hinschrieb, mit der wir die

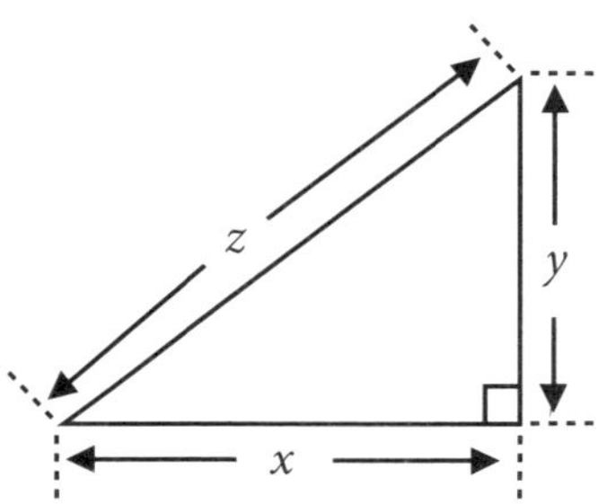

Abbildung 1

Länge der dritten Seite im Dreieck einfach berechnen können, wenn die anderen beiden gegeben sind. Am wichtigsten ist, dass aus der Sicht eines Physikers Gleichungen Zusammenhänge zwischen »Dingen« ausdrücken und dass sie eine Methode sind, um genaue Aussagen über die reale Welt zu treffen.

Maxwells Gleichungen sind mathematisch viel komplizierter, aber im Wesentlichen haben sie genau die gleiche Funktion. Sie können Ihnen zum Bespiel sagen, in welche Richtung eine Kompassnadel ausgelenkt wird, wenn Sie einen elektrischen Strompuls durch den Draht schicken, ohne dass Sie dazu auf den Kompass schauen müssen. Das Wunderbare an Gleichungen ist jedoch, dass sie zudem tiefe Verbindungen zwischen Größen enthüllen können, die nicht sofort aus den Ergebnissen von Experimenten erkennbar werden. Indem Gleichungen dies leisten, können sie zu einem viel tieferen, profunderen Verständnis der Natur führen. Dies erweist sich bei den Maxwell-Gleichungen ausdrücklich als zutreffend. Zentral für Maxwells mathematische Beschreibung der elektrischen und magnetischen Phänomene sind die abstrakten elektrischen und magnetischen Felder, die Faraday als Erster beschrieb. Maxwell notierte seine Gleichungen in der Sprache der Felder, weil er keine Wahl hatte. Es war der einzige Weg, um die riesige Spanne an elektrischen und magnetischen Phänomenen, die Faraday und seine Kollegen beobachtet hatten, in einem einzigen vereinheitlichten Gleichungssystem zusammenzuführen. Genauso wie der Satz des Pythagoras einen Zusammenhang zwischen den Seitenlängen in einem Dreieck ausdrückt, so drücken die Maxwell-Gleichungen Zusammenhänge zwischen elektrischen Ladungen und Strömen und den von ihnen erzeugten elektrischen und magnetischen Feldern aus. Maxwells Geniestreich war die Einladung an die Felder, aus dem Schatten zu treten und künftig im Mittelpunkt zu stehen. Wenn Sie zum Beispiel Maxwell fragten, warum ein Akku den Strom in einem Draht zum Fließen bringt, würde er sagen, dass der Akku im Draht ein elektrisches Feld erzeugt und dass das Feld den Strom zum Fließen bringt. Oder wenn Sie ihn fragten, warum die Kompassnadel in der Nähe eines Magneten ausgelenkt wird, würde er sagen, dass es ein Magnetfeld um den Magneten gibt, durch das sich die Kompassnadel bewegt. Oder wenn Sie ihn fragten, warum ein sich bewegender Magnet in einer Drahtspule einen elektrischen Strom fließen lässt, würde er sagen, dass es im Innern der Drahtspule ein veränderliches Magnetfeld gibt, das ein elektrisches Feld im Draht erzeugt, und dieses elektrische Feld den Strom zum Fließen bringt. Bei jedem dieser sehr verschiedenen Phänomene beruht die Beschreibung immer auf der Anwesenheit von elektrischen und magnetischen Feldern sowie ihrer Wechselwirkung miteinander. Man erreicht also eine einfachere und befriedigendere Sichtweise auf viele verschiedene, auf den ersten Blick nicht miteinander zusammenhängende, Phänomene durch die Einführung eines neuen vereinheitlichten Konzepts. Das ist ein üblicher Vorgang in der Physik. Tatsächlich lässt er sich als Grund für den Erfolg der Wissenschaft als solches auffassen. In Maxwells Fall führte dieser Vorgang zu einer einfachen, vereinheitlichten Darstellung aller beobachteten elektrischen und magnetischen Phänomene. So ließ sich das Resultat eines jeglichen Laborexperiments von Faraday oder seinen Kollegen vorhersagen und verstehen. Dies war schon eine bemerkenswerte Leistung an sich, aber es passierte während der Ableitung der Gleichungen etwas noch Bemerkenswerteres. Maxwell war gezwungen, zusätzlich etwas in seine Gleichungen einzufügen, das aufgrund der Experimente nicht erforderlich war. Aus Maxwells Sicht war es nur notwendig, um seine Gleichungen mathematisch folgerichtig zu machen. Dieser letzte Satz enthält eine der tiefsten und in gewisser Weise mysteriösesten Einsichten in die Arbeitsweise der modernen Physik. Die physikalischen Körper in der realen Welt verhalten sich auf vorhersagbare Weise und bedienen sich dabei nur wenig mehr als der gleichen grundlegenden Gesetze der Mathematik, die Pythagoras vermutlich kannte, als er die Eigenschaften der Dreiecke berechnen wollte. Das ist ein empirisches Faktum und kann in keiner Hinsicht als offensichtlich bezeichnet werden. 1960 schrieb der Nobelpreisträger Eugene Wigner einen berühmten Essay mit dem Titel *Die unangemessene Wirksamkeit der Mathematik in den Naturwissenschaften.* Darin erklärte Wigner, es sei überhaupt nicht natürlich, dass Naturgesetze existierten, und noch weniger, dass die Menschheit in der Lage sei, sie zu entdecken. Die Erfahrung lehrt uns, dass es tatsächlich Naturgesetze gibt – Regelmäßigkeiten im Verhalten der Dinge – und dass diese Gesetze sich am besten mathematisch ausdrücken lassen. Dadurch entsteht die interessante Möglichkeit, dass uns mathematische Folgerichtigkeit – zusammen mit experimentellen Beobachtungen – als Führer zu den Gesetzen dienen könnte, die die physikalische Realität beschreiben. Dies war in der bisherigen Geschichte der Naturwissenschaften immer wieder der Fall und ist wahrlich eines der wunderbarsten Rätsel unseres Universums.

Zurück zu unserer Geschichte. In seinem Streben nach mathematischer Konsistenz fügte Maxwell den als Verschiebungsstrom bezeichneten Zusatz in die Gleichung ein, die Faradays experimentelle Beobachtung von der Auslenkung der Kompassnadel infolge des elektrischen Stromflusses in einem Draht beschreibt. Der Verschiebungsstrom war nicht erforderlich, um Faradays Beobachtungen zu beschreiben, und die Gleichungen beschrieben die experimentellen Daten damals mit oder ohne Verschiebungsstrom. Ohne die Tragweite zunächst zu erkennen, machte Maxwell seine schöne Gleichung durch diese einfache Ergänzung zu viel mehr als zur Beschreibung von Elektromotoren. Durch den Verschiebungsstrom wurde die tiefgehende Verbindung zwischen elektrischem und magnetischem Feld deutlich. Namentlich können die neuen Gleichungen in eine Form gebracht werden, die als Wellengleichung bekannt ist. Wenig überraschend beschreibt sie die Ausbreitung von Wellen. Gleichungen, die die Ausbreitung des Schalls durch die Luft beschreiben, sind Wellengleichungen, ebenso wie Gleichungen, die das Verhalten von Meereswellen an der Küste beschreiben. Ziemlich unvermutet sagte Maxwells mathematische Beschreibung von Faradays Experimenten mit Drähten und Magneten die Existenz von sich ausbreitenden Wellen voraus. Aber während Meereswellen Störungen sind, die sich im Wasser ausbreiten, und Schallwellen durch sich bewegende Luftmoleküle entstehen, handelt es sich bei Maxwells Wellen um schwingende elektrische und magnetische Felder.

Was sind diese mysteriösen schwingenden Felder? Stellen Sie sich ein elektrisches Feld vor, das stärker wird, weil Faraday einen elektrischen Stromstoß durch einen Draht schickt. Während der Stromstoß durch den Draht läuft, wird ein Magnetfeld erzeugt (erinnern Sie sich daran, dass Faraday beobachtete, wie eine Kompassnadel in der Nähe des Drahtes ausgelenkt wurde). In Maxwells Sprache erzeugt das elektrische Wechselfeld ein magnetisches Wechselfeld. Faraday sagt uns zudem: Wenn wir ein Magnetfeld verändern, indem wir einen Magneten durch eine Drahtspule schieben, dann wird ein elektrisches Feld erzeugt, das wiederum einen Strom fließen lässt. Maxwell würde sagen, dass ein magnetisches Wechselfeld ein elektrisches Wechselfeld erzeugt. Nun stellen Sie sich vor, dass wir die Ströme und Magnete entfernen. Dann bleiben nur noch die Felder an sich übrig, die hin und her schwingen, weil eine Änderung des einen eine Änderung des anderen hervorruft. Maxwells Wellengleichung beschreibt, wie diese beiden Felder miteinander verbunden sind, wie sie hin und her schwingen. Sie sagt auch voraus, dass diese Wellen sich mit einer bestimmten Geschwindigkeit ausbreiten. Vielleicht überrascht es nicht, dass diese Geschwindigkeit durch die von Faraday gemessenen Größen festgelegt wird. Im Fall der Schallwellen ist die Ausbreitungsgeschwindigkeit ungefähr 330 Meter pro Sekunde, nur etwas schneller als ein Passagierflugzeug. Die Schallgeschwindigkeit wird durch die Details der Wechselwirkung zwischen den Luftmolekülen festgelegt, die als Träger der

Wellen fungieren, und verändert sich, wenn sich Luftdruck und Temperatur verändern. Umgekehrt beschreiben Luftdruck und Temperatur, wie nahe sich die Luftmoleküle kommen und wie schnell sie wieder voneinander abprallen. Im Falle von Maxwells Wellen muss die Geschwindigkeit gleich dem Verhältnis der Stärken der elektrischen und magnetischen Felder sein. Dieses Verhältnis lässt sich ziemlich einfach messen. Die Stärke des Magnetfelds kann durch die Messung der Kraft zwischen zwei Magneten bestimmt werden. Der Begriff »Kraft« wird ab und zu unvermittelt auftauchen. Mit ihm bezeichnen wir die Größe, mit der etwas geschoben oder gezogen wird. Die Größe des Schubs/Zugs lässt sich quantifizieren und messen, und wenn wir versuchen zu verstehen, wie die Welt funktioniert, dürfte es wenig überraschen, dass wir verstehen wollen, woher die Kräfte kommen. Auf ähnlich einfache Weise kann die elektrische Feldstärke gemessen werden, nämlich indem man zwei Körper elektrisch auflädt und die Kraft zwischen ihnen bestimmt. Sie haben womöglich dieses »Aufladen« selbst bereits ungewollt erlebt. Vielleicht sind Sie an einem trockenen Tag über einen Nylonteppich gegangen und haben dann einen elektrischen Schlag bekommen, als Sie eine Tür mit einer Metallklinke öffnen wollten. Dieses unangenehme Türöffner-Erlebnis passiert, weil sich Elektronen, die Elementarteilchen der Elektrizität, infolge der Reibung am Teppich an Ihren Schuhsohlen gesammelt haben. Sie sind elektrisch aufgeladen worden. Das heißt, zwischen Ihnen und dem Türgriff existiert ein elektrisches Feld. Wenn Sie die Türklinke anfassen, ergibt sich die Gelegenheit, dass dieses Feld einen elektrischen Strom fließen lässt – so wie es Faraday in seinen Experimenten festgestellt hat.

Durch so einfache Experimente können Wissenschaftler die Stärke von elektrischen und magnetischen Feldern messen, und Maxwells Gleichungen besagen, dass das Verhältnis der Stärken die Lichtgeschwindigkeit ergibt. Wie lautet daher die Antwort? Was sagen Faradays Labortischexperimente in Verbindung mit Maxwells mathematischem Genie für die Geschwindigkeit elektromagnetischer Wellen voraus? Das ist einer der vielen Schlüsselmomente in unserer Geschichte. Es ist ein wunderbares Beispiel dafür, warum Physik schön, mächtig und tiefgründig ist: Maxwells Wellen breiten sich mit 299.792.458 Meter pro Sekunde aus. Erstaunlicherweise ist dies die Lichtgeschwindigkeit – Maxwell stieß zufällig auf eine Erklärung für das Licht an sich. Sie sehen die Welt um sich herum, weil Maxwells elektromagnetische Felder sich eigenständig durch die Dunkelheit bis in Ihre Augen ausbreiten – mit einer Geschwindigkeit, die sich nur mit Hilfe einer Drahtspule und eines Magneten vorhersagen lässt. Die Maxwell-Gleichungen sind der Spalt in der Tür, durch die das Licht in unsere Geschichte tritt. Dies ist in jeder Hinsicht genauso wichtig wie Einsteins Entdeckung, die durch die Maxwell-Gleichungen erst ausgelöst wurde. Die Existenz einer besonderen Geschwindigkeit in der Natur – unveränderliche 299.792.458 Meter pro Sekunde – wird uns zum nächsten Kapitel bringen, so wie sie Einstein dazu brachte, die Vorstellung einer absoluten Zeit aufzugeben.

Dem aufmerksamen Leser könnte ein Widerspruch aufgefallen sein, oder zumindest eine saloppe Formulierung unsererseits. Angesichts dessen, was wir in Kapitel 1 gesagt haben, macht es eindeutig keinen Sinn, eine Geschwindigkeit anzuführen, ohne zu erwähnen, relativ zu was diese Geschwindigkeit definiert ist. Die Maxwell-Gleichungen thematisieren dieses Problem nicht. Die Geschwindigkeit der Wellen – das heißt, die Geschwindigkeit des Lichts – scheint eine Naturkonstante zu sein, der Zusammenhang zwischen den relativen Stärken von elektrischen und magnetischen Feldern. Nirgends in dieser eleganten mathematischen Struktur gibt es einen Platz für die Geschwindigkeit vom Auslöser der Wellen oder von deren Empfänger. Maxwell und seine Zeitgenossen war dies natürlich bewusst, aber sie machten sich darüber keine übermäßigen Sorgen. Denn die meisten, wenn nicht alle Wissenschaftler der damaligen

Zeit glaubten, dass sich alle Wellen, auch das Licht, in einer Art Medium ausbreiten müssten; ein »echtes Material«, das für die Wellenbildung zuständig war. Es waren praktisch veranlagte Leute, geprägt von Faraday. Für sie bildeten die Dinge nicht einfach von allein Wellen ohne Träger. Wasserwellen können nur auftreten, wenn Wasser da ist, und Schallwellen breiten sich nur in der Anwesenheit von Luft oder irgendeiner anderen Substanz aus, aber gewiss nicht im Vakuum. Im All hört dich keiner schreien.

Daher herrschte Ende des 19. Jahrhunderts die Ansicht vor, dass sich das Licht durch ein Medium ausbreiten muss, der sogenannte Äther. Die Geschwindigkeit, die in den Maxwell-Gleichungen auftauchte, bekam dadurch eine sehr natürliche Erklärung. Sie war die Geschwindigkeit des Lichts relativ zum Äther. Dies war eine exakte Entsprechung zur Ausbreitung von Schallwellen in der Luft. Wenn Temperatur und Druck der Luft einen festen Wert haben, dann breitet sich der Schall immer mit einer konstanten Geschwindigkeit aus, die nur von den Details in der Wechselwirkung zwischen den Molekülen der Luft abhängt. Sie hat nichts mit der Bewegung des Ursprungs der Welle zu tun.

Der Äther musste jedoch eine merkwürdige Art von Material sein. Er musste den ganzen Raum ausfüllen, da Licht sich ja durch die Leeren zwischen Sonne und Erde und den fernen Sternen und Galaxien ausbreitet. Wenn Sie die Straße entlang gehen, müssen Sie sich durch den Äther bewegen. Die Erde muss auf ihrer jährlichen Reise um die Sonne durch den Äther wandern. Alles, was sich im Universum bewegt, muss sich einen Weg durch den Äther bahnen. Der Äther darf der Bewegung fester Körper kaum oder keinen Widerstand leisten, selbst nicht so großen Dingen wie Planeten. Denn wenn der Äther der Bewegung fester Körper Widerstand leisten würde, wäre die Erde bei jedem ihrer fünf Milliarden Umläufe um die Sonne abgebremst worden, so wie eine Kugel abgebremst wird, wenn sie in einen Krug mit Sirup fällt. Die Länge des irdischen Jahres müsste sich demnach langsam ändern. Als vernünftige Annahme galt daher, dass sich die Erde und alle Körper ungehindert durch den Äther bewegen, was den Nachweis des Äthers gleichsam unmöglich macht. Aber die Experimentatoren des viktorianischen Zeitalters waren einfach genial. Mit einer Reihe von hochpräzisen Experimenten versuchten Albert Michelson und Edward Morley von 1881 an, das scheinbar nicht Nachweisbare nachzuweisen. Die Experimente waren in ihrer Anlage von schlichter Schönheit. In seinem exzellenten Buch über die Relativität, das Bertrand Russel 1925 geschrieben hat, verglich er die Bewegung der Erde durch den Äther mit einem Spaziergang im Kreis an einem windigen Tag: Ab einem gewissen Punkt gehen Sie gegen den Wind, ab einem anderen mit dem Wind. Auf gleiche Weise geschieht das mit der Erde, wenn sie sich bei ihrem Umlauf um die Sonne durch den Äther bewegt, und mit Sonne und Erde gemeinsam auf deren Reise um das Milchstraßenzentrum. Daher muss die Erde zu einem gewissen Zeitpunkt im Jahr gegen den Ätherwind anlaufen und zu anderen Zeiten sich mit ihm bewegen. Und selbst in dem unwahrscheinlichen Fall, dass das Sonnensystem als Ganzes relativ zum Ätherwind in Ruhe ist, wird die Bewegung der Erde um die Sonne doch wieder einen Ätherwind auslösen. Denn Sie spüren ja selbst an einem völlig windstillen Tag einen Wind, wenn Sie den Kopf aus dem fahrenden Auto zum Fenster hinaus strecken.

Michelson und Morley setzten sich zum Ziel, die Lichtgeschwindigkeit zu verschiedenen Zeiten im Lauf des Jahres zu messen. Sie und alle anderen waren davon überzeugt, dass sich die Geschwindigkeit im Lauf des Jahres ändern müsste, wenn auch nur um einen winzigen Betrag, weil die Erde (und zusammen mit ihr das Experiment) ihre Geschwindigkeit relativ zum Äther ständig ändern sollte. Dank eines als Interferometrie bezeichneten Verfahrens waren die Experimente ausnehmend empfindlich. Michelson und Morley verbesserten die Messungen im Verlauf von sechs Jahren immer weiter, bevor sie ihre Resultate 1887 veröffentlichten. Das Ergebnis war eindeutig negativ: In keiner Richtung und zu keinem Zeitpunkt des Jahres wurde ein Unterschied in der Lichtgeschwindigkeit beobachtet.

Dieses Ergebnis war mit der Äther-Hypothese sehr schwer zu erklären. Stellen Sie sich zum Beispiel vor, dass Sie in einen rasch strömenden Fluss springen und flussabwärts schwimmen. Wenn Sie mit fünf Kilometer pro Stunde schwimmen und der Fluss mit drei Kilometer pro Stunde fließt, werden Sie relativ zum Ufer acht Kilometer pro Stunde schnell sein. Drehen Sie um und schwimmen fortan stromaufwärts, werden Sie relativ zum Ufer mit zwei Kilometer pro Stunde schwimmen. Das Experiment von Michelson und Morley entspricht der Situation am Fluss: Sie, der Schwimmer, sind der Lichtstrahl, der Fluss ist der Äther, durch den das Licht gelangen muss, und das Flussufer sind Michelsons und Morleys Messgeräte, die auf der Erdoberfläche ruhen. Nun verstehen wir, warum das Messergebnis von Michelson und Morley so überraschend war. Für einen Schwimmer bedeutet es, als ob er immerzu fünf Kilometer pro Stunde relativ zum Flussufer zurücklegen würde, unabhängig von der Strömungsgeschwindigkeit des Flusses und der Richtung, in die er schwimmt.

Michelson und Morley gelang es nicht, die Existenz eines Äthers mit ihrem Gerät nachzuweisen. Nun kommt die nächste Herausforderung für unsere Intuition: Angesichts dessen, was wir bislang gesehen haben, wäre es angebracht, das Konzept des Äthers aufzugeben, denn seine Folgen sind nicht beobachtbar. Deshalb haben wir in Kapitel 1 auch die Vorstellung eines absoluten Raums verworfen. Als Nebenbemerkung: Aus philosophischer Perspektive war der Äther immer ein ziemlich hässliches Konzept, weil er im Universum einen Bezugspunkt festlegen würde, gegen den sich eine absolute Bewegung definieren ließe – was im Widerspruch zu Galileis Relativitätsprinzip stünde. Rückblickend war dies vermutlich Einsteins persönliche Überlegung, weil ihm Michelsons und Morleys Ergebnisse anscheinend nur vage bekannt waren, als er 1905 den Äther bei der Formulierung seiner Speziellen Relativitätstheorie aufgab. Ganz gewiss sind philosophische Feinheiten aber kein verlässlicher Führer zum Verständnis der Natur. Am Ende ist der stichhaltigste Grund gegen den Äther, dass die experimentellen Ergebnisse ihn nicht erforderlich machen.[1]

Den Äther zu verwerfen, mag zwar ästhetisch erfreulich sein und auch noch von den experimentellen Daten gestützt werden, aber wenn wir uns darauf einlassen, handeln wir uns ein ernstes Problem ein: Die Maxwell-Gleichungen treffen eine sehr genaue Aussage für die Lichtgeschwindigkeit, aber sie enthalten überhaupt keine Information darüber, gegen welche Geschwindigkeit gemessen werden sollte. Lassen Sie uns für den Moment mutig sein, die Gleichungen für bare Münze nehmen und schauen, wohin uns die intellektuelle Reise führt. Wenn sich Unsinn ergibt, können wir immer noch einen Rückzieher machen und eine andere Hypothese prüfen. Immerhin haben wir dann etwas Wissenschaft betrieben. Die Maxwell-Gleichungen besagen, dass sich Licht immer mit einer Geschwindigkeit von 299.792.458 Meter pro Sekunde ausbreitet, und dass es keinen Platz gibt, um die Geschwindigkeit der Lichtquelle oder des Empfängers einzufügen. Die Gleichungen scheinen wirklich zu behaupten, dass die Lichtgeschwindigkeit bei jeder Messung dieselbe sein wird, egal wie schnell die Lichtquelle oder der Empfänger sich relativ zueinander bewegen. Es sieht so aus, als ob die Maxwell-Gleichungen die Lichtgeschwindigkeit als Naturkonstante festlegen. Das ist wirklich eine skurrile Behauptung. Lassen Sie uns daher ihre Bedeutung etwas ausführlicher erkunden.

Stellen Sie sich eine Taschenlampe vor, die Licht ausstrahlt. Der gesunde Menschenverstand sagt uns: Wenn wir nur schnell genug

---

1 – Es gab seit Michelson und Morley viele Versuche, den Äther nachzuweisen. Alle blieben ergebnislos.

laufen, können wir im Prinzip den Anfang des sich ausbreitenden Lichtstrahls einholen. Wenn es uns sogar gelänge, mit Lichtgeschwindigkeit zu joggen, könnten wir im Prinzip neben der Front des Strahls herlaufen. Doch wenn wir uns buchstabengetreu an die Maxwell-Gleichungen halten, wird der Strahl, egal wie schnell wir rennen, sich noch immer mit 299.792.458 Meter pro Sekunde von uns entfernen. Täte er es nicht, wäre die Lichtgeschwindigkeit für die rennende Person und die Person, die die Taschenlampe hält, unterschiedlich – das widerspräche Michelsons und Morleys experimentellen Ergebnissen und unserer Behauptung, dass die Lichtgeschwindigkeit eine Naturkonstante ist, die immer gleich groß ist, unabhängig von den Bewegungen der Quelle und des Beobachters. Wir haben uns anscheinend in eine irrwitzige Situation gebracht. Sicherlich würde uns der gesunde Menschenverstand nahelegen, Maxwells Gleichungen abzulehnen oder zumindest anzupassen oder neu zu interpretieren: Vielleicht stimmen sie nur näherungsweise. Das klingt nicht unvernünftig, denn die Bewegung eines jeden realistischen experimentellen Geräts würde nur winzige Variationen in den 300 Millionen Metern pro Sekunde aus Maxwells Gleichungen verursachen. Vielleicht tatsächlich so winzig, dass sie in den Experimenten womöglich nicht nachzuweisen waren. Die Alternative ist, die Gültigkeit der Maxwell-Gleichungen und die skurrile Behauptung, dass wir das Licht niemals einholen können, zu akzeptieren. Diese Vorstellung verstößt nicht nur gegen den gesunden Menschenverstand, das nächste Kapitel wird sogar zeigen, dass wir dann bereits die Vorstellung einer absoluten Zeit ablehnen müssen.

Die Annahme einer absoluten Zeit aufzugeben, ist heute noch so schwer zu fassen wie für die Wissenschaftler des 19. Jahrhunderts. Unsere Intuition spricht stark für eine absolute Zeit und einen absoluten Raum, sie ist nur schwer zu überwinden, aber wir sollten uns über die Grenzen der Intuition im Klaren sein. Zudem umfassen Newtons Gesetze die absolute Zeit und den absoluten Raum vollständig – und diese Gesetze bilden selbst heute noch die Basis für die Arbeit vieler Ingenieure. Im 19. Jahrhundert schienen Newtons Gesetze unantastbar zu sein. Während Faraday in der Royal Institution die Grundlagen der Elektrizität und des Magnetismus aufdeckte, trieb Isambard Kingdom Brunel die Bahnlinie von London nach Bristol voran. 1864 wurde Brunels Hängebrücke in Clifton fertiggestellt; sie hatte Kultstatus. Im selben Jahr gelang Maxwell seine großartige Darstellung von Faradays Arbeit und die Enthüllung der Geheimnisse des Lichts. Die Brooklyn Bridge öffnete acht Jahre danach, und 1889 erhob sich der Eiffelturm über die Silhouette von Paris. All diese großartigen Erfolge des Dampfmaschinenzeitalters wurden mit Hilfe der Vorstellungen entwickelt und gebaut, die von Newton erarbeitet worden waren. Die Newton'sche Mechanik war zweifellos weit weg von abstrakten mathematischen Grübeleien. Die Symbole ihres Erfolgs erhoben sich überall auf der Welt in einer ständig wachsenden Begeisterung angesichts der Beherrschung der Naturgesetze durch die Menschheit. Stellen Sie sich die Betroffenheit der Wissenschaftler Ende des 19. Jahrhunderts vor, als sie mit Maxwells Gleichungen und dem darin verpackten Angriff auf die eigentlichen Grundlagen der Newton'schen Weltsicht konfrontiert wurden. Da konnte es nur einen Gewinner geben und bestimmt würden Newton und die Vorstellung einer absoluten Zeit siegen. Trotzdem, das 20. Jahrhundert nahte und das Problem der konstanten Lichtgeschwindigkeit warf noch immer dunkle Schatten: Maxwell und Newton konnten nicht beide Recht haben. Es dauerte bis 1905, bis zur Arbeit eines bis dahin unbekannten Physikers namens Albert Einstein, damit endgültig gezeigt war, dass sich die Natur auf Maxwells Seite geschlagen hatte.

KAPITEL 3

Die Spezielle Relativitätstheorie

In Kapitel 1 gelang es uns zu begründen, warum die sehr intuitive aristotelische Ansicht über Raum und Zeit unnötigen Ballast mit sich bringt. Wir zeigten, dass es einfach keinen Bedarf gibt, den Raum als eine feste, unveränderliche und absolute Struktur aufzufassen, in der die Dinge geschehen. Wir sahen auch, dass Galilei die Irrelevanz anerkannte, an der Vorstellung eines absoluten Raumes festzuhalten, obwohl er das Konzept einer absoluten Zeit ohne Zögern unterstützte. Im vergangenen Kapitel nahmen wir eine Umleitung über Faradays und Maxwells Physik des 19. Jahrhunderts. So lernten wir, dass Licht nichts anderes als eine Symbiose aus elektrischen und magnetischen Feldern ist, die sich in perfekter Übereinstimmung mit Maxwells schönen Gleichungen befinden. Wo bringt uns das alles hin? Wenn wir bereit sind, die Vorstellung eines absoluten Raums aufzugeben, was tritt dann an deren Stelle? Und was bedeutet es, wenn wir darauf hinweisen, dass die Vorstellung einer absoluten Zeit in sich zusammenfallen kann? Ziel des Kapitels sind Antworten auf diese Fragen.

Albert Einstein ist zweifellos die Kultfigur der modernen Wissenschaft. Sein weißes, ungekämmtes Haar und dass er nie Socken trug, machen ihn zum zeitgenössischen Synonym für »Professor«. Bitten Sie ein Kind, einen Wissenschaftler zu malen, und es könnte etwas erschaffen, was dem alten Einstein ähnelt. Die Ideen in diesem Buch sind jedoch die Ideen eines jungen Mannes. Zu Beginn des 20. Jahrhunderts, als Einstein über die Beschaffenheit von Raum und Zeit nachdachte, war er Anfang 20, hatte eine junge Frau und Kinder. Er bekleidete keine akademische Stelle an einer Universität oder einer Forschungseinrichtung, diskutierte allerdings mit einer Gruppe von Freunden regelmäßig über Physik – oft bis spät in die Nacht. Eine unglückliche Folge von Einsteins scheinbarer Abgeschnittenheit vom Mainstream ist der neuzeitliche Versuch, ihn als Außenseiter zu betrachten, der es mit dem wissenschaftlichen Establishment aufgenommen und gewonnen hat. Unglücklich ist das, weil es eine beliebige Zahl von Spinnern anregt, die glauben, dass sie in Eigenregie eine neue Theorie des Universums entdeckt haben und nun nicht verstehen können, warum ihnen keiner zuhört. Tatsächlich stand Einstein halbwegs mit dem wissenschaftlichen Establishment in Verbindung, auch wenn es wahr ist, dass er es zu Beginn seiner akademischen Laufbahn nicht einfach hatte.

Was ins Auge fällt, ist seine Beharrlichkeit bei der Erforschung wichtiger wissenschaftlicher Probleme, obwohl er bei der Besetzung von universitären akademischen Positionen nicht berücksichtigt wurde. Mit dem Ende seines Studiums an der heutigen ETH Zürich hatte sich der 21-jährige Einstein als Fachlehrer für Physik und Mathematik qualifiziert. Er trat eine Reihe von zeitlich befristeten Lehrtätigkeiten an, die ihm die Zeit gaben, an seiner Doktorarbeit zu arbeiten. Im Laufe des Jahres 1901, während einer Lehrtätigkeit an einer Privatschule in Schaffhausen, reichte er seine Doktorarbeit an der Universität Zürich ein. Sie wurde abgelehnt. Nach diesem Rückschlag zog Einstein nach Bern um und arbeitete bekanntermaßen als Technischer Experte 3. Klasse beim Schweizer Patentamt. Die relative finanzielle Stabilität und Unabhängigkeit durch diese Stelle sorgten für die produktivsten Jahre seines Lebens, und wohl für die produktivsten Jahre eines einzelnen Wissenschaftlers in der Geschichte.

Der Großteil dieses Buches handelt von Einsteins Arbeit, die zu dem goldenen Jahr 1905 führte, in dem er erstmals $E = mc^2$ aufschrieb, endlich den Doktortitel verliehen bekam und eine Veröffentlichung über den photoelektrischen Effekt abschloss, für die er schließlich den Nobelpreis erhielt. Bemerkenswerterweise arbeitete Einstein noch bis 1906 im Patentamt, wo sein Lohn für den grundlegenden Wandel unserer Vorstellung vom Universum in einer Beförderung zum Technischen Experten 2. Klasse bestand. 1908 bekam Einstein in Bern endlich eine »richtige« akademische Stelle. Man könnte versucht sein zu fragen, was er hätte erreichen können, wäre er nicht dazu gezwungen gewesen, die Physik während dieser Jahre zu seinem Freizeitvergnügen zu machen. Aber er erinnerte sich ziemlich gern an die Zeit in Bern. Einsteins Biograf und Freund Abraham Pais beschrieb Einsteins Tage im Patentamt in dem Buch *Raffiniert ist der Herrgott* als »die, in denen er dem Paradies auf Erden am nächsten kam«, weil er Zeit hatte, über Physik nachzudenken.

Einsteins Eingebung auf dem Weg zu $E = mc^2$ war die mathematische Schönheit der Maxwell-Gleichungen. Sie beeindruckte ihn so stark, dass er sich dazu entschloss, die Vorhersage der Konstanz der Lichtgeschwindigkeit ernst zu nehmen. Aus wissenschaftlicher Sicht klingt das nach keinem sehr umstrittenen Schritt: Maxwells Gleichungen bauten auf den Grundfesten von Faradays Experimenten auf – und wer sind wir, dass wir uns mit den Folgen auseinandersetzen? Alles, was uns im Weg steht, ist ein Vorurteil über die Vorstellung, dass sich etwas mit derselben Geschwindigkeit bewegen kann, egal wie schnell wir hinter ihm herjagen. Stellen Sie sich vor, wie Sie mit 60 Kilometer pro Stunde die Straße entlang fahren und ein Auto Sie mit 70 Kilometer pro Stunde überholt. Dann scheint es ziemlich offensichtlich zu sein, dass das zweite Fahrzeug sich mit einer Netto-Geschwindigkeit von zehn Kilometer pro Stunde von Ihnen entfernt. So etwas für offensichtlich zu halten, ist genau die Art von Vorurteil, dem wir widerstehen müssen, wenn wir Einstein folgen wollen und akzeptieren, dass sich Licht immer mit derselben Geschwindigkeit von uns entfernt, egal wie schnell wir uns gerade bewegen. Lassen Sie uns für den Moment wie Einstein akzeptieren, dass unser gesunder Menschenverstand uns in die Irre führen könnte, und lassen Sie uns schauen, wohin uns eine konstante Lichtgeschwindigkeit führt.

Im Kern besteht Einsteins Spezielle Relativitätstheorie aus zwei Ansätzen, die in der Sprache der Physik als Axiome bezeichnet werden. Ein Axiom ist eine Behauptung, von der man annimmt, dass sie wahr ist. Mit diesen Axiomen können wir die Folgen für die reale Welt weiter ausarbeiten. Diese Folgen lassen sich mit Experimenten überprüfen. Der erste Teil dieser Methode ist alt, er geht auf die griechische Antike zurück. Am bekanntesten ist die Aufstellung von Euklid in seinem Werk *Die Elemente*. Darin entwickelte er ein System der Geometrie, das bis zum heutigen Tag in den Schulen gelehrt wird. Euklid konstruierte seine Geometrie auf der Grundlage von fünf Axiomen, die er für augenscheinlich wahr hielt. Wie wir später sehen werden, ist Euklids Geometrie in Wirklichkeit nur eine unter vielen möglichen Geometrien: nämlich die Geometrie des flachen Raums, etwa einer Tischplatte. Die Geometrie der Erdoberfläche ist nicht euklidisch und ist durch eine Reihe anderer Axiome definiert. Ein weiteres, für uns noch wichtigeres Beispiel ist, wie wir bald sehen werden, die Geometrie von Raum und Zeit. Der zweite Teil, die Überprüfung der Folgen in der Natur, war im antiken Griechenland nicht sehr verbreitet. Wäre es anders gewesen, wäre die Welt heute ein anderer Ort. Dieser scheinbar einfache Schritt wurde der Welt durch Wissenschaftler aus dem Orient zu Beginn des elften Jahrhunderts gebracht und fasste in Europa viel später Fuß, erst im 16. und 17. Jahrhundert. Mit dem Experiment als Anker war die Wissenschaft endlich in der Lage, schnell Fortschritte zu machen. Dadurch kamen die technischen Errungenschaften und der Wohlstand.

Das erste von Einsteins Axiomen lautet: Die Maxwell-Gleichungen sind in dem Sinne korrekt, dass Licht sich immer mit derselben Geschwindigkeit durch den leeren Raum bewegt, unabhängig von der Bewegung der Quelle oder des Beobachters. Das zweite Axiom befürwortet, dass wir Galileis Behauptung folgen, kein Experiment könne jemals durchgeführt werden, um eine absolute Bewegung zu erkennen. Nur bewaffnet mit diesen Behauptungen können wir nun vorgehen, wie das gute Physiker tun sollten, und die Folgen untersuchen. Wie immer in der Wissenschaft ist der ultimative Test für Einsteins Theorie, die aus diesen Axiomen abgeleitet wurde, die Fähigkeit, experimentelle Ergebnisse vorherzusagen und zu erklären. Wenn wir Feynman nochmals umfassender zitieren: »Im Allgemeinen suchen wir mit dem folgenden Prozess nach einem neuen Gesetz. Zunächst erraten wir es. Dann berechnen wir die Folgen dieser Vermutung, um zu sehen, was impliziert wird, wenn dieses von uns erratene Gesetz stimmt. Dann vergleichen wir das Ergebnis der Rechnung mit der Natur, durch Experimente oder in der Praxis, um zu sehen, ob das funktioniert. Gibt es keine Übereinstimmung mit dem Experiment, ist die Vermutung falsch. In dieser einfachen Aussage liegt der Schlüssel zur Wissenschaft. Es spielt keine Rolle, wie schön Ihre Vermutung ist. Es spielt keine Rolle, wie klug Sie sind, wer die Vermutung angestellt hat oder wie sein Name lautet – wenn die Vermutung nicht mit dem Experiment übereinstimmt, ist sie falsch. Mehr steckt nicht dahinter.« Es ist eine blendende Aussage aus einer Vorlesung, die 1964 gefilmt wurde. Wir empfehlen Ihnen, sie sich bei YouTube anzuschauen.

Daher ist unser Ziel auf den nächsten Seiten, die Folgen von Einsteins Axiomen auszuarbeiten. Wir werden mit einem Verfahren beginnen, das Einstein häufig favorisierte: dem Gedankenexperiment. Besonders wollen wir die Folgen der Annahme untersuchen, dass die Lichtgeschwindigkeit für alle Beobachter gleich bleibt, egal wie sie sich relativ zueinander bewegen. Um das zu tun, stellen wir uns eine »Lichtuhr« genannte, klobig aussehende Uhr vor. Diese Uhr besteht aus zwei Spiegeln, zwischen denen ein Lichtstrahl hin und her reflektiert wird. Wir können das als Uhr verwenden, indem wir jede Reflexion des Lichtstrahls als ein Ticken zählen. Wenn die Spiegel zum Beispiel einen Meter auseinander sind, benötigt das Licht ungefähr 6,67 Nanosekunden für ein Hin und Her.[2] Sie können diese Zahl selbst überprüfen: Das Licht muss zwei Meter zurücklegen und macht das mit einer Geschwindigkeit von 299.792.458 Meter pro Sekunde. Das wäre eine extrem genaue Präzisionsuhr; ungefähr 150 Millionen Mal Ticken entspräche einem Herzschlag.

Nun stellen Sie sich vor, dass Sie die Lichtuhr in einen Zug stellen, der an jemandem vorbeizischt, der am Bahnsteig steht. Die Millionenfrage lautet: Wie schnell tickt die Uhr im Zug für die Person am Bahnsteig? Vor Einstein wäre jeder davon ausgegangen, dass sie mit derselben Frequenz tickt – einmal alle 6,67 Nanosekunden.

Abbildung 2 zeigt, wie für die Person am Bahnsteig ein Ticken der Uhr im Zug aussieht. Weil sich der Zug bewegt, muss sich das Licht für jedes Ticken weiter bewegen als es am Bahnsteig ermittelt wurde. Anders formuliert: Für die Person am Bahnsteig ist der Anfangspunkt der Lichtstrahlen nicht derselbe Ort wie deren Endpunkt, weil die Uhr sich während des Tickens bewegt hat. Damit die Uhr mit derselben Frequenz tickt, mit der sie tickt, wenn sie in Ruhe ist, muss sich das Licht etwas schneller bewegen. Sonst kann es seine

---

2 – Eine Nanosekunde ist das Tausendstel einer Mikrosekunde bzw. 0,000.000.001 Sekunden.

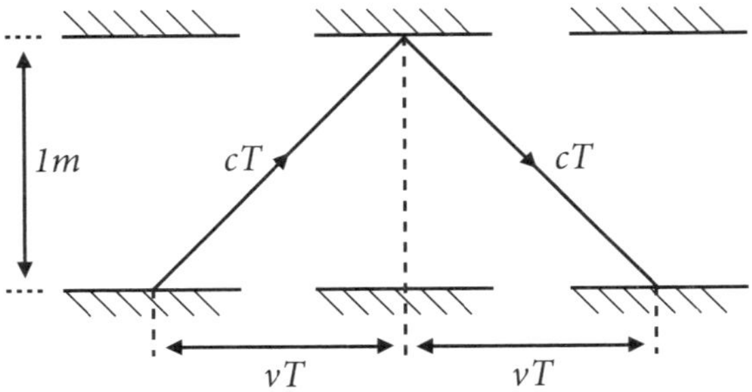

Abbildung 2

längere Reise nicht in 6,67 Nanosekunden vollenden. Genau das passiert bei Newtons Sichtweise der Welt, weil dem Licht durch die Bewegung des Zuges geholfen wird. Aber – und dies ist der entscheidende Schritt – gemäß Einsteins Logik kann das Licht *nicht* schneller werden, weil die Lichtgeschwindigkeit für jeden dieselbe sein muss. Das führt zu der verstörenden Konsequenz, dass die Uhr in Bewegung wirklich länger zum Ticken braucht, einfach weil das Licht aus der Perspektive der Person am Bahnsteig eine größere Distanz zurücklegen muss. Dieses Gedankenexperiment zeigt uns: Wenn wir die Lichtgeschwindigkeit als Naturkonstante auffassen, wie Maxwell uns wohl zu sagen versucht hat, dann folgt daraus, dass die Zeit unterschiedlich schnell tickt, was wiederum von unserer relativen Bewegung gegenüber jemand anderem abhängt. Anders gesagt: Eine absolute Zeit steht nicht in Einklang mit der Vorstellung einer universellen Lichtgeschwindigkeit.

Es ist sehr wichtig zu betonen, dass diese Schlussfolgerung nicht nur für Lichtuhren gilt. Es gibt keinen entscheidenden Unterschied zwischen einer Lichtuhr und einer Pendeluhr, die so funktioniert, dass das Pendel einmal pro Sekunde zwischen zwei Positionen hin und her schwingt. Oder, wenn wir schon dabei sind, gibt es auch keinen entscheidenden Unterschied zu einer Atomuhr, die die Zahl der Höchst- und Tiefstpunkte einer von einem Atom emittierten

Lichtwelle zählt, um das Ticken zu erzeugen. Selbst die Zerfallsrate Ihrer Körperzellen kann als kleine Uhr dienen. Die Schlussfolgerung wäre dabei dieselbe, weil alle diese Hilfsmittel die vergehende Zeit messen. Eigentlich ist die Lichtuhr eine etwas alte Kamelle bei der Vermittlung von Einsteins Theorie, aber sie kann endlose wirre Diskussionen auslösen, weil sie eine so ungewohnte Uhr ist. Daher mag es verlockend sein, die merkwürdige Schlussfolgerung, zu der wir soeben gekommen sind, auf die mangelnde Vertrautheit mit der Lichtuhr zurückzuführen, anstatt sie als einen Einblick in die Beschaffenheit der Zeit zu verstehen. Das zu tun, wäre ein Fehler – der einzige Grund für die Wahl einer Lichtuhr anstelle einer anderen Art von Uhr ist, dass wir mit ihr aus Einsteins absonderlicher Forderung, Licht solle sich für jeden gleich schnell ausbreiten, direkt unsere Schlüsse ziehen können. Jede Schlussfolgerung, zu der wir durch Nachdenken über die Lichtuhr kommen, muss aus dem folgenden Grund auch für jede andere Art von Uhr gelten: Stellen Sie sich vor, dass wir uns zusammen mit einer Licht- und einer Pendeluhr in einer Kiste einschließen, und die beiden synchron ticken lassen. Nun lassen Sie uns die Kiste in den fahrenden Zug stellen. Laut Einsteins zweitem Axiom sollten wir dann nicht in der Lage sein, diese Bewegung zu erkennen. Aber wenn die Lichtuhr sich anders verhalten würde als die Pendeluhr, wären sie nicht mehr synchron und wir könnten zuverlässig in unserer versiegelten Kiste feststellen, dass wir uns bewegen.[3] Daher müssen eine Pendel- und eine Lichtuhr die Sekunden auf genau die gleiche Weise zählen. Stellt die Person auf dem Bahnsteig nun fest, dass die sich bewegende Lichtuhr langsamer geht,

3 – Die versiegelte Kiste soll uns bloß davon abhalten, dass wir durch die Vorstellung abgelenkt werden, wir könnten zum Zugfenster hinausschauen, um unsere Bewegung zu erkennen. Natürlich ist die Versiegelung unwichtig; der Blick aus dem Fenster zeigt nur unsere relative Bewegung zum Boden draußen.

müssen alle anderen Uhren ebenfalls langsamer gehen. Es ist keine wie auch immer geartete optische Täuschung. Aus der Sicht von jemandem am Bahnsteig vergeht die Zeit im fahrenden Zug langsamer.

Entweder halten wir an der bequemen Vorstellung einer absoluten Zeit fest und verwerfen die Maxwell-Gleichungen, oder wir verzichten zugunsten von Maxwell und Einstein auf die absolute Zeit. Wie könnten wir klären, was das Richtige ist? Wir müssen ein Experiment finden, mit dem wir beobachten können, dass die Zeit für sich bewegende Objekte langsamer abläuft. Dann hätte Einstein Recht.

Um solch ein Experiment zu entwickeln, müssen wir herausfinden, wie schnell sich etwas bewegen sollte, damit wir den Effekt nachweisen können. Eine Geschwindigkeit von 100 Kilometer pro Stunde auf der Autobahn wird die Zeit nicht sehr viel langsamer vergehen lassen. Schließlich kehren wir nach einem Ausflug nicht nach Hause zurück und stellen fest, dass unsere Kinder während unserer Abwesenheit rascher gealtert sind als wir selbst. So albern das auch klingen mag, aber wenn wir Einstein richtig ernst nehmen, passiert genau das. Wir wären gewiss in der Lage, den Unterschied festzustellen, wenn wir nur schnell genug reisen könnten. Was heißt also schnell genug? Aus Sicht der Person am Bahnsteig bewegt sich das Licht entlang der zwei Seiten des Dreiecks, das in Abbildung 2 zu sehen ist. Einsteins Argument lautet: Da das Licht eine größere Strecke zurücklegt, als wenn die Uhr in Ruhe wäre, vergeht die Zeit langsamer, weil das Ticken länger braucht. Nun müssen wir ausrechnen, um welchen Betrag das Ticken im Zug länger dauert, und schon haben wir die Antwort. Dabei hilft uns der Satz von Pythagoras.

Wenn Sie die Mathematik nicht nachvollziehen wollen, können Sie den nächsten Absatz überspringen. Aber dann müssen Sie uns vertrauen, dass alle Zahlen stimmen. Das gilt für jede Berechnung, auf die wir im Lauf des Buches stoßen. Sie haben immer die Möglichkeit, sich nicht um die Mathematik zu kümmern und sie zu überspringen. Zwar hilft die Mathematik dabei, die Physik besser wertzuschätzen, aber sie ist nicht so wichtig, um dem Verlauf des Buches zu folgen. Unsere Hoffnung ist, dass Sie sich auf Mathe einlassen, selbst wenn Sie überhaupt keine Vorkenntnisse mitbringen. Wir haben versucht, die Dinge verständlich zu halten. Vielleicht ist die beste Herangehensweise an Mathematik, keine Angst davor zu haben. Die Logikrätsel in den Tageszeitungen sind viel schwerer zu lösen als alles, was wir in diesem Buch tun. Nichtsdestoweniger kommt hier nun eines der kniffligeren Rechenstücke des Buches; aber das Ergebnis ist die Anstrengung wert.

Schauen Sie sich Abbildung 2 nochmals an und gehen Sie davon aus, dass die Zeit für ein halbes Ticken der Uhr im Zug – gemessen von der Person am Bahnsteig – gleich T ist. Es ist die Zeit, die das Licht benötigt, um vom unteren zum oberen Spiegel zu gelangen. Unser Ziel ist es, T zu berechnen. Dann verdoppeln wir T, um die Zeit für ein Ticken der Uhr zu kennen, wie sie von der Person am Bahnsteig wahrgenommen wird. Wenn wir T kennen, können wir errechnen, dass die Länge der längsten Dreiecksseite (der Hypotenuse) $c \cdot T$ ist, d. h. die Lichtgeschwindigkeit (c) multipliziert mit der Zeit (T), die das Licht vom unteren zum oberen Spiegel benötigt. Denken Sie daran, dass die Strecke, die ein Gegenstand zurücklegt, sich durch Multiplikation seiner Geschwindigkeit mit der Reisedauer ergibt. Zum Beispiel ist die Strecke, die ein 60 Kilometer pro Stunde schnelles Auto in einer Stunde zurücklegt $60 \cdot 1 = 60$ Kilometer. Es ist nicht schwierig, das Ergebnis für eine zweistündige Reise zu berechnen, wir verwenden einfach die Formel »Strecke = Geschwindigkeit · Zeit«. Sobald wir T kennen, können wir auch berechnen, wie weit sich die Uhr nach einem halben Ticken bewegt hat. Wenn sich der Zug mit der Geschwindigkeit v bewegt, dann bewegt sich die Uhr bei jedem halben Ticken um die Strecke $v \cdot T$ weiter. Erneut haben wir nichts anderes getan, außer »Strecke = Geschwindigkeit · Zeit« zu verwenden. Diese Strecke ist die Länge der Basis eines rechtwinkligen Dreiecks, und weil wir die Länge der längsten Seite kennen, können wir weitermachen und die Entfernung zwischen den beiden Spiegeln mit Hilfe des Satzes von Pythagoras berechnen. Tatsächlich wissen wir bereits, wie groß diese Entfernung ist – ein Meter. Daher ergibt sich aus dem Satz des Pythagoras, dass $(cT)^2 = 1^2 + (vT)^2$ ist. Beachten Sie die Verwendung der Klammern: In der Mathematik zeigt man mit ihnen an, welche Berechnung man zuerst ausführen muss. Im vorliegenden Fall bedeutet $(vT)^2$ »multipliziere zunächst v mit T und quadriere dann das Ergebnis«. Mehr versteckt sich nicht dahinter.

Nun sind wir fast am Ziel. Wir kennen c, die Lichtgeschwindigkeit, und lassen Sie uns annehmen, dass wir die Geschwindigkeit v des Zuges wissen. Dann können wir die Gleichung verwenden, um T zu berechnen. Am einfachsten wäre es, für T einen Wert anzunehmen, und zu prüfen, ob er die Gleichung löst. Sehr oft wird der angenommene Wert falsch sein und wir müssten eine weitere Annahme treffen. Nach einer Weile nähern wir uns womöglich der richtigen Antwort. Zum Glück können wir diesen ermüdenden Vorgang vermeiden, weil sich die Gleichung »lösen« lässt. Die Antwort lautet $T^2 = 1/(c^2 - v^2)$. Das bedeutet: »berechne zuerst $c^2 - v^2$ und teile dann 1 durch diese Zahl«. Den Schrägstrich verwenden wir als Symbol für »geteilt durch«. Also bedeutet ½ = 0,5 und a/b »a geteilt durch b« usw. Falls Sie sich ein bisschen mit Mathe auskennen, sind Sie jetzt womöglich etwas gelangweilt. Wenn nicht, fragen Sie sich vielleicht, wie wir auf $T^2 = 1/(c^2 - v^2)$ gekommen sind. Nun ist das kein Buch über Mathematik, weshalb Sie uns einfach glauben müssen, dass wir es richtig gemacht haben. Sie können sich immerhin selbst davon überzeugen, indem Sie einige Zahlen einsetzen. Leider haben wir das Ergebnis nur für T^2, was »T multipliziert mit T« bedeutet. Wir erhalten T durch Wurzelziehen. Mathematisch ist die Quadratwurzel einer Zahl diejenige, die multipliziert mit sich selbst wieder die ursprüngliche Zahl ergibt. Zum Beispiel ist die Quadratwurzel von 9 gleich 3 und die Quadratwurzel von 7 liegt nahe bei 2,646. Es gibt auf den meisten Taschenrechnern eine Taste, die die Quadratwurzel für

Sie berechnet. Für gewöhnlich wird sie mit dem Symbol »$\sqrt{}$« bezeichnet. Schreiben würde man Sachen wie $3 = \sqrt{9}$. Wie Sie sehen, ist die Quadratwurzel das Gegenteil des Quadrierens: $4^2 = 16$ und $\sqrt{16} = 4$.

Zurück zur vorliegenden Aufgabe. Nun können wir die Zeit aufschreiben, die ein Ticken benötigt, das jemand auf dem Bahnsteig feststellt: Es ist die Zeit, die das Licht hoch zum oberen Spiegel und wieder zurück benötigt – also 2T. Wenn wir die Quadratwurzel in unserer Gleichung für T^2 ziehen und das Ergebnis mit 2 multiplizieren, sehen wir, dass $2T = 2/\sqrt{c^2 - v^2}$ ist. Diese Gleichung ermöglicht uns, die Dauer eines Tickens auszurechnen, wenn es von einer Person am Bahnsteig gemessen wird. Dazu müssen wir die Geschwindigkeit des Zuges, die Lichtgeschwindigkeit und die Entfernung zwischen den beiden Spiegeln (1 Meter) kennen. Dagegen ist die Zeit für ein Ticken aus Sicht von jemandem, der im Zug sitzt, einfach gleich $2/c$, weil für ihn das Licht eben zwei Meter mit der Geschwindigkeit c zurücklegt (Strecke = Geschwindigkeit · Zeit, also Zeit = Strecke/Geschwindigkeit). Wenn wir das Verhältnis dieser beiden Zeitspannen bilden, wissen wir, um wieviel für jemanden am Bahnsteig die Uhr im Zug langsamer geht; sie vergeht um den Faktor $c/\sqrt{c^2 - v^2}$ langsamer – was sich mit ein paar weiteren mathematischen Umformungen als $1/\sqrt{1^2 - v^2/c^2}$ schreiben lässt. Dieser Ausdruck ist eine sehr wichtige Größe in der Relativitätstheorie. Für gewöhnlich wird für sie der griechische Buchstabe γ verwendet, »Gamma« ausgesprochen. Denken Sie daran, dass γ immer größer als eins ist, weil v/c kleiner als eins ist, solange sich die vorbeisausende Uhr langsamer als mit Lichtgeschwindigkeit bewegt. Wenn v sehr klein im Vergleich zur Lichtgeschwindigkeit ist (also für die meisten gebräuchlichen Geschwindigkeiten, weil die Lichtgeschwindigkeit in Einheiten, mit denen Autofahrer vertraut sind, 1079 Millionen Kilometer pro Stunde entspricht), dann liegt γ sehr nahe bei eins. Erst wenn v einen wesentlichen Teil der Lichtgeschwindigkeit ausmacht, beginnt γ deutlich von eins abzuweichen.

Jetzt sind wir mit der Mathematik fertig. Wir konnten herausfinden, um welchen Wert die Zeit im Zug für jemanden am Bahnsteig langsamer vergeht. Lassen Sie uns einige Zahlen einsetzen, um die Theorie in die Praxis umzusetzen: Fährt der Zug mit 300 km/h, dann können Sie sich vergewissern, dass v^2/c^2 eine sehr winzige Zahl ist: 0,000.000.000.000.077. Um den Zeitdehnungsfaktor γ zu erhalten, müssen wir $1/\sqrt{1 - 0{,}000.000.000.000.077} = 1{,}000.000.000.000.039$ rechnen. Das ist, wie erwartet, ein sehr winziger Effekt: 100 Jahre Zugfahrt würden Ihr Leben im Vergleich zu Ihrem Freund am Bahnsteig nur um unbedeutende 0,000.000.000.0039 Jahre verlängern – etwas mehr als eine Zehntel Millisekunde.

Der Effekt wäre jedoch nicht so winzig, wenn der Zug mit 90 Prozent der Lichtgeschwindigkeit fahren könnte. Dann wäre der Faktor der Zeitdehnung größer als zwei, für jemanden am Bahnsteig würde die Uhr in Bewegung also weniger als halb so schnell wie die Bahnhofsuhr ticken. Das ist Einsteins Vorhersage, und wie alle guten Wissenschaftler müssen wir sie experimentell überprüfen, bevor wir zu ihr Vertrauen fassen. Bestimmt klingt die Voraussage an dieser Stelle etwas unglaublich.

Bevor wir ein Experiment vorstellen, das die Zweifel ausräumen wird, lassen Sie uns innehalten, um über das gerade gefundene Ergebnis nachzudenken. Betrachten wir nochmals das Gedankenexperiment aus Sicht eines Passagiers im Zug neben der Uhr. Für den Fahrgast bewegt sich die Uhr nicht und das Licht wird einfach hin und her reflektiert, so wie es auch der Fall wäre bei einer Person mit derselben Uhr, wenn beide in einem Bahnhofscafé sitzen. Der Passagier muss die Uhr alle 6,67 Nanosekunden ticken sehen, 150 Millionen Mal für jeden Herzschlag. Damit liegt der Reisende perfekt richtig, weil die Uhr sich relativ zu ihm im Geiste Galileis nicht bewegt. Währenddessen sagt die Person am Bahnsteig, dass die Uhr im Zug etwas länger als 6,67 Nanosekunden für ein Ticken benötigt. Nach 150 Millionen Mal Ticken der sich bewegenden Uhr wird sein

Herz daher etwas mehr als einmal geschlagen haben. Das ist erstaunlich: Gemäß der Person am Bahnsteig altert man dort schneller als der Passagier im Zug.

Wie wir gerade gesehen haben, ist der Effekt für reale Züge winzig, weil sie nicht im Entferntesten so schnell wie die Lichtgeschwindigkeit sind. Trotzdem ist der Effekt real. In einer imaginären Welt, in der der Zug ein sehr langes Gleis mit fast Lichtgeschwindigkeit entlangzischt, wird der Effekt größer und es gäbe keinen Zweifel an ihm: Die Person am Bahnsteig würde aus ihrer Perspektive rascher altern.

Um mit realen Experimenten diesen Zusammenbruch der absoluten Zeit zu überprüfen, müssen wir eine Möglichkeit finden, Objekte nahe der Lichtgeschwindigkeit zu untersuchen. Denn nur dann wird der Faktor der Zeitdehnung γ messbar größer als eins. Idealerweise würden wir auch gerne ein Objekt nehmen, das eine sehr kurze Lebensdauer hat, um sein Ende festzustellen. Dann könnten wir überprüfen, ob sich die Lebensdauer des Objekts durch sehr schnelle Bewegung verlängern lässt. Zum Glück für die Wissenschaft existieren solche Objekte; wir Menschen sind sogar aus ihnen aufgebaut: Elementarteilchen sind subatomare Objekte, die sich aufgrund ihrer Winzigkeit relativ leicht auf hohe Geschwindigkeiten beschleunigen lassen. Sie werden als elementar bezeichnet, weil sie – soweit wir es mit unserer heutigen Technologie sagen können – die kleinsten Bausteine im Universum sind. Später in diesem Buch werden wir noch sehr viel mehr über Elementarteilchen zu erzählen haben, möchten im Moment aber nur zwei davon beschreiben: das Elektron und das Myon.

Das Elektron ist ein Teilchen, dem wir alle zu Dank verpflichtet sind, denn wir bestehen u.a. aus Elektronen. Es ist auch jenes Teilchen, das durch elektrische Leitungen fließt, um Lampen zum Leuchten zu bringen und Backöfen zum Heizen; das Elektron ist das Teilchen der Elektrizität. Das Myon ist in jeder Hinsicht mit dem Elektron identisch, außer, dass es schwerer ist. Warum die Natur sich entschieden hat, uns eine Kopie des Elektrons zu bescheren, das zum Bau von Planeten und Menschen überflüssig zu sein scheint, verstehen Physiker nicht wirklich. Was auch immer der Grund für die Existenz des Myons sein mag, für Wissenschaftler, die Einsteins Relativitätstheorie testen wollen, ist das Myon sehr nützlich, denn es hat eine kurze Lebensdauer und ist sehr klein. Daher lässt sich das Myon leicht auf hohe Geschwindigkeiten beschleunigen. Soweit wir sagen können, existieren Elektronen ewig, ruhende Myonen dagegen nur ungefähr 2,2 Mikrosekunden (eine Mikrosekunde ist eine Millionstel Sekunde). Wenn Myonen sterben, verwandeln sie sich immer in ein Elektron und zwei weitere subatomare Teilchen, die Neutrinos heißen. Aber das ist eine Zusatzinformation, die wir nicht benötigen. Hier ist nur wichtig, dass das Myon nicht ewig existiert. Das Alternating Gradient Synchrotron (AGS) am Brookhaven National Laboratory auf Long Island in New York ermöglicht einen sehr schönen Test für Einsteins Theorie. Ende der 1990er Jahre bauten die Wissenschaftler in Brookhaven eine Maschine, die Myonenstrahlen erzeugte. Sie kreisten mit 99,94 Prozent der Lichtgeschwindigkeit in einem Ring mit 14 Metern Durchmesser. Wenn Myonen nur für 2,2 Mikrosekunden leben würden, während sie in dem Kreis herumrasen, könnten Sie nur 15 Runden im Ring schaffen, bevor sie zerfallen.[4] In Wahrheit schafften sie mehr als 400 Runden, was bedeutet, dass sich ihre Lebensdauer um einen Faktor 29 auf knapp mehr als 60 Mikrosekunden verlängert hat. Das ist eine experimentelle Tatsache. Einstein scheint auf dem richtigen Weg zu sein, doch wie genau ist seine Theorie?

Nun wird die Mathematik, mit der wir uns zuvor befasst hatten, sehr wertvoll. Wir haben eine präzise Vorhersage für den Betrag getroffen, um den eine kleine Uhr in Bewegung gegenüber einer Uhr

---

4 – Sie können das sofort selbst überprüfen, wenn Sie wissen, dass der Umfang des Kreises gleich Pi multipliziert mit dem Durchmesser ist, wobei Pi ungefähr gleich 3,142 ist.

in Ruhe langsamer geht. Wir können daher unsere Gleichung verwenden, um vorherzusagen, wie stark sich die Zeit verlangsamen sollte, wenn man sich mit 99,94 Prozent der Lichtgeschwindigkeit bewegt – und somit, um wieviel sich die Lebensdauer eines Myons verlängern sollte. Einstein sagt voraus, dass die Zeit der Myonen in Brookhaven um einen Faktor $\gamma = 1/\sqrt{1^2 - v^2/c^2}$ mit $v/c = 0{,}9994$ gedehnt sein sollte. Wenn Sie einen Taschenrechner zur Hand haben, dann tippen Sie die Zahlen ein und sehen, was passiert. Einsteins Formel ergibt 29, genau das, was die Experimentatoren in Brookhaven fanden.

Hier lohnt sich ein kurzes Innehalten, um zu überlegen, was geschehen ist. Nur mit dem Satz des Pythagoras und Einsteins Annahme, dass die Lichtgeschwindigkeit für jedermann gleich ist, haben wir eine mathematische Formel hergeleitet, die es uns ermöglicht, die Dehnung der Lebensdauer eines subatomaren Teilchens namens Myon vorherzusagen, das in einem Teilchenbeschleuniger in Brookhaven auf 99,94 Prozent der Lichtgeschwindigkeit beschleunigt wurde. Unsere Aussage war, dass das Myon 29-mal länger existieren sollte als wenn es in Ruhe ist. Und diese Aussage stimmt exakt mit dem überein, was die Forscher in Brookhaven sahen. Willkommen in der Welt der Physik! Natürlich war Einsteins Theorie Ende der 1990er Jahre bereits gut etabliert. Die Wissenschaftler in Brookhaven waren an der Untersuchung von weiteren Eigenschaften der Myonen interessiert. Der lebensverlängernde Effekt aus Einsteins Theorie war nur eine Dreingabe, die dazu führte, dass die Forscher die Myonen länger beobachten konnten.

Weil es das Experiment so besagt, müssen wir daher folgern, dass die Zeit dehnbar ist. Die Geschwindigkeit, mit der sie vergeht, variiert von Mensch zu Mensch (oder Myon zu Myon), abhängig von deren Bewegung.

Als ob dieses ziemlich unbefriedigende Verhalten der Zeit nicht schon genug wäre, droht noch etwas Weiteres. Dem aufmerksamen

Leser mag es schon aufgefallen sein. Vergegenwärtigen Sie sich nochmals die Myonen, die durch den AGS zischen. Lassen Sie uns eine kleine Ziellinie im Ring anbringen und zählen, wie oft die Myonen diese überqueren, wenn sie bis zu ihrem Ende im Kreis umlaufen. Für die Person, die die Myonen beobachtet, machen sie das 400-mal, weil sich ihre Lebenszeit verlängert hat. Doch wie oft würden Sie die Ziellinie überqueren, wenn Sie zusammen mit den Myonen durch den Ring rasten? Es muss ebenfalls 400-mal sein, sonst ergäbe die Welt überhaupt keinen Sinn. Das Problem ist, dass gemäß Ihrer Beobachtung, bei der Sie zusammen mit den Myonen durch den Ring sausen, die Myonen nur für 2,2 Mikrosekunden existieren. Denn die Myonen sind relativ zu Ihnen in Ruhe und Myonen existieren nur 2,2 Mikrosekunden, wenn Sie sich nicht bewegen. Trotzdem müssen Sie und die Myonen ungefähr 400 Runden im Ring drehen, bevor die Myonen schließlich zerfallen. Was ist geschehen? 400 Runden in 2,2 Mikrosekunden scheinen unmöglich zu sein. Glücklicherweise gibt es einen Ausweg aus diesem Dilemma. Der Umfang des Rings verringert sich aus der Perspektive des Myons. Um völlig konsistent zu sein: Die Länge des Rings, wie sie von Ihnen und den Myonen ermittelt wird, muss um exakt denselben Betrag schrumpfen, um den die Lebensdauer des Myons steigt. Also muss der Raum ebenfalls dehnbar sein! Wie bei der Zeitdehnung ist dies ein realer Effekt. Körper schrumpfen, wenn sie sich bewegen. Als ein skurriles Beispiel stellen Sie sich ein vier Meter langes Auto vor, das versucht, in einer 3,9 Meter langen Garage zu parken. Wenn das Auto schneller als mit 22 Prozent der Lichtgeschwindigkeit fährt, passt es gemäß Einsteins Voraussage gerade in die Garage hinein – zumindest für einen Sekundenbruchteil, bevor es durch die Rückwand kracht. Wenn Sie die Mathematik nachvollzogen haben, können Sie wieder überprüfen, dass 22 Prozent die richtige Zahl ist. Noch schneller, und das Auto schrumpft auf weniger als 3,9 Meter; ist es langsamer, schrumpft es nicht ausreichend.

Die Entdeckung, dass sich der Gang der Zeit verlangsamen lässt und Entfernungen schrumpfen können, ist schon sonderbar genug, wenn man ihn auf das Reich der subatomaren Teilchen anwendet. Aber Einsteins Argumentation gilt genauso gut für Dinge, die die Größe eines Menschen haben. Eines Tages verlassen wir uns womöglich auf dieses sonderbare Gebaren, um zu überleben. Stellen Sie sich vor, dass Sie in der fernen Zukunft auf der Erde leben. In einigen Jahrmilliarden wird die Sonne kein stabiler Lieferant der lebenserhaltenden Strahlung mehr für unsere Welt sein, sondern ein kochendes, unbeständiges Monstrum von Stern, das sogar unseren Planeten verschlingt, wenn es sich in seinem Todeskampf aufbläht. Wenn wir bis dahin nicht wegen eines anderen Grundes ausgestorben sind, werden die Menschen ihre angestammte Heimat verlassen müssen, um sich auf den Weg zu den Sternen zu machen. Das Milchstraßensystem, unsere Spiralinsel aus 200 Milliarden Sonnen, hat einen Durchmesser von 100.000 Lichtjahren: Um die Milchstraße zu durchqueren, benötigt das Licht von der Erde aus betrachtet 100.000 Jahre. In Anbetracht dessen, was wir bisher gesagt haben, ist die Notwendigkeit für die letzte Einschränkung hoffentlich klar. Es könnte so aussehen, als ob die möglichen Ziele der Menschheit innerhalb der Milchstraße für immer auf einen winzigen Teil der Sterne in der Nähe unserer Heimat (nach astronomischen Maßstäben) beschränkt seien. Denn von uns kann kaum erwartet werden, dass wir eine Reise in die entlegensten Ecken unserer Galaxis machen, wenn bereits das Licht dafür 100.000 Jahre benötigen würde. Aber an dieser Stelle kommt Einstein als Rettung. Könnten wir ein Raumschiff bauen, das uns mit einer Geschwindigkeit nahe der Lichtgeschwindigkeit ins All reißt, dann würden die Entfernungen zu den Sternen schrumpfen. Der Betrag des Schrumpfens würde steigen, je näher wir der Lichtgeschwindigkeit kämen. Wenn es uns gelänge, mit 99,999.999.999 Prozent der Lichtgeschwindigkeit zu reisen, dann könnten wir raus aus der Milchstraße die ganze Strecke zu unserer fast drei Millionen Lichtjahre entfernten Nachbargalaxie im Sternbild Andromeda in läppischen 50 Jahren zurücklegen. Zugegeben, das ist wirklich ein bisschen viel verlangt. Die große Hürde wäre herauszufinden, wie sich ein Raumschiff antreiben lässt, damit es derart hohe Geschwindigkeiten erreichen kann. Aber die Argumentation bleibt bestehen: Durch die Krümmung von Raum und Zeit werden Reisen in ferne Teile des Universums auf eine Art vorstellbar, wie es sie nie zuvor gab. Wenn Sie Teil der ersten Andromeda-Expedition der Menschheit wären und nach einer 50 Jahre dauernden Reise in einer anderen Galaxie ankommen, wünschen sich Ihre im All geborenen Kinder womöglich, zu ihrer Heimatwelt zurückzukehren und die Erde erstmals mit eigenen Augen zu sehen. Für die Kinder ist der blaue Planet bislang ja nicht mehr als eine Gutenachtgeschichte während der Reise durchs All. Nach dem Umkehren des Raumschiffs und der 50 Jahre langen Rückreise von der Andromedagalaxie zur Erde hätte der Trip insgesamt 100 Jahre gedauert. Bei der Ankunft des Raumschiffs wären für die Bewohner unseres Planeten jedoch sechs Millionen Jahre vergangen. Würde die Zivilisation überhaupt noch bestehen? Einstein hat uns die Augen für eine bizarre, wunderbare Welt geöffnet.

KAPITEL 4

Raumzeit

In den vergangenen Kapiteln folgten wir der Speziellen Relativitätstheorie auf ihrem historischen Entwicklungspfad. Tatsächlich war unsere Argumentation nicht zu weit weg von dem, was Einstein ursprünglich darlegte. Wir mussten akzeptieren, dass der Raum nicht die große Bühne ist, auf der die Ereignisse unseres Lebens ablaufen. Die Zeit ist ebenfalls nichts Universelles und Absolutes. Stattdessen bewegten wir uns auf eine Vorstellung von Raum und Zeit zu, die sehr viel dehnbarer und subjektiver ist. Die große Uhr am Himmel, und in gewisser Weise auch der Himmel selbst, wurde verbannt. Womöglich wirkt es für uns, als ob die Welt eine Kiste wäre, in der wir unseren Geschäften nachgehen. Denn diese Vorstellung ermöglicht uns, der Welt rasch und effizient Sinn zu geben. Die Fähigkeit, die Bewegung von Gegenständen vor einem imaginären Koordinatensystem darzustellen, könnten wir Raumwahrnehmung nennen. Sie ist offenkundig wichtig, wenn Sie Raubtiere meiden, Nahrung fangen und in einer gefährlichen, fordernden Umwelt überleben müssen.

Aber es gibt keinen Grund, warum dieses Modell etwas anderes als ein Modell sein sollte – auch wenn es tief in unserem Gehirn vergraben ist und durch natürliche Selektion über Jahrmillionen verstärkt wurde. Wenn eine Ansicht über die Welt einen Überlebensvorteil bringt, dann wird diese Ansicht allgegenwärtig. Ihre wissenschaftliche Richtigkeit ist irrelevant. Wichtig ist aber: Indem wir die Ergebnisse der Experimente auf Faradays Labortisch und die von Maxwell festgeschriebene Erklärung akzeptiert haben, verhielten wir uns wie Wissenschaftler, die das bequeme Modell von Raum und Zeit ablehnen, das unseren Vorfahren ein Überleben und Gedeihen in der afrikanischen Steppe ermöglichte. Dieses Modell zu verwerfen mag durchaus verwirrend sein. Doch gerade der schwindelerregende Eindruck der Verwirrung, auf das (hoffentlich) ein Gefühl der Erleuchtung folgt, macht den Reiz der Wissenschaft aus. Wenn der Leser gerade Ersteres spürt, hoffen wir, ihm bis zum Ende des Buches Letzteres zu vermitteln.

Das ist kein Geschichtsbuch. Unser Ziel ist es, Raum und Zeit in der aufschlussreichsten Form zu beschreiben, die uns möglich ist. Und wir sind der Ansicht, dass die geschichtliche Entwicklung des Relativitätsbegriffs nicht unbedingt der beste Weg zur Erleuchtung ist. Aus heutiger Sicht, mehr als ein Jahrhundert nach Einsteins Revolution, wissen wir, dass es einen tiefergehenden, befriedigenderen Weg gibt, um über Raum und Zeit nachzudenken. Statt immer weiter in die altmodische Lehrbuchauffassung vorzudringen, fangen wir nun wieder mit einem weißen Blatt Papier an. So werden wir verstehen, was Minkowski meinte, als er sagte, dass Raum und Zeit zu einer einzigen Einheit vermischt werden müssen. Wenn wir dann eine elegantere Vorstellung entwickelt haben, sind wir gut darauf vorbereitet, unser wichtigstes Ziel zu erreichen – die Herleitung von $E = mc^2$.

Dies ist der Anfangspunkt. Einsteins Theorien lassen sich fast vollständig mit der Sprache der Geometrie aufbauen. Wir benötigen nicht viel Algebra, nur Bilder und Begriffe. Herzstück der Sache sind drei Begriffe: Invarianz, Kausalität und Entfernung. Falls Sie kein Physiker sind, werden zwei dieser Begriffe womöglich unbekannt für Sie sein, und der dritte zwar bekannt, aber – wie wir sehen werden – spitzfindig.

Die Invarianz ist ein Begriff, der im Zentrum der modernen Physik steht. Wenden Sie nun den Blick von diesem Buch ab und schauen Sie sich die Welt an. Drehen Sie sich dann um und schauen in die entgegengesetzte Richtung. Das Zimmer, in dem Sie sich aufhalten, wird natürlich unter verschiedenen Blickwinkeln unterschiedlich aussehen, aber die Naturgesetze sind überall die gleichen. Es spielt keine Rolle, ob Sie nach Norden, Süden, Osten oder Westen schauen – die Gravitation hat noch immer dieselbe Stärke und hält Ihre Füße noch immer fest am Boden. Ihr Fernseher funktioniert weiter, auch wenn Sie sich im Kreis drehen. Und Ihr Auto lässt sich noch starten, egal ob Sie in London, Los Angeles oder Tokio losfahren wollen. Das sind alles Beispiele für Invarianzen in der Natur. So gesehen scheint die Invarianz kaum mehr als eine Feststellung des Offensichtlichen zu sein. Aber wenn wir die Invarianz auf unsere wissenschaftlichen Theorien anwenden, erweisen sie sich als erstaunlich ergiebig. Wir haben soeben zwei verschiedene Formen von Invarianz beschrieben. Die Forderung, dass die Naturgesetze sich nicht verändern, wenn wir uns im Kreis drehen und in unterschiedliche Richtungen blicken, heißt Rotationsinvarianz. Die Forderung, dass die Naturgesetze sich nicht verändern, wenn wir uns von Ort zu Ort bewegen, heißt Translationsinvarianz. Diese anscheinend trivialen Anforderungen erwiesen sich als erstaunlich mächtig in der Hand von Emmy Noether, die Albert Einstein als die wichtigste Frau in der Geschichte der Mathematik bezeichnete. 1918 veröffentlichte Noether ein Theorem, das eine weitreichende Verbindung zwischen der Invarianz und der Erhaltung bestimmter physikalischer Größen offenlegte. Wir werden später noch mehr über Erhaltungsgesetze in der

Physik sagen müssen, aber lassen Sie uns im Moment einfach das tiefschürfende Ergebnis darlegen, das Noether entdeckt hat. Im genannten Beispiel, bei dem wir die Welt aus verschiedenen Richtungen sehen, ohne dass sich die Naturgesetze verändern, muss es eine Größe geben, die erhalten bleibt. In diesem Fall wird die Größe, die erhalten bleibt, Drehimpuls genannt. Im Fall der Translationsinvarianz wird die Größe Impuls genannt. Warum sollte das wichtig sein? Lassen Sie uns einen interessanten physikalischen Umstand aus dem Hut zaubern, um das zu erklären.

Der Mond entfernt sich jedes Jahr vier Zentimeter weiter von der Erde. Warum? Stellen Sie sich den Mond vor Ihrem geistigen Auge als im Moment ruhend vor, während er über der Oberfläche der sich drehenden Erde steht. Das Wasser im Ozean, das sich direkt unter dem Mond befindet, bildet eine winzige Beule Richtung Mond, weil es von der Gravitation des Mondes angezogen wird. Die Erde dreht sich einmal pro Tag unter dieser Beule hinweg. Das ist der Grund für die Meeresgezeiten. Zwischen dem Wasser und der Erdoberfläche kommt es zur Reibung, durch die die Erdrotation abgebremst wird. Der Effekt ist winzig, aber messbar; der irdische Tag verlängert sich um ungefähr zwei Tausendstelsekunden pro Jahrhundert. Physiker messen das Tempo der Rotation mit Hilfe des Drehimpulses; wir können also sagen, dass sich der Drehimpuls der Erde im Lauf der Zeit verkleinert. Noether sagt uns, wenn die Welt in alle Richtungen gleich aussieht (um genauer zu sein: wenn die Naturgesetze bei einer Rotation invariant sind), muss der Drehimpuls erhalten bleiben. Die Gesamtgröße der Rotation darf sich also nicht verändern. Was geschieht dann mit dem Drehimpuls, den die Erde durch die Gezeitenreibung verliert? Sie wird auf den Mond übertragen, der schneller auf seiner Umlaufbahn um die Erde läuft, weil er die Verlangsamung der Erdrotation kompensieren muss. Dadurch entfernt er sich leicht von der Erde. Mit anderen Worten: Damit der Gesamtdrehimpuls des Erde-Mond-Systems erhalten bleibt, muss der Mond sich in einer größeren Umlaufbahn um die Erde bewegen, um die sich verlangsamende Erdrotation auszugleichen. Das ist ein sehr realer, ziemlich toller Effekt. Der Mond ist groß, und er entfernt sich mit jedem Jahr weiter von der Erde, damit der Drehimpuls erhalten bleibt. Der italienische Schriftsteller Italo Calvino fand das so wunderbar, dass er die Kurzgeschichte *Die Entfernung des Mondes* schrieb. In ihr malte er sich eine Zeit in der fernen Vergangenheit aus, in der unsere Vorfahren jede Nacht über den Ozean segeln und mit Hilfe von Leitern auf die Mondoberfläche klettern konnten. Weil der Mond sich im Lauf der Jahre immer weiter entfernte, kam die Nacht, in der die Mondliebhaber sich entscheiden mussten: entweder für immer auf dem Mond gefangen zu bleiben oder zur Erde zurückzukehren. Dieses überraschende, in Calvinos Darstellung merkwürdig romantische Phänomen findet seine Erklärung im abstrakten Konzept der Invarianz und der tiefen Verbindung zwischen Invarianz und der Erhaltung physikalischer Größen.

Man kann die Bedeutung des Invarianz-Konzepts für die moderne Wissenschaft gar nicht zu sehr betonen. Kern der Physik ist der Wunsch nach einem mit dem Verstand erfassbaren Rahmen, der allgemeingültig ist und in dem die Naturgesetze nie Ansichtssache sind. Als Physiker versuchen wir, die invarianten Eigenschaften des Universums zu ermitteln, weil uns dies – wie Noether erkannt hatte – zu echten, greifbaren Erkenntnissen führt. Solche Invarianzen aufzuzeigen ist jedoch bei weitem nicht einfach, da die zugrunde liegende Einfachheit und Schönheit der Natur häufig versteckt bleibt.

Nirgendwo in der Wissenschaft trifft diese Aussage mehr zu als in der Teilchenphysik. Die Teilchenphysik befasst sich mit der Untersuchung der subatomaren Welt; die Suche nach den fundamentalen Bausteinen des Universums und der Naturkräfte, durch die diese Bausteine zusammengehalten werden. Wir sind bereits einer der Grundkräfte begegnet: dem Elektromagnetismus. Ihn zu verstehen, brachte uns zu einer Erklärung für die Natur des Lichts, und das wiederum auf den Weg zur Relativitätstheorie. Die subatomare Welt wird von zwei weiteren Grundkräften beherrscht: Die starke Kraft hält die Atomkerne im Innern der Atome zusammen, und die schwache Kraft sorgt dafür, dass Sterne leuchten. Zudem ist sie für einige Formen des radioaktiven Zerfalls verantwortlich. Zum Beispiel beruht die Radiokohlenstoffdatierung, mit der sich das Alter der Dinge bestimmen lässt, auf der schwachen Kraft. Die vierte Kraft ist die Gravitation, die vielleicht bekannteste, aber auch mit Abstand die schwächste. Unsere beste Theorie der Gravitation ist noch immer Einsteins Allgemeine Relativitätstheorie; und wie wir im Schlusskapitel sehen werden, ist sie eine Theorie über Raum und Zeit. Diese vier Kräfte wirken zwischen nur zwölf fundamentalen Teilchen. Aus ihnen ist alles in der Welt aufgebaut, was wir um uns sehen – inklusive Sonne, Mond und Sternen, allen Planeten des Sonnensystems, selbst unsere eigenen Körper. Das stellt eine erstaunliche Vereinfachung eines auf den ersten Blick unendlich komplizierten Universums dar.

Schauen Sie aus dem Fenster. Womöglich sehen Sie die verzerrte Spiegelung einer Stadt, wenn das nachmittägliche Licht an Fassaden aus Stahl und Glas gestreut wird – oder das Fleckvieh grast in ordentlich umzäunten Weiden. Egal ob Stadtlandschaft oder Ackerland, das Erstaunlichste an fast jedem Blick auf die Welt ist der sichtbare Einfluss des Menschen. Unsere Zivilisation ist allgegenwärtig. Und trotzdem ist laut der Physik des 21. Jahrhunderts alles ein mathematischer Tanz, an dem nur eine Handvoll subatomarer Teilchen beteiligt ist, die 13,7 Milliarden Jahre lang von vier Naturkräften organisiert wurden. Die Komplexität des menschlichen Gehirns und die Erzeugnisse einer leistungsfähigen Synthese aus Bewusstsein und handwerklichen Fähigkeiten, die wir jenseits des Fensters sehen, überlagern sich der zugrunde liegenden Einfachheit und Eleganz der Natur. Die Aufgabe der Wissenschaft ist es, jene Eigenschaften zu finden, die als

Stein von Rosette dienen, um die Sprache der Natur zu entziffern und ihre Schönheit ans Tageslicht zu bringen.

Das Mittel, mit dem wir die Eigenschaften der Natur finden und erforschen können, ist die Mathematik. Für sich allein wirft dieser Satz tiefgehende Fragen auf. Über ihn sind schon ganze Bücher geschrieben worden, um plausible Gründe dafür zu finden, warum dem so ist. Eugene Wigner sei erneut zitiert: »Das Wunder um die Zuständigkeit der Sprache der Mathematik für die Formulierung der physikalischen Gesetze ist ein traumhaftes Geschenk, das wir weder verstanden, noch verdient haben.« Vielleicht werden wir das wahre Wesen des Zusammenhangs zwischen Mathematik und Natur nie verstehen. Aber die historische Entwicklung hat gezeigt, wie wir mit Hilfe der Mathematik unser Denken so ordnen können, dass sich diese als verlässlicher Führer zu einem tieferen Verständnis erweist.

Wie wir bereits betont haben, schreiben Physiker Gleichungen mit dem einzigen Zweck auf, Zusammenhänge zwischen verschiedenen »Dingen« der realen Welt auszudrücken. Ein Beispiel für eine Gleichung ist Geschwindigkeit = Strecke/Zeit. Sie hatten wir im letzten Kapitel behandelt, als wir über Lichtuhren diskutierten; in Symbolen: $v = x/t$, wobei v die Geschwindigkeit ist, x die zurückgelegte Strecke und t die Zeit, die für die Strecke x erforderlich war. Ganz einfach: Wenn Sie 60 Kilometer in einer Stunde zurücklegen, dann waren Sie 60 Kilometer pro Stunde schnell. Nun sind die interessantesten Fragen jene, die uns eine Beschreibung der Natur liefern, mit der jeder einverstanden ist. Das heißt, dass sie *ausschließlich* invariante Größen verwenden. Dann sind wir uns alle darin einig, was wir gerade messen, unabhängig von unserer Perspektive im Universum. Für den gesunden Menschenverstand ist die Entfernung zwischen zwei Punkten im Raum so eine invariante Größe, und vor Einstein glaubte man das tatsächlich. Aber wir haben im vorigen Kapitel gesehen, dass die Entfernung keine invariante Größe ist. Denken wir daran: Auf den gesunden Menschenverstand kann man sich nicht immer verlassen. Genauso ist das Vergehen der Zeit so eine subjektive Sache geworden. Sie variiert in Abhängigkeit von der Geschwindigkeit, mit der sich Uhren relativ zueinander bewegen. Einstein hat die Ordnung der Dinge durcheinandergebracht, und wir können uns nicht mehr auf Raum und Zeit stützen, um eine verlässliche Vorstellung des Universums zu entwickeln. Aus Sicht eines Physikers, der nach den grundlegenden Naturgesetzen sucht, ist deshalb die Gleichung $v = x/t$ ohne fundamentalen Nutzen. Sie drückt keine Verbindung zwischen invarianten Größen aus. Durch die Unterminierung von Raum und Zeit haben wir die Grundfesten der Physik erschüttert. Was machen wir jetzt?

Eine Möglichkeit ist der Versuch, die Ordnung durch eine Annahme wieder herzustellen. Annahme ist ein anderes Wort für »Vermutung«. Wissenschaftler tun das ständig – es gibt dafür aber keinen Preis, egal wie geschickt wir dabei sind, die zugrunde liegende Theorie auszutüfteln. Eine erfolgreiche wohlbegründete Vermutung genügt nur, solange sie mit den Experimenten übereinstimmt. Unsere Mutmaßung ist radikal: *Raum und Zeit lassen sich zu einem einzigen Gebilde verschmelzen, das wir »Raumzeit« nennen; und Entfernungen in der Raumzeit sind invariant.* Das ist eine weitgehende Behauptung, deren Inhalt im Lauf des Buches verständlicher wird. Wenn Sie für einen Moment darüber nachdenken, ist sie vielleicht gar nicht so weitgehend, wie es zunächst wirkt. Kommen uns die über Jahrhunderte etablierten Gewissheiten über absolute, unveränderliche Entfernungen im Raum und das unveränderliche Ticken der Zeit als großer Uhr am Himmel abhanden, dann ist der vielleicht einzige Ausweg die Suche nach einer Art Vereinheitlichung dieser beiden scheinbar unterschiedlichen Konzepte. Daher besteht unsere neue Herausforderung in der Suche nach einem neuen Entfernungsmaß in der Raumzeit, das sich *nicht* in Abhängigkeit von unserer Bewegung relativ zueinander verändert. Um zu verstehen, wie die Synthese der Raumzeit funktioniert, müssen wir sorgfältig vorgehen.

Was genau heißt es denn, nach einer Entfernung in der Raumzeit zu suchen?

Nehmen Sie an, ich stehe um 7 Uhr auf und beende mein Frühstück um 8 Uhr. Folgende Aussagen sind wahr, wie wir von Experimenten wissen: (1) Ich kann die Entfernung im Raum zwischen meinem Bett und der Küche zu zehn Metern abmessen. Aber jemand, der mit hoher Geschwindigkeit vorbeizischt, wird einen anderen Wert messen. (2) Meine Uhr zeigt an, dass ich eine Stunde für das Frühstück benötigt habe, aber der »rasende Beobachter« wird eine andere Zeitspanne messen. Unsere Vermutung lautet, dass wir uns alle über die Entfernung in der Raumzeit zwischen Aufstehen und Frühstücksende einig sind – das bedeutet, sie ist invariant. Die Existenz dieser Übereinstimmung ist entscheidend, weil wir eine Reihe von Naturgesetzen darauf aufbauen wollen, die nur die Raumzeit nutzen. Natürlich haben wir bislang nur geraten, wie die Dinge sein könnten und gewiss noch nichts nachgewiesen. Wir haben noch nicht einmal entschieden, wie wir Entfernungen in der Raumzeit berechnen. Um hier weiterzukommen, müssen wir zunächst erklären, was mit unserem zweiten der drei Schlüsselbegriffe, der Kausalität, gemeint ist.

Die Kausalität ist ein weiteres scheinbar offensichtliches Konzept, dessen Anwendung tiefgehende Folgen haben wird. Kausalität ist einfach die Anforderung, dass Ursache und Wirkung so wichtig sind, dass ihre Reihenfolge nicht umkehrbar ist. Ihre Mutter bewirkte Ihre Geburt. Keine in sich konsistente Vorstellung von Raum und Zeit darf es Ihnen ermöglichen, vor Ihrer Mutter auf die Welt zu kommen. Eine Theorie des Universums zu konstruieren, in der Sie zuerst geboren werden könnten, wäre Unfug und würde zu Widersprüchen führen. So formuliert könnte niemand über die Notwendigkeit der Kausalität streiten.

Doch es lohnt sich, darüber nachzudenken, dass Menschen in der Lage zu sein scheinen, die Kausalität täglich zu ignorieren. Nehmen

Sie zum Beispiel Prophezeiungen. Menschen wie Nostradamus werden bis heute für ihre Fähigkeit verehrt, künftige Ereignisse vorhersehen zu können – entweder durch Träume oder durch andere mystische Trance-Zustände. Anders gesagt: Zumindest für Nostradamus waren Ereignisse, die Jahrhunderte nach seinem Tod geschahen, bereits zu seiner Lebenszeit erkennbar. Nostradamus starb 1566, aber ihm wird nachgesagt, dass er den großen Brand von London im Jahr 1666 vorhergesehen hat, ebenso wie den Aufstieg von Napoleon und Hitler, die Anschläge auf die USA am 11. September 2001 und – unser persönlicher Favorit – der Aufstieg des Antichristen in Russland 1999. Der Antichrist ist bislang noch nicht erschienen, aber vielleicht geschieht das ja gerade jetzt. Wenn er vor Drucklegung dieses Buches auftaucht, nehmen wir alles zurück.

Jenseits dieses Blödsinns müssen wir eine wichtige Begriffsdefinition vornehmen. Der Tod von Nostradamus war ein »Ereignis«, genauso wie die Geburt von Adolf Hitler und der große Brand von London. Damit Nostradamus ein Ereignis wie den großen Brand vorhersehen könnte, das ja nach seinem Tod stattfand, müsste die Reihenfolge der beiden Ereignisse umgekehrt werden. Es ausdrücklich zu sagen, ist ja fast eine Tautologie: Nostradamus starb vor dem großen Brand und konnte ihn daher nicht wahrgenommen haben. Um ihn wahrzunehmen, hätte das Ereignis des großen Brands vor dem Ereignis des Tods von Nostradamus erkennbar sein müssen. Also hätte sich die Reihenfolge der Ereignisse umgekehrt. Da ist eine wichtige Feinheit: Nostradamus hätte sehr wohl den großen Brand verursachen können. Wir könnten uns ausmalen, dass er eine Geldsumme auf einem Konto deponiert hätte, die jemanden ermutigt hätte, das Feuer kurz nach Mitternacht am 2. September 1666 in der Pudding Lane zu legen. Das würde eine kausale Verbindung zwischen den Ereignissen bedeuten, die mit dem Leben und dem Tod von Nostradamus sowie dem großen Brand von London zusammenhängen. Wie wir später sehen werden, ist es tatsächlich nur die Anordnung solcher in Verbindung stehender Ereignisse (»kausal zusammenhängende Ereignisse« genannt), die sich nicht umkehren lässt – Ursache und Wirkung sind heilig in Einsteins Universum.

Wenn Ereignisse dagegen so weit auseinander in Raum und Zeit auftreten, dass sie sich gegenseitig nicht beeinflussen können, dann lässt sich bemerkenswerterweise die Reihenfolge dieser Ereignisse umkehren. Einsteins Theorie bietet ein Schlupfloch, das es ermöglicht, die Reihenfolge von Ereignissen umzukehren, vorausgesetzt, dass es für das Funktionieren des Universums absolut keinen Unterschied macht. Wir werden später noch erklären, was wir mit »weit genug auseinander« meinen. Fürs Erste haben wir das Konzept der Kausalität als ein Axiom eingeführt, um es für die Konstruktion unserer Theorie der Raumzeit verwenden zu können. Der Erfolg der Theorie wird sich natürlich endgültig bei der Vorhersage des Ausgangs von Experimenten entscheiden. Als Nebenbemerkung sei erwähnt, dass Nostradamus bei einer Vorhersage Recht hatte. Als er einen besonders akuten Gichtanfall hatte, sagte er wohl seinem Sekretär, dass dieser ihn bei Sonnenaufgang nicht mehr lebend vorfinden werde. Am nächsten Morgen lag Nostradamus tot am Boden.

Was hat die Kausalität mit der Raumzeit und besonders mit Entfernungen in der Raumzeit zu tun? Nun, wir werden bald feststellen, wie das Beharren auf einem kausalen Universum die Struktur der Raumzeit so weit einschränkt, dass wir in dieser Sache keine Wahl haben. Es wird nur eine Möglichkeit geben, wie wir Raum und Zeit miteinander verschmelzen können, um die Raumzeit zu erhalten und gleichzeitig die kausale Ordnung der Dinge aufrechtzuerhalten. Jede andere Möglichkeit würde die Kausalität verletzen, so dass wir fantastische Dinge tun könnten, etwa in der Zeit zurückreisen, um unsere Geburt zu verhindern, oder – in Nostradamus' Fall – einen Lebensstil zu führen, der ihn womöglich vor der Gicht bewahrt hätte.

Abbildung 3

Nun ist es an der Zeit für die Herausforderung, ein Konzept für die Entfernung in der Raumzeit zu entwickeln. Zum Aufwärmen werden wir die Zeit für einen Moment beiseitelassen und über die Vorstellung der Entfernung im gewöhnlichen dreidimensionalen Raum nachdenken. Mit diesem Konzept sind wir ja bereits vertraut. Nehmen wir an, wir wollen die kürzeste Entfernung zwischen zwei Städten auf einer ebenen Weltkarte messen. Wer schon während eines Langstreckenflugs den Verlauf auf der Karte im Entertainment-System verfolgt hat, dem ist sehr vertraut, dass die kürzeste Entfernung zwischen zwei Punkten auf der Erdoberfläche als Bogen erscheint. Diese Linie wird als Großkreis bezeichnet. Abbildung 3 zeigt eine Karte der Erde, in die die Linie eingezeichnet ist, die der kürzesten Entfernung zwischen Manchester und New York entspricht. Auf einer Kugel ist diese Linie nachvollziehbar, aber auf den ersten Blick ist es überraschend, eine Kurve als Darstellung der kürzesten Entfernung zwischen zwei Punkten zu sehen. Dem ist so, weil die Erdoberfläche nicht eben ist, sondern gekrümmt. Genauer gesagt ist die Erde eine Kugel. Die gekrümmte Form der Erdoberfläche ist auch der Grund, warum auf manchen Karten Grönland viel größer als Australien erscheint, auch wenn es in Wirklichkeit viel kleiner ist.

Die Botschaft ist eindeutig: Gerade Linien entsprechen nur im flachen Raum der kürzesten Entfernung zwischen zwei Punkten. Die Geometrie des flachen Raums wird häufig als euklidische Geometrie bezeichnet. Was Euklid damals jedoch nicht wusste und was tatsächlich erst im 19. Jahrhundert klar wurde: Seine Geometrie des flachen Raums ist nur ein spezieller Fall aus einer ganzen Familie verschiedener möglicher Geometrien, von denen jede mathematisch konsistent ist und von denen einige zur Beschreibung der Natur verwendet werden können. Ein sehr gutes Beispiel ist die Erdoberfläche. Sie ist gekrümmt und lässt sich daher mit einer nichteuklidischen Geometrie beschreiben. Im Speziellen ist die kürzeste Entfernung zwischen zwei Punkten keine euklidisch-gerade Linie.

Es gibt weitere bekannte euklidische Eigenschaften, die auf der Erdoberfläche nicht mehr gelten. Zum Beispiel summieren sich die Winkel in einem Dreieck nicht mehr auf 180 Grad, und parallele Linien, die am Äquator in Nord-Süd-Richtung zeigen, schneiden sich an den Polen. Wenn Euklid nicht mehr weiterhilft, müssen wir herausfinden, wie sich Entfernungen in gekrümmten Räumen berechnen lassen, etwa auf der Erdoberfläche. Eine Möglichkeit wäre, direkt mit einem Globus zu arbeiten und die Entfernungen mit einem Stück Schnur auszumessen. Dann würden wir die Erdkrümmung korrekt berücksichtigen. Der Pilot eines Flugzeugs könnte zwischen zwei Städten auf dem Globus ein Stück Schnur spannen, dessen Länge mit einem Lineal messen und dann das Ergebnis einfach mit dem Größenverhältnis zwischen Globus und Erde multiplizieren. Aber vielleicht haben wir gerade keinen Globus zur Hand oder es ist unsere Aufgabe, das Computerprogramm schreiben, mit dem Flugzeuge navigieren. Für beide Fälle müssen wir die Gleichungen kennen, die uns die Entfernung zwischen zwei beliebigen Punkten auf der Erdoberfläche liefert, wenn wir nur die Längen- und Breitengrade sowie die Form und Größe der Erde kennen. So eine Gleichung ist nicht sehr schwer zu finden. Wenn Sie sich etwas mit Mathematik auskennen, können Sie es sogar selbst versuchen. Wir brauchen das hier nicht aufzuschreiben. Der Punkt ist vielmehr, dass eine solche Gleichung existiert und sie nicht viel mit der euklidischen Geometrie einer flachen Tischplatte zu tun hat. Diese Gleichung ermöglicht einem, die kürzeste Entfernung zwischen zwei Punkten auf einer Kugel auf fast die gleiche Weise zu berechnen, so wie der Satz des Pythagoras als Rezept für die Berechnung der kürzesten Entfernung zwischen zwei Punkten (der Hypotenuse) auf einer Tischplatte dient – vorausgesetzt, wir kennen die Entfernung zu einer Ecke entlang der Tischkante. Da gerade Linien in das Arbeitsgebiet von Euklid fallen, sollten wir einen neuen Begriff für die kürzeste Entfernung zwischen zwei Punkten einführen, der unabhängig davon zutrifft, ob der Raum gekrümmt oder flach ist. Eine solche Linie heißt Geodäte: Ein Großkreis ist eine Geodäte auf der Erdoberfläche und eine gerade Linie ist eine Geodäte in einem flachen Raum. Genug zu Entfernungen im dreidimensionalen Raum. Nun müssen wir entscheiden, wie wir Entfernungen in der Raumzeit messen. Lassen Sie uns fortfahren, indem wir die Sache durch das Hinzufügen der Zeit komplizierter machen.

Wir haben bereits die dazu erforderlichen Konzepte eingeführt, als wir über das Aufstehen und das Ende des Frühstücks in der Küche nachgedacht haben. Zu sagen, dass die Entfernung im Raum zwischen Bett und Küche zehn Meter beträgt, ist unproblematisch. Wir können ebenso sagen, auch wenn es etwas sonderbar klingt, dass die Entfernung in der Zeit zwischen dem Aufstehen und dem Ende des Frühstücks eine Stunde beträgt. So denken wir für gewöhnlich nicht bei der Zeit, weil wir sie nicht in der Sprache der Geometrie beschreiben. Vielmehr würden wir sagen, dass zwischen dem Aufstehen und dem Ende des Frühstücks eine Stunde vergangen ist. Nicht gebräuchlich ist die Behauptung, dass zehn Meter vergangen sind, seitdem wir aufgestanden sind und uns in die Küche gesetzt haben. Raum ist Raum und Zeit ist Zeit, die zwei sollten niemals vermischt werden.

Aber wir haben es uns zur Aufgabe gemacht, Raum und Zeit miteinander zu verschmelzen, weil wir annehmen, dass dies die einzige Möglichkeit ist, die Dinge so aufzubauen, damit sie mit Maxwell und Einstein übereinstimmen. Also lassen Sie uns weitermachen und schauen, wohin die Sache führt. Wenn Sie kein Wissenschaftler sind, könnte nun der bislang schwierigste Teil des Buches kommen, weil wir auf völlig abstrakte Weise vorgehen. Das abstrakte Denkvermögen verleiht der Wissenschaft ihre Macht, aber trägt vielleicht auch zu ihrem Ruf bei, schwierig zu sein. Denn die Fähigkeit zur Abstraktion brauchen wir im Allgemeinen selten im Alltag. Wir sind bereits auf ein schwieriges abstraktes Konzept gestoßen: die elektrischen und magnetischen Felder. Die für das Verschmelzen von Raum und Zeit notwendige Abstraktion ist womöglich weniger fordernd.

Wenn wir von »der Entfernung in der Zeit« sprechen, nehmen wir stillschweigend an, dass sich Zeit als zusätzliche Dimension behandeln lässt. Wir sind den Begriff 3D wie in »dreidimensional« gewohnt. Er bezieht sich auf den Raum mit drei Dimensionen: hoch und runter, links und rechts, vorwärts und rückwärts. Wenn wir diesem Rahmen die Zeit hinzuzufügen versuchen, um Entfernungen in der Raumzeit zu definieren, erschaffen wir einen vierdimensionalen Raum. Selbstverständlich verhält sich die Zeitdimension anders als die Raumdimensionen. Wir können uns im Raum völlig frei bewegen, in der Zeit dagegen nur in eine Richtung. Und die Zeit fühlt sich überhaupt nicht wie Raum an. Aber das muss keine unüberwindbare Hürde sein. Sich die Zeit als eine weitere Dimension vorzustellen, bedeutet den abstrakten Sprung, den wir machen müssen. Stellen Sie sich selbst kurz als Wesen vor, das ausschließlich vorwärts, rückwärts, nach links und nach rechts gehen kann. Sie kennen nicht die Erfahrung von Oben und Unten; Sie leben in einer flachen Welt. Wenn Sie jemand auffordert, sich eine dritte Dimension vorzustellen, würde das Ihrem flachen Verstand nicht gelingen. Doch wenn Sie mathematisch begabt wären, könnten Sie die Möglichkeit bereitwillig akzeptieren und auf jeden Fall damit rechnen, selbst wenn Sie sich diese sonderbare dritte Dimension nicht vorstellen können. Genauso ist es für Menschen mit dem vierdimensionalen Raum. Es wird Ihnen im Lauf des Buches vertraut werden, sich den Raum als vierdimensional vorzustellen. Unseren Physikstudenten an der Universität Manchester versuchen wir nach ihrer Ankunft zu vermitteln, dass jeder verwirrt ist und nicht weiterkommt. Nur sehr wenige Menschen verstehen schwierige Konzepte gleich beim ersten Mal. Daher ist der Weg zu einem tiefergehenden Verständnis durch kleine Schritte gekennzeichnet. Mit den Worten von Douglas Adams: »Keine Panik!«.

Fahren wir für den Moment weniger anspruchsvoll fort und stellen etwas Einfaches fest: Die Dinge geschehen. Wir wachen auf, wir richten unser Frühstück, wir frühstücken, und so weiter. Wir werden das Auftauchen eines Dings als »ein Ereignis in der Raumzeit« bezeichnen. Wir können ein Ereignis in der Raumzeit mit vier Zahlen eindeutig beschreiben: mit drei räumlichen Koordinaten, um zu beschreiben, wo es auftrat, und mit einer Zeitkoordinate, um zu festzulegen, wann es auftrat. Raumkoordinaten lassen sich in jedem Koordinatensystem angeben. Zum Beispiel genügen Längengrad, Breitengrad und Höhe, wenn das Ereignis in der Nähe der Erde auftritt. Ihre Koordinaten im Bett könnten also 53,4673 Grad Nord, 2,2307 Grad West sein, 38 Meter über dem Meeresspiegel. Ihre Zeitkoordinate wird durch Uhren festgelegt (weil die Zeit nicht universell ist, müssen wir – um eindeutig zu sein – sagen, wessen Uhr wir verwenden) und könnte 7 Uhr mittlere Greenwich-Zeit sein, wenn der Wecker klingelt. Also haben wir vier Zahlen, die jedes Ereignis eindeutig in der Raumzeit festlegen. Denken Sie daran, dass die Wahl bestimmter Koordinaten nichts Spezielles bedeutet. Die hier gewählten Koordinaten werden relativ zu einer Linie gemessen, die durch Greenwich in London verläuft. Darauf haben sich im

Oktober 1884 25 Staaten geeinigt, nur San Domingo stimmte dagegen (Frankreich enthielt sich). Es ist ein sehr wichtiges Konzept, dass die Wahl der Koordinaten absolut keinen Unterschied machen darf.

Lassen Sie uns den Moment, an dem ich im Bett erwache, als unser erstes Ereignis in der Raumzeit festlegen. Das zweite Ereignis könnte das Ende des Frühstücks markieren. Wir haben gesagt, dass die räumliche Entfernung zwischen den beiden Ereignissen zehn Meter beträgt und die Entfernung in der Zeit eine Stunde. Um eindeutig zu sein, müssen wir etwas in der Art sagen wie »ich habe die Entfernung zwischen meinem Bett und dem Frühstückstisch mit einem Maßband gemessen, dessen Enden genau vom Bett bis zum Tisch reichten«. Und: »Ich habe das Zeitintervall mit der Uhr neben meinem Bett und mit der Küchenuhr gemessen.« Vergessen Sie nicht, was wir bereits wissen: Diese Entfernungen im Raum und in der Zeit sind nicht für jeden die gleichen. Jemand, der im Flugzeug an Ihrem Haus vorbeifliegt, würde sagen, dass Ihre Uhren langsamer gehen und dass die Entfernung zwischen Ihrem Bett und Ihrem Frühstückstisch geschrumpft ist. Die entscheidende Frage lautet dann: Wie konstruieren wir aus den zehn Metern und der einen Stunde eine invariante Raumzeit? Wir müssen sorgfältig vorgehen und dürfen genauso wie bei den Entfernungen auf der Erdoberfläche keine euklidische Geometrie voraussetzen.

Wenn wir Entfernungen in der Raumzeit berechnen wollen, müssen wir umgehend ein Problem lösen. Wie können wir auch nur über die Vereinigung der beiden nachzudenken beginnen, wenn die Entfernung im Raum in Metern gemessen wird und die Entfernung in der Zeit in Sekunden? Das ist wie das Zusammenzählen von Äpfeln und Birnen, weil die Entfernungen nicht dieselbe Einheit haben. Wir können die Entfernungen jedoch in Zeiten oder die Zeiten in Strecken umrechnen, wenn wir die bereits bekannte Gleichung $v = x/t$ verwenden. Mit etwas Algebra können wir die Zeit als $t = x/v$ und die Entfernung als $x = vt$ schreiben. Anders gesagt: Strecke und Zeit lassen sich mit Hilfe von etwas ineinander überführen, das die Einheit einer Geschwindigkeit hat. Lassen Sie uns daher eine geeichte Geschwindigkeit namens c einführen. Dann können wir die Zeit in Metern messen, wenn wir ein Zeitintervall mit unserer Kalibrationsgeschwindigkeit c multiplizieren. An diesem Punkt unserer Argumentation kann c wirklich jede beliebige Geschwindigkeit sein. Wir haben uns noch überhaupt nicht auf ihren wahren Wert festgelegt. Tatsächlich ist der Trick, Zeit und Distanz ineinander zu überführen, in der Astronomie sehr gängig. Dort werden die Entfernungen der Sterne und Galaxien häufig in Lichtjahren gemessen, was der Strecke entspricht, die das Licht in einem Jahr zurücklegt. Es erscheint nicht so merkwürdig, weil wir daran gewöhnt sind, aber tatsächlich ist es eine in Jahren, also in einer Zeiteinheit, gemessene Entfernung. Im Fall der Astronomie ist die Kalibrationsgeschwindigkeit die Lichtgeschwindigkeit.

Das ist ein Fortschritt. Nun haben wir Zeit- und Entfernungsintervalle in derselben Währung. Zum Beispiel lassen sich beide in Metern, Lichtjahren oder was auch immer angeben. Abbildung 4 zeigt zwei Ereignisse in der Raumzeit, die durch Kreuzchen markiert

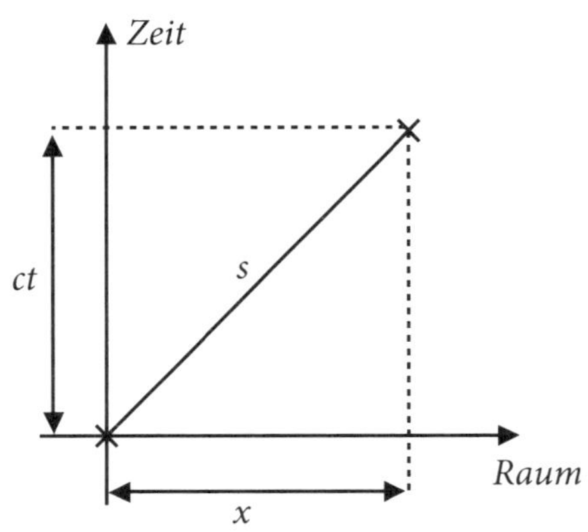

Abbildung 4

sind. Am Ende wollen wir eine Regel für die Berechnung des Abstands der beiden Ereignisse in der Raumzeit haben. Der Blick auf die Abbildung zeigt, dass wir dazu die Länge der Hypotenuse ermitteln müssen, wenn die Längen der beiden anderen Seiten gegeben sind. Um etwas genauer zu sein: Wir bezeichnen die Länge der unteren Dreiecksseite mit x und die Höhe als ct. Somit liegen die beiden Ereignisse im Raum um die Entfernung x und in der Zeit um die Entfernung ct auseinander. Unser Ziel ist dann eine Antwort auf folgende Frage: Wie lässt sich die Hypotenuse s durch x und ct ausdrücken? Greifen wir unser früheres Beispiel auf, dann ist $x = 10$ Meter die Entfernung im Raum vom Bett zum Küchentisch und $t = 1$ Stunde die Entfernung in der Zeit. Bislang kann ct irgendwas sein, da c ja beliebig war. Es sieht also so aus, als ob wir auf der Stelle träten. Trotzdem machen wir weiter.

Wir müssen uns auf ein Verfahren festlegen, wie wir die Länge der Hypotenuse messen – die Entfernung zweier Ereignisse in der Raumzeit. Sollen wir uns für die euklidische Geometrie entscheiden, damit wir den Satz des Pythagoras nutzen können, oder sollen wir etwas Komplizierteres wählen? Womöglich ist unser Raum gekrümmt wie die Erdoberfläche oder wie ein noch komplizierteres Gebilde. Tatsächlich gibt es eine unendliche Zahl von Möglichkeiten, um Entfernungen zu berechnen. Daher werden wir so weitermachen, wie das Physiker häufig tun: Wir treffen eine wohlbegründete Vermutung. Bei unserer Vermutung lassen wir uns von einem sehr nützlichen Prinzip leiten, das »Ockhams Rasiermesser« genannt wird. Sein Name geht auf den englischen Denker Wilhelm von Ockham zurück, der Anfang des 14. Jahrhunderts lebte. Das Prinzip ist einfach zu formulieren, aber erstaunlich schwierig im Alltag anzuwenden. Es lässt sich als »mache die Dinge nicht unnötig kompliziert« zusammenfassen. Ockham formulierte es so: »Eine Vielfalt darf ohne Not nicht zugrunde gelegt werden« – was die Frage aufwirft, warum er seine eigene Regel nicht besser beachtet hat, als er diesen Satz aufschrieb. Wie auch immer es interpretiert wird, Ockhams Rasiermesser ist sehr mächtig, fast schon brutal, wenn man über die natürliche Welt Schlussfolgerungen ziehen will. Es besagt, dass man die einfachste Hypothese als erstes zu prüfen hat. Und nur wenn sie versagt, sollten wir ihr nach und nach Komplexität hinzufügen, solange, bis die Hypothese zu den experimentellen Belegen passt. In unserem Fall ist der einfachste Weg zur Beschreibung einer Entfernung die Annahme, dass zumindest der räumliche Teil unserer Raumzeit euklidisch ist; anders gesagt: der Raum ist flach. Damit kann die vertraute Methode, wie wir Entfernungen im Raum zwischen Gegenständen festlegen, in unseren neuen Rahmen unverändert übernommen werden. Was könnte einfacher sein? Die Frage lautet dann, wie wir die Zeit hinzufügen sollen. Eine weitere vereinfachende Annahme ist, dass unsere Raumzeit unveränderlich und überall dieselbe ist. Das sind zwei wichtige Bedingungen. Tatsächlich hatte Einstein sie schließlich fallengelassen, weil es ihm dadurch möglich wurde, eingehend über die schwer fassbare Möglichkeit nachzudenken, dass sich die Raumzeit in Anwesenheit von Materie und Energie ständig verändert. Das führte ihn zur Allgemeinen Relativitätstheorie, die bislang beste Theorie der Gravitation. Wir werden der Allgemeinen Relativitätstheorie im Schlusskapitel begegnen, für den Moment können wir all diese Irrungen und Wirrungen ignorieren. Sobald wir Ockham folgen und die genannte vereinfachende Annahme treffen, gibt es nur noch zwei Möglichkeiten, um Entfernungen in der Raumzeit zu berechnen. Die Länge der Hypotenuse *muss* entweder $s^2 = (ct)^2 + x^2$ sein oder $s^2 = (ct)^2 - x^2$. Es gibt keine anderen Optionen. Auch wenn wir das nicht bewiesen haben, führt uns unsere Annahme einer unveränderlichen Raumzeit nur zu diesen beiden Möglichkeiten. Wir müssen entweder die mit dem Plus- oder die mit dem Minuszeichen wählen. Natürlich können wir – unabhängig von einem Beweis – pragmatisch sein und schauen, was passiert, wenn wir beide Möglichkeiten ausprobieren.

Eine Umkehrung des Vorzeichens geht in der Mathematik nicht weit über den nun vertrauten Satz des Pythagoras hinaus. Unsere Aufgabe lautet: Finde heraus, ob wir uns für die Pluszeichen- oder Minuszeichen-Version bei der Entfernungsgleichung entscheiden sollen. Diese Fragestellung könnte auf den ersten Blick etwas merkwürdig klingen. Aus welchem Grund sollte man überhaupt ein Minuszeichen beim Pythagoras in Betracht ziehen? Aber das ist der falsche Weg, um über die Dinge nachzudenken. Die Formel für Entfernungen auf einer Kugel sieht ebenfalls nicht nach Pythagoras aus, daher gehen wir von einer möglicherweise nicht flachen Raumzeit im Sinne Euklids aus. Wenn die Minuszeichen-Version die einzige Alternative zur Pluszeichen-Version ist (unsere Annahme vorausgesetzt), gibt es für uns keinen logischen Grund, die Minuszeichen-Version in dieser Phase zu verwerfen. Wir sollten sie daher beibehalten und die Folgen genauer untersuchen. Wenn weder die Pluszeichen- noch die Minuszeichen-Version funktioniert und es uns nicht gelingt, ein funktionierendes Entfernungsmaß für die Raumzeit zu konstruieren, dann müssen wir wieder von vorne anfangen.

Nun sind wir bereit für ein sehr elegantes, aber vielleicht auch kniffliges Stück in der Argumentation. Wir werden uns dabei an den Vorsatz halten, nichts Komplizierteres als den Satz von Pythagoras anzuwenden, aber Sie müssen die Argumentation vielleicht zweimal lesen. Das dürfte sich lohnen, denn wenn Sie uns genau folgen, könnten Sie etwas spüren, was der Biologe Edward O. Wilson als »ionisches Entzücken« beschrieb. Der Begriff geht auf die Arbeiten des Thales von Milet im Ionien des sechsten Jahrhunderts vor Chr. zurück, dem Aristoteles zwei Jahrhunderte später bescheinigte, die Voraussetzungen für die Physik geschaffen zu haben. Der poetische Ausdruck beschreibt die Überzeugung, dass sich die Komplexität der Welt mit einer kleinen Zahl einfacher Naturgesetze erklären lässt, weil die Welt im Grunde geordnet und einfach ist (wir fühlen uns an Wigners Essay erinnert). Aufgabe der Wissenschaft ist es, die für uns sichtbare Komplexität der Welt abzustreifen und die ihr zugrunde liegende Einfachheit herauszufinden. Wenn dieser Vorgang erfolgreich ist und diese Einfachheit und Einheit der Welt zutage treten, erleben wir das ionische Entzücken. Stellen Sie sich für einen Augenblick vor, wie Sie eine Schneeflocke in Ihrer Handfläche halten. Sie besitzt eine elegante, schöne Struktur aufgrund ihrer gezackten kristallinen Symmetrie. Keine Flocke gleicht der anderen, und auf den ersten Blick scheint sich diese chaotische Sache einer einfachen Erklärung zu widersetzen. Dank der Wissenschaft haben wir jedoch gelernt, dass sich hinter der scheinbaren Komplexität von Schneeflocken eine grundlegende Struktur verbirgt: Jede Flocke ist eine Anordnung aus Milliarden Wassermolekülen (H_2O). Eine Schneeflocke besteht aus nichts anderem – und doch entsteht aus den H_2O-Molekülen eine überwältigend komplexe Struktur, wenn sie in einer kalten Winternacht in der Atmosphäre unseres Planeten zusammenfinden.

Um die Frage nach dem Plus- oder Minuszeichen zu beantworten, müssen wir uns der Kausalität zuwenden. Lassen Sie uns zunächst annehmen, dass der Satz von Pythagoras die richtige Gleichung für Entfernungen in der Raumzeit ist – d. h. $s^2 = (ct)^2 + x^2$. Erneut kehren wir zu unseren beiden Ereignissen zurück: Aufwachen im Bett um 7 Uhr und Ende des Frühstücks in der Küche um 8 Uhr. Nun werden wir etwas tun, was Sie womöglich erschaudern lässt, wenn Sie sich an Ihren Mathematikunterricht in der Schule erinnern, als Sie aus dem Fenster auf die unberührten, einladenden Fußballfelder in der Frühlingsabendsonne schauten: Lassen Sie uns das Aufwach-Ereignis O nennen und das Ereignis des Frühstücks-Endes A. Wir machen das wegen der Kürze, ohne dass wir uns in Lehrer verwandeln wollten.

Wir wissen, dass die räumliche Entfernung zwischen O und A die Strecke $x = 10$ Meter ist und die Entfernung in der Zeit zwischen den beiden Ereignissen $t = 1$ Stunde – wobei wir x und t selbst gemessen haben. Dabei haben wir noch nicht festgelegt, was genau c ist. Aber wenn wir es tun, werden wir ct kennen und dann s berechnen können, die Entfernung in der Raumzeit zwischen den Ereignissen O und A. Unsere Hypothese lautet, dass x und t zwar für jemanden, der mit fast Lichtgeschwindigkeit vorbeifliegt, anders sein wird, aber die Entfernung s dieselbe bleibt. Mit anderen Worten: x und t können und werden sich ändern, aber sie müssen sich so verändern, dass sich s niemals ändert. Auf die Gefahr hin, diesen Punkt zu sehr zu betonen: Wir möchten Sie daran erinnern, dass es immer unser Ziel ist, die physikalischen Gesetze mit Invarianten der Raumzeit zu formulieren; s ist gerade so eine Invariante. Wenn das zu abstrakt klingt, können wir es auch noch in weniger mathematisch angehauchter Sprache formulieren: Die Regeln der Natur müssen einen Zusammenhang zwischen realen Dingen ausdrücken, und diese Dinge sind in der Raumzeit vorhanden. Etwas, das in der Raumzeit existiert, ähnelt sehr einem Objekt in einem Raum. Die Raumzeit (oder der Raum) ist die Arena, in der die Dinge angesiedelt sind. Die Eigenschaften realer Dinge sind keine Ansichtssache, und in diesem Sinne bezeichnen wir sie als invariant. Ein dreidimensionales Beispiel für etwas, das keine Invariante ist, wäre der tanzende Schatten eines Gegenstands, der durch ein Lagerfeuer im Raum entsteht. Der Schatten verändert sich eindeutig durch die Bewegung der Flammen und durch die Position des Feuers, aber wir haben überhaupt keinen Zweifel daran, dass ein reales, beständiges Objekt der Auslöser dafür ist. Mit Hilfe der Raumzeit wollen wir die Physik aus diesen Schatten herausführen und die Zusammenhänge zwischen realen Objekten dingfest machen.

Die Tatsache, dass für zwei Beobachter die Werte von x und t nicht übereinstimmen können, hat – vorausgesetzt, s ist unverändert – eine sehr wichtige Folge, die sich einfach bildlich darstellen lässt. Abbildung 5 zeigt einen Kreis mit dem Mittelpunkt O, dem Aufwach-Ereignis, und dem Radius s. Weil wir im Moment die pythagoräische Form der Entfernungsgleichung nutzen, ist jeder Punkt auf dem

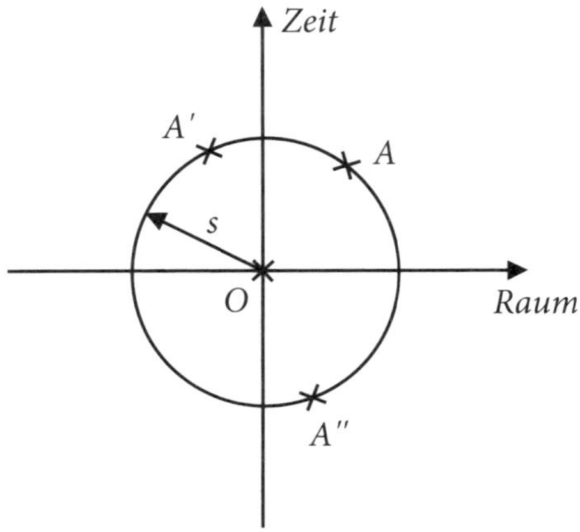

Abbildung 5

Umfang des Kreises in derselben Entfernung s von O. Dies ist eine ziemlich offensichtliche Aussage, denn die Entfernung s ist der Radius des Kreises. Punkte außerhalb des Kreises sind weiter weg von O, während Punkte innerhalb des Kreises näher bei O liegen. Aber unsere Hypothese lautet, dass s die Entfernung der Raumzeit zwischen den Ereignissen O und A ist. Mit anderen Worten: Das Ereignis A könnte irgendwo auf dem Umfang des Kreises liegen und wäre von O noch immer die Entfernung s in der Raumzeit weg. An welchem Punkt des Kreises liegt dann das Ereignis A? Das kommt darauf an, wer x und t misst. Für uns im Haus ist klar, wo A liegen muss, denn es sind x = 10 Meter und t = 1 Stunde. Das haben wir in der Abbildung eingezeichnet und A genannt. Für eine Person, die mit einer sehr schnellen Rakete vorbeifliegt, ist die Entfernung x im Raum und die Entfernung t in der Zeit anders. Doch wenn s unveränderlich ist, dann muss das Ereignis noch immer irgendwo auf dem Kreis liegen. Verschiedene Beobachter registrieren also jeweils unterschiedliche Positionen in Raum und Zeit für das Ereignis, aber wegen der Einschränkung wandert der Punkt nur auf dem Kreis herum. Wir haben zwei mögliche Positionen A′ und A″ genannt. Bei

Position A′ ist nichts besonders Interessantes passiert, aber schauen Sie sich mal sorgfältig Position A″ an. Dort ist wirklich etwas sehr Dramatisches geschehen. A″ hat von O eine negative Entfernung in der Zeit. Anders formuliert: A″ ereignete sich vor O; es liegt in der Vergangenheit von O. In dieser Welt beenden Sie Ihr Frühstück, noch bevor Sie aufstehen! Dieser Fall verletzt eindeutig unser in Ehren gehaltenes Axiom der Kausalität.

Als Nebenbemerkung sei erwähnt, dass Darstellungen wie die Abbildungen 4 und 5 als »Raumzeit-Diagramme« bezeichnet werden. Oft helfen sie einem herauszufinden, was gerade vor sich geht. Sie sind wirklich eine einfache Sache. Schnittpunkte im Raumzeit-Diagramm bezeichnen Ereignisse, und wir können vom Ereignis bis zur Raumachse eine senkrechte Linie ziehen, um zu ermitteln, wie weit das Ereignis im Raum vom Ereignis O entfernt ist. Umgekehrt sagt uns eine waagrechte Linie bis zur Zeitachse den Zeitunterschied zwischen dem Ereignis und dem Ereignis O. Die Fläche oberhalb der Raumachse können wir als Zukunft von O interpretieren (dort ist t für jedes Ereignis in diesem Bereich positiv) und die Fläche darunter als Vergangenheit (t ist dann negativ). Unser Problem besteht darin, dass wir eine Definition der Entfernung s in der Raumzeit zwischen den Ereignissen O und A konstruiert haben, die es A ermöglicht, sowohl in der Zukunft als auch in der Vergangenheit von O zu liegen. Das hängt davon ab, wie sich die beobachtende Person bewegt. Mit anderen Worten: Wir haben entdeckt, dass die Forderung nach Kausalität eng mit der Art und Weise zusammenhängt, wie wir die Entfernung in der Raumzeit definieren – und die einfache Definition mit dem Pluszeichen ist nicht ausreichend.

Wir sind nun mit dem konfrontiert, was der englische Biologe Thomas Henry Huxley als »die große Tragödie der Wissenschaft – die Widerlegung einer schönen Hypothese durch hässliche Fakten« beschrieb. Huxley – bekannt als Darwins Bulldogge, da er die Evolution engagiert verteidigte – wurde einst von dem Parlamentarier

William Wilberforce gefragt, ob Huxleys Abstammung vom Affen großmütterlicher- oder großväterlicherseits sei. Huxley habe darauf geantwortet, dass er sich für einen Affen unter seinen Vorfahren nicht schämen würde, aber sehr wohl für die Verwandtschaft mit einem Menschen, der seine großartigen Fähigkeiten dafür einsetzt, die Wahrheit zu vernebeln. Die tragische Wahrheit in unserem Fall lautet daher, dass wir die einfachste Hypothese abzulehnen haben, wenn wir die Kausalität bewahren wollen, und uns etwas ein wenig Komplizierterem zuwenden müssen.

Unsere nächste Hypothese lautet: Die Entfernung zwischen zwei Punkten in der Raumzeit muss berechnet werden mit $s^2 = (ct)^2 - x^2$. Sie ist tatsächlich die einzig verbleibende Hypothese. Im Gegensatz zu der Version mit dem Pluszeichen ist das eine Welt, in der die euklidische Geometrie nicht gilt, also so wie im Fall der Geometrie auf der Erdoberfläche. Mathematiker haben für einen Raum, in dem die Entfernung zwischen zwei Punkten durch so eine Gleichung beschrieben wird, einen Namen: Sie nennen ihn hyperbolischen Raum. Physiker verwenden dafür den Begriff Minkowski-Raumzeit. Der Leser könnte hier einen Hinweis erkennen, dass wir auf der richtigen Spur sind. Am wichtigsten ist daher die Frage, ob die Minkowski-Raumzeit die Forderung nach Kausalität verletzt.

Um diese Frage zu beantworten, müssen wir uns abermals die Linien der Raumzeit anschauen, die in einer konstanten Entfernung s von O liegen. Wir betrachten gleichsam das Gegenstück zu den Kreisen der euklidischen Raumzeit; das Minuszeichen macht den Unterschied. In Abbildung 6 sind die gleichen vertrauten Ereignisse O und A zu sehen, zusammen mit der Linie, auf der alle Punkte liegen, die dieselbe Raumzeit-Entfernung s von O aufweisen. Entscheidend ist, dass diese Punkte nicht mehr auf einem Kreis liegen. Vielmehr befinden sie sich auf einer Kurve, die in der Mathematik als Hyperbel bekannt ist. Mathematisch gesprochen befriedigen alle Punkte auf dieser Kurve unsere Entfernungsgleichung $s^2 = (ct)^2 - x^2$.

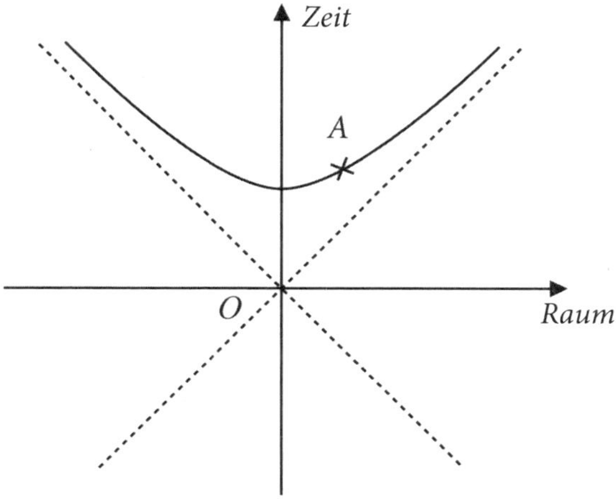

Abbildung 6

Denken Sie daran, dass die Kurve sich den gestrichelten Geraden annähert, die unter 45 Grad zu den Koordinatenachsen stehen. Nun ist die Situation für Beobachter an Bord eines Raumschiffs völlig anders als bei der Pluszeichen-Version, weil das Ereignis A immer in der Zukunft von O liegt. Wir können A entlang der Kurve verschieben, aber nicht in die Vergangenheit von O. Mit anderen Worten: Für jeden Beobachter wachen wir auf, bevor wir unser Frühstück beendet haben. Jetzt können wir erleichtert aufatmen: Die Kausalität wird in der Minkowski-Raumzeit nicht verletzt.

Es lohnt sich, diesen Abschnitt zu wiederholen, da er einer der wichtigsten Punkte in diesem Buch ist. Wenn wir uns für eine Definition der Raumzeit-Entfernung zwischen zwei Ereignissen O und A entscheiden, die auf dem Satz des Pythagoras mit einem Minuszeichen beruht, dann wird A niemals in der Vergangenheit von O liegen, unabhängig davon, wie jemand die beiden Ereignisse betrachtet. A kann sich nur entlang der Hyperbel bewegen: Wenn das Ereignis A für einen Beobachter in der Zukunft von O liegt, dann wird A für jeden Beobachter in der Zukunft von O liegen. Weil sich die Hyperbel niemals in die Vergangenheit von O erstreckt, stimmen alle darin überein, dass das Frühstücken nach dem Aufwachen kommt.

Wir haben soeben eine raffinierte Argumentation vollendet. Gewiss heißt das nicht, unsere ursprüngliche Hypothese – es gebe eine »invariante« Entfernung in der Raumzeit, die für alle Beobachter gilt – ist richtig. Aber unsere Hypothese hat einen wichtigen Test überlebt – sie hat die Forderung nach Kausalität bestanden. Doch wir sind mit dieser mathematischen Spielerei noch nicht fertig. Denn wir sind Physiker, die eine Theorie zu konstruieren versuchen. Diese Theorie soll beschreiben, wie die Welt funktioniert. Der ausschlaggebende Test unserer Theorie wird die Frage sein, ob die Theorie Vorhersagen treffen kann, die mit Experimenten übereinstimmen. Und wir sind noch gar nicht bereit, eine Vorhersage zu treffen, weil wir nicht wissen, welchen Wert die Kalibrationsgeschwindigkeit c hat. Ohne diese Zahl zu kennen können wir nichts ausrechnen.

Wir benötigten c für die Definition einer Entfernung in der Raumzeit, bei der sich Raum und Zeit in derselben Einheit messen lassen. Bislang haben wir jedoch keine Vorstellung, für was c tatsächlich steht. Ist c eine besondere Geschwindigkeit? Der Schlüssel zur Antwort liegt in einer verblüffenden Eigenschaft der soeben konstruierten Minkowski-Raumzeit. Die gestrichelten Geraden unter einem 45-Grad-Winkel sind wichtig. In Abbildung 7 haben wir weitere Kurven eingezeichnet, die alle eine konstante Raumzeit-Entfernung von O haben. Der wichtige Punkt ist, dass wir tatsächlich vier Arten der Kurve zeichnen können. Eine liegt komplett in der Zukunft des Ereignisses O, eine liegt immer in der Vergangenheit und die beiden anderen liegen links und rechts von O. Sie sehen ein kleines bisschen besorgniserregend aus, weil sie die horizontale Achse auf dieselbe Weise schneiden, wie das unser Kreis im Fall der Pluszeichen-Version des Pythagoras tat. Im Fall des positiven Vorzeichens brachte uns das dazu, die Hypothese zu verwerfen, weil sonst die Kausalität verletzt worden wäre. Sitzen wir mit der Minus-

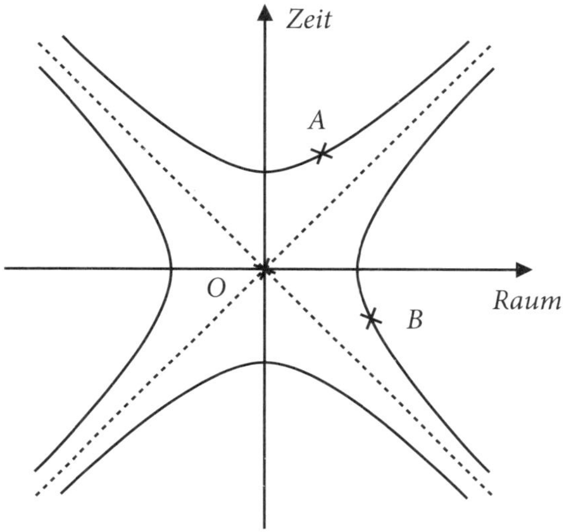

Abbildung 7

zeichen-Version im selben Boot? Drohen wir zu sinken? Nein, es gibt einen Ausweg! Abbildung 7 zeigt ein Ereignis B im besorgniserregenden Bereich. B liegt laut der Abbildung in der Vergangenheit von O. Die Hyperbel konstanter Entfernung zu O für dieses Ereignis schneidet die Raumachse. In der Folge ist es für einige Beobachter möglich, das Auftreten des Ereignisses B in der Zukunft von O zu sehen, während für andere Beobachter B in der Vergangenheit von O liegt. Vergessen Sie nicht: Jeder Beobachter muss dieselbe Raumzeit-Strecke zwischen Entfernungen wahrnehmen, selbst wenn er sich mit den anderen Beobachtern über die jeweiligen Entfernungen in Raum und Zeit uneins ist. Das Ereignis B sieht wie ein Zusammenbruch der Kausalität aus, aber zum Glück ist das eindeutig nicht der Fall.

Wie bringen wir die Kausalität wieder in unsere Theorie der Raumzeit? Für eine Antwort auf diese Frage müssen wir ein bisschen sorgfältiger darüber nachdenken, was wir mit Kausalität meinen. Im nächsten Teil geht es um Raumschiffe und Laser, daher können Sie sich nun eine Zeitlang entspannen, falls Sie die abstrakte Argumentation des vorigen Abschnitts ausgelaugt hat. Lassen Sie uns nochmals über das Ereignis O nachdenken: über das Aufwachen morgens im Bett. Um ein bisschen genauer zu sein, könnte das Ereignis mit dem Alarm meines Weckers einhergehen. Kurz zuvor hebt ein Raumschiff von einem Planeten im System Alpha Centauri ab, dem uns am nächsten stehenden Sternsystem in einer Entfernung von etwas mehr als vier Lichtjahren. Dieses Raumschiff nimmt Kurs auf die Erde. Müssen alle darin übereinstimmen, dass das Raumschiff seine Reise kurz vor meinem Aufwachen antrat? Vom Standpunkt der Kausalität aus betrachtet hängt die Sache entscheidend davon ab, ob sich Informationen unendlich schnell ausbreiten können. Wenn Informationen unendlich schnell sein können, dann wäre das fremde Raumschiff womöglich in der Lage, einen Laserstrahl abzufeuern, der die Erde umgehend erreicht und meinen Wecker zerstören würde. Die Folge wäre, dass ich verschlafe und das Frühstück verpasse. Das Frühstück zu verpassen wäre an diesem speziellen Szenario die am wenigsten beunruhigende Sache. Aber wir machen gerade ein Gedankenexperiment, daher lassen Sie uns die emotionalen Folgen ignorieren, die durch das Verdampfen eines Weckers mit Hilfe eines außerirdischen Lasers entstehen. Fahren wir fort: Das Abfeuern des Lasers an Bord des Raumschiffs führte dazu, dass ich mein Frühstück verpasse. Deshalb lässt sich die Reihenfolge der Ereignisse nicht vertauschen, ohne dass dabei unsere Doktrin vom Erhalt der Kausalität missachtet würde. Das lässt sich leicht einsehen: Wenn ein Beobachter schließen könnte, dass das Raumschiff abgehoben hat, nachdem ich aufgewacht bin, dann hätten wir einen Widerspruch, weil ich nicht verschlafen kann, wenn ich bereits aufgewacht bin. Wir sind daher zu folgendem Schluss gezwungen: Wenn Informationen sich mit beliebig hoher Geschwindigkeit verbreiten können, hätte das *immer* eine Änderung der zeitlichen Reihenfolge zweier beliebiger

Ereignisse zur Folge, so dass das Gesetz von Ursache und Wirkung verletzt wäre. Aber es gibt ein Schlupfloch in unserer Argumentation: Die zeitliche Anordnung von bestimmten Ereignispaaren lässt sich umdrehen, falls sie nicht auf den 45-Grad-Geraden liegen. Diese Geraden beginnen wirklich sehr wichtig zu werden.

Stellen wir uns den Alienlaser-Weckerexplosions-Vorfall nochmals vor, aber nun in Verbindung mit einer kosmischen Höchstgeschwindigkeit. Sozusagen erlauben wir dem Laserstrahl nicht, dass er unendlich schnell vom Raumschiff zu unserem Wecker kommt. Zum letzten Mal werden wir nun oberlehrerhaft und bezeichnen das Abfeuern des Lasers als Ereignis B, wie es in Abbildung 7 dargestellt ist. Wenn das Raumschiff den Laser (Ereignis B) sehr kurz vor dem Klingeln des Weckers (Ereignis O) aus sehr großer Distanz abgefeuert hat, dann gibt es für das Raumschiff keine Möglichkeit, mich vom Aufwachen abzuhalten, weil der Laserstrahl einfach nicht genug Zeit hatte, um vom Raumschiff bis zu meinem Wecker zu kommen. So ist die Situation, wenn der Laserstrahl maximal eine Art kosmische Höchstgeschwindigkeit erreichen kann. In diesem Fall bezeichnet man die beiden Ereignisse O und B als kausal voneinander getrennt.

Wie in der Abbildung dargestellt nehmen wir an, dass B kurz vor O eintritt, wobei B auf der rechten Hyperbel liegt. Dort ist der »gefährliche« Bereich für die Kausalität. Verschiedene Beobachter werden im Allgemeinen darüber uneins sein, ob B vor oder nach O eintritt, weil ihre unterschiedlichen Perspektiven zu einer Verschiebung von B entlang der Hyperbel führen, die über die Raumachse von der Vergangenheit in die Zukunft verläuft. Das ist unvermeidlich, aber Ursache und Wirkung lassen sich trotzdem bewahren, wenn es absolut keine Möglichkeit gibt, dass sich Ereignis B auf Ereignis O auswirken kann. Mit anderen Worten: Wen kümmert es, ob B in der Vergangenheit oder Zukunft von O geschieht, wenn es überhaupt keinen Unterschied macht, weil B und O einander nicht beeinflussen können? Es gibt vier unterschiedliche Bereiche in der Minkowski-Raumzeit, die voneinander durch 45-Grad-Geraden getrennt sind. Wenn wir die Kausalität bewahren wollen, darf kein Ereignis, das in der linken oder rechten keilförmigen Region eintritt, jemals ein Signal abschicken, das O womöglich erreichen könnte.

Um die beschriebenen Geraden zu erklären, schauen Sie bitte wieder auf unsere Raumzeit-Diagramme. Die horizontale Achse stellt Entfernungen im Raum dar, die vertikale Achse Entfernungen in der Zeit. Die 45-Grad-Geraden entsprechen daher Ereignissen, die eine Entfernung im Raum von O haben, der gleich der Entfernung in der Zeit (ct) ist. Wie schnell muss ein von O ausgehendes Signal sein, damit es ein Ereignis beeinflussen kann, das genau auf der 45-Grad-Gerade liegt? Wenn das Ereignis eine Sekunde in der Zukunft von O liegt, dann muss das Signal eine Entfernung c · 1 Sekunde zurücklegen. Wenn es zwei Sekunden in der Zukunft liegt, dann muss es eine Entfernung c · 2 Sekunden zurücklegen. Mit anderen Worten: Das Signal muss sich mit der Geschwindigkeit c bewegen. Ein Signal, das sich zwischen B und O bewegt, muss daher schneller als die Geschwindigkeit c sein. Umgekehrt ist es für jedes Ereignis, das zwischen den 45-Grad-Geraden im oberen und unteren Keil liegt, möglich, mit dem Ereignis O durch Signale zu kommunizieren, die eine geringere Geschwindigkeit als c haben.

Endlich ist es uns gelungen, die Geschwindigkeit c zu interpretieren: Sie ist die kosmische Höchstgeschwindigkeit. Nichts kann sich schneller bewegen als mit c, weil sich ansonsten Informationen übertragen ließen, die das Prinzip von Ursache und Wirkung verletzen würden. Beachten Sie zudem: Wenn sich alle Beobachter über die Entfernung in der Raumzeit zwischen zwei beliebigen Ereignissen einig sind, dann müssen sie sich auch darin einig sein, dass – unabhängig davon, wie sich die Beobachter in der Raumzeit bewegen – die kosmische Höchstgeschwindigkeit c ist. Die Geschwindigkeit c hat daher eine weitere interessante Eigenschaft: Egal wie sich zwei verschiedene Beobachter bewegen – ihre Messung von c ergibt immer dasselbe. Die Geschwindigkeit c fängt an, einer anderen Geschwindigkeit zu ähneln, der wir in diesem Buch begegnet sind: der Lichtgeschwindigkeit. Allerdings haben wir den Zusammenhang noch nicht nachgewiesen.

Unsere ursprüngliche Vermutung ist noch immer sehr lebendig. Es ist uns gelungen, eine Theorie von Raum und Zeit zu konstruieren, die in der Lage zu sein scheint, die Physik zu reproduzieren, mit der wir im vergangenen Kapitel zu tun hatten. Gewiss ist die Existenz einer allgemeingültigen Höchstgeschwindigkeit vielversprechend, vor allem, wenn wir sie als Lichtgeschwindigkeit interpretieren können. Wir haben außerdem eine Raumzeit, in der Raum und Zeit nicht länger absolut sind. Sie wurden zugunsten einer absoluten Raumzeit geopfert. Um uns selbst zu überzeugen, dass wir eine mögliche Beschreibung der Welt konstruiert haben, lassen Sie uns schauen, ob wir mit dieser Beschreibung die Verlangsamung einer bewegten Uhr erhalten, wie wir es in Kapitel 3 gelernt haben.

Stellen Sie sich wieder vor, dass Sie in einem Wagen des besagten Zugs sitzen und eine Armbanduhr tragen. Für Sie ist es bequem, Entfernungen relativ zu Ihrer eigenen Position zu messen und Zeitspannen mit Ihrer Armbanduhr. Ihre Reise mit dem Zug dauert zwei Stunden von Bahnhof zu Bahnhof. Da Sie während der ganzen Reise nie aufstehen, haben Sie die Entfernung $x = 0$ zurückgelegt. Dieses Prinzip haben wir gleich zu Beginn des Buchs festgelegt. Es ist unmöglich zu definieren, wer sich bewegt und wer ruht. Und daher ist es für Sie völlig zulässig, wenn Sie im Zug sitzen, sich als ruhend wahrzunehmen. In diesem Fall vergeht bloß die Zeit. Da Ihre Reise zwei Stunden dauert, sind Sie also nur in der Zeit gereist. In der Raumzeit haben Sie dann die Entfernung $s = ct$ zurückgelegt, wobei $t = 2$ Stunden ist (weil die Entfernung im Raum von Ihnen zu $x = 0$ gemessen worden ist). Das ist alles unkompliziert. Nun betrachten Sie Ihre Reise vom Standpunkt Ihres Freundes, der nicht im Zug ist, sondern irgendwo auf dem Boden sitzt. (Es ist egal, wo er tatsächlich sitzt, solange er relativ zur Erde ruht, während Sie im Zug an ihm vorbeizischen.) Ihr Freund würde es bevorzugen, die Zeit mit seiner eigenen Armbanduhr zu messen und Entfernungen relativ zu sich. Um die Dinge etwas zu vereinfachen, lassen Sie uns annehmen, dass Ihr Zug auf einem perfekt geraden Gleis fährt. Wenn Sie zwei Stunden mit einer Geschwindigkeit $v = 100$ Kilometer pro Stunde reisen, dann beobachtet Ihr Freund, dass Sie am Ende der Fahrt die Entfernung $X = v \cdot T$ zurückgelegt haben. Wir verwenden Großbuchstaben, wenn wir über Entfernungen und Zeiten sprechen, die Ihr Freund gemessen hat, um sie von den zugehörigen Größen zu unterscheiden, die Sie gemessen haben (d. h. $x = 0$ und $t = 2$ Stunden). Laut Ihres Freundes haben Sie also die Raumzeit-Entfernung s zurückgelegt, die durch $s^2 = (cT)^2 - (vT)^2$ gegeben ist.

Nun kommt die entscheidende Stelle des Arguments: Sie müssen sich beide über die Raumzeit-Entfernung Ihrer Reise einig sein. Laut Ihren Messungen haben Sie sich nicht bewegt ($x = 0$) und Ihre Fahrt dauerte 2 Stunden ($t = 2$ Stunden), während Ihr Freund sagt, dass Sie eine Entfernung vT zurückgelegt haben (wobei $v = 100$ Kilometer pro Stunde) und die Reise die Zeit T dauerte. Nun sind wir gehalten, die sich entsprechenden Raumzeit-Entfernungen gleichzusetzen, also $(ct)^2 = (cT)^2 - (vT)^2$. Diese Formel lässt sich umformen: $T = ct/\sqrt{c^2 - v^2}$. Obwohl Ihre Armbanduhr eine Reisedauer von zwei Stunden angezeigt hat, dauerte die Fahrt laut Ihrem Freund etwas länger. Der Verlängerungsfaktor ist gleich $c/\sqrt{c^2 - v^2} = 1/\sqrt{1 - v^2/c^2}$, also genau das, was wir im vergangenen Kapitel erhalten haben, wenn wir c als die Lichtgeschwindigkeit interpretierten.

Spüren Sie langsam das ionische Entzücken? Wir haben dieselbe Formel abgeleitet, die aus unseren Überlegungen zu Lichtuhren und Dreiecken im vorherigen Kapitel hervorgegangen ist. Damals wollten wir über Lichtuhren nachdenken, weil Maxwells großartige Synthese und die experimentellen Ergebnisse Faradays und anderer den dringenden Verdacht nahelegten, dass die Lichtgeschwindigkeit für alle Beobachter dieselbe sein sollte. Diese Schlussfolgerung wurde durch die experimentellen Arbeiten von Michelson und Morley unterstützt und von Einstein für bare Münze genommen. In diesem Kapitel sind wir zur genau gleichen Schlussfolgerung gekommen, ohne Bezug zur geschichtlichen Entwicklung oder zum Experiment. Wir mussten dem Licht nicht mal eine besondere Rolle zuweisen. Vielmehr haben wir die Raumzeit eingeführt und bestanden in der Folge auf der Vorstellung, dass es eine invariante Entfernung zwischen zwei Ereignissen geben soll. Obendrein forderten wir, dass das Prinzip von Ursache und Wirkung gelten muss. Dann konstruierten wir das einfachste Entfernungsmaß, das möglich war, und kamen erstaunlicherweise zur selben Antwort wie Einstein. Diese Argumentation ist womöglich eines der schönsten Beispiele für die unverschämte Effektivität der Mathematik in der physikalischen Forschung. Thales wäre bereits so entzückt, dass er sich in ein Bad aus Eselsmilch zurückziehen würde, um sich von Eunuchen den Rücken schrubben zu lassen. Während seine Konkubinen mit Wein und Feigen zu Thales ins Bad steigen, müssen wir noch begründen, dass c die Lichtgeschwindigkeit sein muss. Dazu verwenden wir ein Argument, das völlig unabhängig von der historischen Debatte ist, der wir im vergangenen Kapitel begegneten. Zu diesem Höhepunkt kommt es im nächsten Kapitel. Vorerst können wir uns von der Mathematik erholen, Thales in seiner Vorfreude alleinlassen und uns an der Tatsache weiden, dass es uns gelungen ist, auf völlig neue Art und Weise über Einsteins Theorie nachzudenken. Die Raumzeit scheint wirklich zu funktionieren – die Vorstellung, Raum und Zeit zu vereinen, macht Sinn, so wie es Minkowski sagte.

Wie können wir uns die Raumzeit vorstellen? Sie ist vierdimensional, aber diese Vierdimensionalität ist eine Hürde für unser Vorstellungsvermögen, weil das menschliche Gehirn sich keine Gegenstände in mehr als drei Dimensionen veranschaulichen kann. Zudem macht der Umstand, dass die Zeit eine der Dimensionen ist, die Sache ziemlich merkwürdig. Vielleicht hilft Ihnen das Bild von einem Motorrad, das durch eine Gegend mit sanften Hügeln fährt. Durch die Landschaft verlaufen kreuz und quer Straßen, auf denen unser Motorradfahrer mal dahin, mal dorthin fahren kann. Die Raumzeit ist eigentlich wie diese hügelige Landschaft. Das Gegenstück zu unserem Motorradfahrer, der genau nach Norden fährt, könnte ein Objekt sein, das sich nur entlang der Zeitrichtung durch die Raumzeit bewegt. Mit anderen Worten wäre das Objekt stationär im Raum. Natürlich sind Aussagen wie »stationär im Raum« subjektiv, weshalb man sich vergegenwärtigen muss, dass das Gleichsetzen von Bezeichnungen wie »genau nach Norden« mit »die Zeitrichtung« eine spezielle Sichtweise erfordert. Aber das ist in Ordnung; wir müssen es uns nur merken. Nun beschränken wir die kreuz und quer verlaufenden Straßen in der Raumzeit-Landschaft auf einen Bereich, der um maximal 45 Grad von der Nordrichtung abweicht. Straßen von Ost nach West dagegen sind nicht erlaubt, weil unser »Raumzeit-Motoradfahrer« für ihr Befahren die kosmische Höchstgeschwindigkeit im Raum überschreiten würde. Stellen Sie es sich wie folgt vor: Wenn der Motorradfahrer direkt nach Osten fährt, könnte er so weit wie er wollte nach Osten fahren, ohne dass dabei Zeit vergeht, weil er ja keine Strecke in die nördliche Zeitrichtung zurücklegt. Das würde einer unendlichen Geschwindigkeit im Raum entsprechen; er käme unmittelbar von A nach B. Die Straßen wurden daher gebaut, damit der Motorradfahrer nicht zu schnell in östliche oder westliche Richtung fahren kann.

Der Vergleich lässt sich noch weiter treiben. Wir werden bald zeigen, dass sich in der Raumzeit alles mit derselben Geschwindigkeit bewegt. Es ist gerade so, als ob unser Fahrer eine Vorrichtung hätte, die den Gashebel am Motorrad feststellt, damit er immer gleich schnell in der Raumzeit-Landschaft unterwegs ist. Hier müssen wir ein bisschen aufpassen, wenn wir über die Geschwindigkeit in der

Raumzeit sprechen: Sie ist nicht dieselbe wie die Geschwindigkeit im Raum. Eine Geschwindigkeit im Raum kann jeden Wert annehmen, solange sie nicht die kosmische Höchstgeschwindigkeit überschreitet – d.h. der Motorradfahrer kann eine Straße auswählen, die fast nach Nordosten zeigt. Macht er das, dann kommt er der kosmischen Höchstgeschwindigkeit so nahe wie möglich. Dagegen führt eine Straße, die fast nach Norden zeigt, zu nahezu keiner Bewegung nach Osten oder Westen, und daher erfolgt so eine Fahrt weit unterhalb der Höchstgeschwindigkeit. Die Aussage, dass sich in der Raumzeit alles gleich schnell bewegt, klingt ziemlich tiefschürfend und vielleicht etwas rätselhaft. Sie bedeutet, dass Sie während der Lektüre dieses Buches mit genau derselben Geschwindigkeit durch die Raumzeit-Landschaft zischen wie alles andere im Universum. So betrachtet ist die Bewegung im Raum der Schatten einer viel umfassenderen Bewegung in der Raumzeit. Wie wir jetzt zeigen werden, geht es Ihnen wahrhaftig nicht anders als dem Motorradfahrer mit dem festgestellten Gashebel. Sie bewegen sich mit blockiertem gedrücktem Gashebel durch die Raumzeit-Landschaft, während Sie dieses Buch lesen. Weil Sie still dasitzen, erfolgt Ihre Reise exakt entlang der nördlichen Zeitstraße. Wenn Sie auf Ihre Armbanduhr blicken, sehen Sie, wie die Entfernung in der Zeit vergeht. Dies ist eine sehr sonderbar klingende Behauptung. Lassen Sie uns diese daher sorgfältig durchnehmen.

Warum bewegt sich alles in der Raumzeit gleich schnell? Denken Sie nochmals an unseren Motorradfahrer und stellen Sie sich vor, dass gemäß Ihrer Uhr eine Sekunde vergeht. In dieser Zeitspanne wird er eine gewisse Distanz in der Raumzeit zurückgelegt haben. Aber alle müssen sich darüber einig sein, wie weit diese Distanz ist, weil Entfernungen in der Raumzeit universell sind und keine Ansichtssache. Das bedeutet, dass wir den Motorradfahrer fragen können, wie weit er glaubt, durch die Raumzeit-Landschaft gefahren zu sein, und seine Antwort wird die richtige sein. Nun kann der Motorradfahrer Entfernungen in der Raumzeit relativ zu sich selbst berechnen; aus dieser Perspektive hat er sich nicht im Raum bewegt. Es ist genauso wie bei der Person im Flugzeug aus Kapitel 1, die sich nicht von ihrem Sitz entfernt und daher sagt, sie habe sich nicht bewegt. Sie kann sich relativ zu jemand anderem bewegt haben – zum Beispiel gegenüber jemandem, der auf der Erde steht und das Flugzeug vorbeifliegen sieht –, aber das ist nicht der Punkt. Daher hat sich der Motorradfahrer aus seiner Perspektive nicht im Raum bewegt, und dabei ist eine Sekunde Zeit vergangen. Er kann daher die Raumzeit-Entfernungsgleichung $s^2 = (ct)^2 - x^2$ nutzen, mit $x = 0$ (weil er sich nicht im Raum bewegt hat) und $t = 1$ Sekunde, um zu berechnen, wie weit er sich in der Raumzeit tatsächlich bewegt hat: Die Antwort ist eine Entfernung, die gleich c multipliziert mit einer Sekunde ist. Der Motorradfahrer sagt uns also, dass er eine Entfernung c (multipliziert mit 1 Sekunde) zurückgelegt hat, und das ist einfach eine andere Art zu sagen, dass seine Geschwindigkeit in der Raumzeit gleich c ist. Wenn Sie uns genau gefolgt sind, so könnten Sie einwenden, dass das Vergehen der einen Sekunde mit der Armbanduhr des Motorradfahrers gemessen wurde und dass für jemand anderes, der sich relativ zum Motorradfahrer bewegt, eine andere Zeitspanne verstreichen würde. Das stimmt absolut, aber bei der Uhr des Motorradfahrers gibt es eine Besonderheit, weil der Motoradfahrer sich nicht relativ zu sich selbst bewegt (eine triviale Aussage). Deswegen ist es uns möglich, in der Entfernungsgleichung $x = 0$ zu setzen, so dass die auf seiner Armbanduhr vergehende Zeit ein direktes Maß für die Messung der Raumzeit-Entfernung s ist. Das ist ein schönes Ergebnis: Die Zeit, die auf der Armbanduhr des Motorradfahrers vergeht, ist so groß wie die zurückgelegte Raumzeit-Entfernung geteilt durch c. In gewisser Weise ist seine Uhr ein Gerät, um Entfernungen in der Raumzeit zu messen. Da sich sowohl über die Raumzeit-Entfernung als auch über c alle einig sind, folgt daraus, dass der Motorradfahrer seine Uhr unwissentlich verwendet hat, um etwas zu messen, worüber sich alle einig sind. Die Raumzeit-Geschwindigkeit c, die er ableitet, ist daher eine Größe, auf die sich alle einigen können.

Die Geschwindigkeit in der Raumzeit ist also eine universelle Größe, über die sich alle einig sind. Diese neu gefundene Art darüber nachzudenken, wie sich Dinge durch die Raumzeit bewegen, kann uns bei der Suche nach einem neuen Ansatzpunkt helfen, um zu erklären, warum Uhren in Bewegung langsamer gehen. Bei dieser Art des Raumzeit-Denkens braucht eine sich bewegende Uhr also etwas von ihrem festen Anteil an Raumzeit-Geschwindigkeit auf, weil sie sich durch den Raum bewegt. Dadurch bleibt weniger für die Bewegung in der Zeit übrig. Mit anderen Worten: Eine Uhr in Bewegung bewegt sich nicht so schnell durch die Zeit wie eine stationäre – was einfach eine andere Form der Aussage ist, dass sie langsamer tickt. Dagegen saust eine Uhr in Ruhe mit der Geschwindigkeit c in Richtung der Zeit, ohne Bewegung im Raum. Sie tickt also so schnell wie möglich.

Ausgerüstet mit der Raumzeit sind wir nun bereit, eines der schönsten Rätsel der Speziellen Relativitätstheorie eingehend zu betrachten: das Zwillingsparadoxon. Weiter vorn in diesem Buch zeigten wir, dass Einsteins Theorie es uns erlaubt, über die Möglichkeit von Reisen in weit entfernte Ecken des Universums nachzudenken. Mit einer Geschwindigkeit knapp unterhalb der Lichtgeschwindigkeit stellten wir uns vor, innerhalb eines menschlichen Lebens zur Andromedagalaxie zu reisen, auch wenn das Licht dafür fast drei Millionen Jahre benötigt. Hier lauert ein Paradoxon, das wir damals vertuscht haben. Stellen Sie sich Zwillinge vor, von denen die eine als Astronautin trainiert und sich mit der ersten Mission der Menschheit auf den Weg zur Andromedagalaxie macht, während die andere daheim auf der Erde zurückbleibt. Der Astronautenzwilling bewegt sich mit hoher Geschwindigkeit relativ zur Erde, daher verlangsamt sich ihr Leben im Vergleich zu ihrem Zwilling daheim auf der Erde. Nun haben wir aber gerade einen wesentlichen Teil des Buches darauf verwendet, dass es keine absolute Bewegung gibt. Mit anderen Worten lautet die Antwort auf die Frage »Wer bewegt sich?« einfach »Wer auch immer man will.«. Jeder und alle können selbst festlegen, dass sie ruhen, während ein anderer Kerl sich mit hoher Geschwindigkeit relativ zu ihnen durchs Universum bewegt. Und genauso ist es beim Astronautenzwilling, der auch sagen könnte, dass sie sich in ihrer Rakete völlig in Ruhe befindet, während sie die Erde mit hoher Geschwindigkeit von sich wegfliegen sieht. Für sie altert daher ihr auf der Erde zurückgebliebener Zwilling langsamer. Wer hat Recht? Kann es wirklich stimmen, dass jeder der Zwillinge langsamer als der andere altert? Es muss wohl so sein – so besagt es die Theorie. Bislang gibt es kein Paradoxon, denn jedes Problem, das sich aus der Annahme ergibt, dass jeder Zwilling den anderen langsamer altern sieht, ist kein echtes Problem. Vielmehr entsteht das Problem erst durch den Umstand, dass Sie an der Vorstellung einer universellen Zeit festhalten. Aber die Zeit ist nicht universell, so viel haben wir gelernt, und das bedeutet, dass es überhaupt keinen Widerspruch gibt. Nun kommt das scheinbare Paradoxon: Was geschieht, wenn der Astronautenzwilling irgendwann in der Zukunft wieder zur Erde zurückkehrt und seinen auf der Erde zurückgebliebenen Zwilling trifft? Was geschieht dann? Ist einer von ihnen tatsächlich älter als der andere? Wenn ja: welcher?

Die Antwort findet sich in unserem Verständnis der Raumzeit. In Abbildung 8 sind die Wege der Zwillinge durch die Raumzeit dargestellt. Sie wurden mit Uhren und Maßstäben gemessen, die relativ zur Erde in Ruhe sind. Der Zwilling auf der Erde verbleibt dort, daher verläuft ihr Weg entlang der Zeitachse. Mit anderen Worten: Die gesamte ihr zugängliche Geschwindigkeit in der Raumzeit wird für die Reise durch die Zeit verbraucht. Ihr Astronautenzwilling andererseits entfernt sich fast mit Lichtgeschwindigkeit von der Erde. Im Bild des Motorradfahrers bedeutet dies, dass sie die »nordöstliche« Richtung wählt und dabei so viel wie möglich von ihrer Raum-

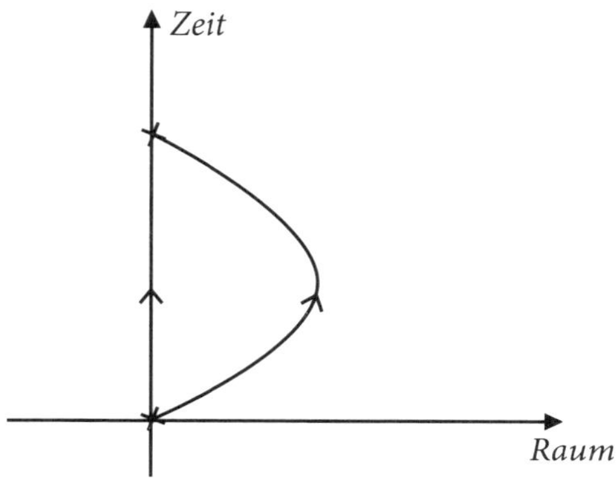

Abbildung 8

zeit-Geschwindigkeit verwendet, um fast mit Lichtgeschwindigkeit in den Raum vorzustoßen. Im Raumzeit-Diagramm Abbildung 8 sieht man, dass sie sich unter einem Winkel von fast 45 Grad bewegt. An einem gewissen Punkt muss sie jedoch umkehren, um zur Erde zurückzukommen. Wie in der Abbildung zu sehen ist, gehen wir davon aus, dass sie wieder fast mit Lichtgeschwindigkeit zurückkehrt, aber diesmal in »nordwestlicher« Richtung. Offensichtlich legen die Zwillinge in der Raumzeit verschiedene Wege zurück, auch wenn diese Wege am selben Punkt beginnen und enden.

Nun können zwei verschiedene Wege in der Raumzeit genauso verschieden sein wie zwei Wege im Raum. Um es zu wiederholen: Obwohl irgendein bestimmter Weg durch die Raumzeit für jeden gleich lang sein muss, müssen verschiedene Wege nicht gleich lang sein. Das ist wirklich nichts anderes als die Aussage, dass die Entfernung von Chamonix nach Courmayeur davon abhängt, ob Sie durch den Mont-Blanc-Tunnel fahren oder über die Alpen wandern. Natürlich bedeutet eine Wanderung über die Berge eine größere Entfernung als sie zu unterqueren. Bei unserer Diskussion des durch die Raumzeit-Landschaft brausenden Motorradfahrers hatten wir erarbeitet, dass die Zeit, die mit der Armbanduhr des Fahrers gemessen wurde, eine direkte Möglichkeit bietet, um seine in der Raumzeit zurückgelegte Entfernung zu messen: Wir mussten nur die verstrichene Zeit mit c multiplizieren, um seine Raumzeit-Entfernung zu erhalten. Wir können diese Aussage umkehren, indem wir sagen: Wenn wir die zurückgelegte Raumzeit-Entfernung der Zwillinge kennen, dann können wir die Zeit ermitteln, die für jeden vergangen ist. Das heißt, wir können uns jede der Zwillinge als eine Reisende in der Raumzeit vorstellen, die ihre Raumzeit-Entfernung während der Reise mit ihrer Armbanduhr misst.

Nun kommt der entscheidende Gedanke. Schauen Sie sich nochmals die Formel für Raumzeit-Entfernungen an, $s^2 = (ct)^2 - x^2$. Die Raumzeit-Entfernung ist am größten, wenn wir einen Weg verfolgen, der $x = 0$ hat. Jeder andere Weg muss kürzer sein, weil wir dann den (immer positiven) Anteil x^2 abziehen müssen. Aber der Zwilling auf der Erde bleibt immer entlang der Zeitrichtung, so dass $x = 0$ ist. Ihr Weg ist also *der längste mögliche Weg*. Tatsächlich ist das einfach eine andere Art zu sagen, was wir bereits wissen: Der Zwilling auf der Erde reist so schnell wie möglich durch die Zeit, weshalb sie es ist, die am meisten altert.

Bislang erfolgte unsere Erklärung aus der Perspektive des Zwillings auf der Erde. Um uns zu beruhigen, dass es da tatsächlich kein Paradoxon gibt, sollten wir uns die Dinge nun aus der Perspektive des Astronautenzwillings anschauen. Für sie reist der Zwilling, der auf der Erde zurückgeblieben ist, während sie selbst sich entlang ihrer Zeitachse bewegt. Es sieht so aus, als wäre das Paradoxon zurückgekehrt; da der Astronautenzwilling relativ zum Raumschiff ruht, scheint sie am schnellsten durch die Zeit rasen zu müssen und daher am raschesten zu altern. Aber da gibt es einen sehr feinen Unterschied. Die Entfernungsgleichung gilt *nicht*, wenn wir die Uhren und Maßstäbe des Astronautenzwillings anwenden, um Zeiten und Entfernungen zu messen. Genauer: Die Gleichung versagt, wenn der Astronautenzwilling beim Umkehren des Raumschiffs beschleunigt wird. Warum versagt die Gleichung? Die vorgelegten Argumente schienen ziemlich wasserdicht zu sein. Aber wenn man für die Messungen ein beschleunigtes System aus Uhren und Maßstäben verwendet, wie es der Astronautenzwilling tun muss, dann ist die Annahme falsch, dass die Raumzeit unveränderlich und überall gleich ist. Diese Annahme hatten wir aber verwendet, um die Entfernungsgleichung aufzuschreiben. Während der Beschleunigung wird der Astronautenzwilling in den Sitz gedrückt, so wie Sie in Ihren Autositz gedrückt werden, wenn Sie das Gaspedal kräftig durchtreten. Zunächst einmal zeichnet das sofort eine bestimmte Richtung im Raum aus: die Richtung der Beschleunigung. Die Existenz dieser Kraft muss in der Entfernungsgleichung berücksichtigt werden – hier befindet sich das Schlupfloch. Die Sache ist etwas zu kompliziert, um uns mit den mathematischen Details zu befassen, aber das Ergebnis lautet, dass wenn das Raumschiff seine Triebwerke zündet, um umzukehren, der Zwilling auf der Erde relativ zum Astronautenzwilling rasch altert. Das gleicht den Effekt mehr als aus, dass der Astronautenzwilling während der beschleunigungslosen Phasen der Reise langsamer altert. Es gibt kein Paradoxon.

Wir verkneifen uns, Zahlen zu nennen, denn der Effekt kann verblüffend sein. Die Reise mit einem Raumschiff ist für die Teilnehmer am komfortabelsten, wenn die Triebwerke ständig mit »einem g« beschleunigen. Dann wirkt die Beschleunigung wie die gewohnte Anziehungskraft (g) auf der Erde und der Raumfahrer spürt sein eigenes Gewicht. Malen wir uns in Gedanken daher eine Reise von zehn Jahren Dauer mit dieser Beschleunigung aus, gefolgt von einem zehn Jahre langen Bremsen mit derselben Kraft. Dann drehen wir das Raumschiff um und kehren zur Erde zurück, indem wir für weitere zehn Jahre beschleunigen und zehn Jahre lang bremsen, bis wir wieder zurück sind. Insgesamt sind die Raumfahrer also 40 Jahre unterwegs gewesen. Die Frage ist, wie viele Jahre auf der Erde vergangen sind. Wir geben das Ergebnis einfach an, weil die Mathematik (nur ein bisschen) jenseits des Niveaus dieses Buches ist. Das Resultat lautet, dass atemberaubende 59.000 Jahre auf der Erde vergangen sein werden!

Das war eine bemerkenswerte Reise. Wir hoffen, der Leser konnte uns in die Welt der Raumzeit folgen. Wir sind nun bereit, direkt zu $E = mc^2$ zu kommen. Ausgerüstet mit der Raumzeit und unserer invarianten Definition der Entfernung stellen wir eine einfache, aber sehr wichtige Frage: Gibt es weitere invariante Größen, die ebenfalls die Eigenschaften realer Objekte in der realen Welt beschreiben? Natürlich sind Entfernungen nicht die einzigen Dinge, die wichtig sind. Objekte haben Massen, sie können hart oder weich sein, heiß oder kalt, fest, flüssig oder gasförmig. Da ja alle Objekte im Raum existieren, ist es vielleicht möglich, alles in der Welt mit Invarianten zu beschreiben. Wir werden im nächsten Kapitel feststellen, dass dem so ist. Das hat grundlegende Folgen, denn dies ist der Weg, der uns direkt zu $E = mc^2$ führt.

KAPITEL 5

Warum ist $E = mc^2$?

Im vergangenen Kapitel zeigten wir, warum ein Verschmelzen von Raum und Zeit zur Raumzeit eine sehr gute Idee ist. Zentral für unsere ganzen Überlegungen war die Vorstellung, dass Entfernungen in der Raumzeit invariant sind, was bedeutet, dass es im gesamten Universum Einigkeit darüber gibt, wie lang Wege durch die Raumzeit sind. Wir könnten dies sogar als eine definierende Eigenschaft der Raumzeit auffassen. Es ist uns gelungen, Einsteins Theorie wiederzuentdecken, falls wir die kosmische Höchstgeschwindigkeit c als Lichtgeschwindigkeit interpretieren. Wir haben noch nicht bewiesen, weshalb c irgendetwas mit der Lichtgeschwindigkeit zu tun hat, aber in diesem Kapitel werden wir uns tiefgehender mit der Bedeutung von c befassen. In gewisser Weise haben wir jedoch bereits damit begonnen, die Lichtgeschwindigkeit zu entmystifizieren. Weil die Lichtgeschwindigkeit in $E = mc^2$ auftaucht, sieht es häufig so aus, als ob das Licht an sich für die Struktur des Universums wichtig sei. Aber wenn wir uns die Dinge aus der Perspektive der Raumzeit anschauen, erweist sich das Licht als nichts Besonderes. Auf raffinierte Art und Weise ist die Gleichwertigkeit bewahrt, weil alles mit derselben Geschwindigkeit c durch die Raumzeit rast – Sie, der Planet Erde, die Sonne und ferne Galaxien eingeschlossen. Das Licht scheint einfach zufällig seinen Geschwindigkeitsanteil an der Raumzeit komplett bei der Bewegung durch den Raum aufzubrauchen. Dadurch bewegt Licht sich mit kosmischer Höchstgeschwindigkeit. Die Besonderheit des Lichts ist ein Artefakt der menschlichen Neigung, uns Raum und Zeit als verschiedene Dinge vorzustellen. Es gibt aber in der Tat einen Grund, warum das Licht auf die beschriebene Weise seinen Anteil aufbrauchen muss, und der hängt eng mit unserem Ziel zusammen – der Erklärung, warum $E = mc^2$ ist.

$E = mc^2$ ist eine Gleichung. Wir hatten uns ja bemüht zu betonen, dass Gleichungen für Physiker sehr bequeme und mächtige Abkürzungen sind, um Zusammenhänge zwischen Objekten auszudrücken. Im Falle von $E = mc^2$ sind die »Objekte« die Energie (E), die Masse (m) und die Lichtgeschwindigkeit (c). Allgemeiner: Die Objekte in einer Gleichung können reale materielle Dinge repräsentieren, etwa Wellen oder Elektronen, oder sie können für abstraktere Vorstellungen stehen, etwa Energie, Masse oder Entfernungen in der Raumzeit. Wie wir bereits in diesem Buch gesehen haben, verlangen Physiker sehr viel von ihren fundamentalen Gleichungen, denn sie bestehen darauf, dass alle Beobachter im Universum sich über diese Gleichungen einig sein müssen. Das ist eine ziemliche Forderung – und irgendwann in der Zukunft entdecken wir womöglich einen Grund, dieses Ideal aufzugeben. So eine Entwicklung wäre ziemlich schockierend für jeden heutigen Physiker, da die Vorstellung der universellen Gültigkeit sich seit der Geburt der modernen Naturwissenschaften im 17. Jahrhundert als erstaunlich ergiebig erwiesen hat.

Als gute Wissenschaftler müssen wir jedoch immer anerkennen, dass die Natur keine Skrupel hat, uns zu schockieren. Die Realität ist, was sie ist. Vorerst lebt der Traum jedoch weiter. Wir schauten uns dieses Ideal der universellen Gültigkeit bereits genauer im Buch an und haben es einfach formuliert: Die physikalischen Gesetze sollten mit invarianten Größen ausgedrückt werden können. Bei allen uns heute bekannten fundamentalen Gleichungen der Physik gelingt dies, indem man sie so hinschreibt, damit sie einen Zusammenhang zwischen Objekten in der Raumzeit ausdrücken. Was heißt das genau? Was ist ein Objekt, das in der Raumzeit existiert? Mutmaßlich ist alles ein Teil der Raumzeit. Daher sollten wir beim Aufschreiben einer Gleichung – zum Beispiel eine, die beschreibt, wie Objekte mit ihrer Umgebung zusammenwirken – einen Weg finden, um dies mathematisch unter der Verwendung von invarianten Größen auszudrücken. Nur dann werden alle Beobachter im Universum zustimmen.

Ein gutes Beispiel könnte die Länge einer Schnur sein. Mit dem uns nun bekannten Wissen sehen wir das Stück Schnur zwar als ein aussagekräftiges Objekt, aber wir sollten eine Gleichung vermeiden, die sich nur mit der Länge der Schnur im Raum befasst. Vielmehr streben wir höhere Ziele an reden über die Länge der Schnur in der Raumzeit, denn das ist die Raumzeit-Methode. Natürlich mögen für Physiker auf der Erde Gleichungen genügen, die einen Zusammenhang zwischen den Längen im Raum und anderen Dingen herstellen – gewiss finden Ingenieure diese Herangehensweise an die Dinge sehr nützlich. Die korrekte Interpretation einer Gleichung, die nur Längen im Raum oder mit einer Uhr gemessene Zeiten verwendet, ist eine zulässige Näherung, solange wir es mit Objekten zu tun haben, die sich im Vergleich zur kosmischen Höchstgeschwindigkeit sehr langsam bewegen. Das trifft meistens (aber nicht immer) auf alltägliche Ingenieursprobleme zu. Ein bereits behandeltes Beispiel, bei dem das nicht zutrifft, ist ein Teilchenbeschleuniger, in dem subatomare Teilchen fast mit Lichtgeschwindigkeit im Kreis herumsausen und in der Folge länger existieren. Würden die Effekte von Einsteins Theorie nicht berücksichtigt werden, würde ein Teilchenbeschleuniger einfach nicht mehr richtig funktionieren. In der fundamentalen Physik geht es immerzu um die Suche nach fundamentalen Gleichungen. Das bedeutet, nur mit mathematischen Darstellungen der Objekte zu arbeiten, die eine universelle Bedeutung in der Raumzeit haben. Die alte Auffassung von einer Trennung zwischen Raum und Zeit führt zu einer Sicht auf die Welt, die wie das Zuschauen bei einem Theaterstück wäre, bei dem man nur die Schatten verfolgt, die die Schauspieler im Scheinwerferlicht auf die Bühne werfen. In Wirklichkeit gehören dreidimensionale Personen dazu und die Schatten sind nur eine zweidimensionale Projektion der Handlung. Dank des Konzepts der Raumzeit sind wir nun endlich in der Lage, unsere Augen von den Schatten zu lösen.

Das ganze Gerede über Objekte in der Raumzeit mag ziemlich abstrakt klingen, aber es macht Sinn. Bislang haben wir eine »mathematische Darstellung eines Objekts, die eine universelle Bedeutung in der Raumzeit hat«: die Raumzeit-Entfernung zwischen zwei Ereignissen. Es gibt weitere.

Bevor wir eine neue Art von Raumzeit-Objekt angehen, sollten wir einen Schritt zurücktreten und die dreidimensionale Entsprechung des Objekts aus unserer Alltagserfahrung einführen. Es dürfte nicht überraschen (vor allem nicht, wenn Sie bis hier gelesen haben), dass jeder vernünftige Versuch, die natürliche Welt zu beschreiben, die Vorstellung von der Entfernung zwischen zwei Punkten ausnutzt. Die Strecke ist eine besondere Art von Objekt – eine, die sich mit einer einzigen Zahl beschreiben lässt. Zum Beispiel beträgt die Entfernung zwischen Manchester und London 296 Kilometer und die Entfernung von den Fußsohlen zum Ende des Kopfes (für gewöhnlich als Größe bezeichnet) ist schätzungsweise ungefähr 175 Zentimeter. Das auf die Zahl folgende Wort (Kilometer oder Zentimeter) erklärt einfach, wie wir zählen, aber in beiden Fällen genügt eine einzige Zahl. Die Entfernung von Manchester nach London stellt eine nützliche Information dar – ausreichend, um zum Beispiel zu wissen, wieviel Benzin Sie tanken müssen, aber nicht genug, um die Reise anzutreten. Ohne Karte fahren wir womöglich in die falsche Richtung und kommen in Norwich raus.

Eine leicht surreale, sehr unpraktische Lösung für dieses Problem wäre der Bau eines riesigen Pfeils, der 296 Kilometer lang ist. Den Anfang des Pfeils könnten wir nach Manchester stellen, das Ende nach London. Pfeile sind nützliche Dinge, wenn Physiker sich daran machen, die Welt zu beschreiben: Pfeile greifen die Vorstellung auf, dass etwas eine Größe und gleichzeitig eine Richtung hat. Offensichtlich macht unser riesiger Pfeil von Manchester nach London nur Sinn, wenn er eine bestimmte Orientierung hat; sonst könnten wir weiterhin in Norwich herauskommen. Das meinen wir damit, wenn wir über den Pfeil sagen, dass er eine Größe und eine Richtung hat. Die Pfeile in Wettervorhersagen, um den Wind zu veranschaulichen, liefern ein weiteres Beispiel dafür, wie Pfeile dabei helfen, die Welt zu beschreiben. Die gekrümmten Pfeile verdeutlichen das Wesen der Windströmung und sagen uns, in welche Richtung er an einem beliebigen Punkt weht und wie hoch die Windgeschwindigkeit ist. Je länger der Pfeil, desto stärker der Wind. Physiker nennen Objekte, die sich durch Pfeile darstellen lassen, Vektoren. Die auf der Wetterkarte dargestellte Windgeschwindigkeit und der riesige Pfeil von Manchester nach London sind zweidimensionale Vektoren – um sie zu beschreiben sind nur zwei Zahlen erforderlich. Zum Beispiel könnten wir sagen, dass der Wind mit 60 Kilometer pro Stunde aus nordwestlicher Richtung weht. Indem sie die Pfeile nur in zwei Dimensionen zeigt, liefert uns die Wettervorhersage nicht die ganze Wahrheit – sie sagt uns nicht, ob die Luft steigt oder sinkt und wie stark das geschieht, aber das interessiert uns für gewöhnlich auch nicht sonderlich.

Vektoren kann es auch in drei oder mehr Dimensionen geben. Wenn wir unsere Reise von Manchester nach London in einem der historischen Dörfer der Pennine Hills nördlich von Manchester begännen, müssten wir unseren Pfeil leicht nach unten zeigen lassen, da London an der Themse auf Meereshöhe liegt. Vektoren des dreidimensionalen Raums, wie wir ihn aus dem Alltag kennen, werden mit drei Zahlen beschrieben. Womöglich haben Sie sich bereits gedacht, dass Vektoren auch in der Raumzeit existieren können. Das wird mit vier Zahlen beschrieben.

Nun sind wir im Begriff, die beiden letzten Dinge auf dem Weg zu $E = mc^2$ aus dem Weg zu räumen. Die erste Sache dürfte nicht überraschen – wir werden uns immer nur für Vektoren in den vier Dimensionen der Raumzeit interessieren. Das sagt sich leicht, ist aber ein sonderbares Konzept: So wie ein Vektor nach »Norden« zeigen kann, gehört dazu auch die Vorstellung, dass ein Vektor in Zeitrichtung zeigt. Wenn wir in diesem Rahmen von der Raumzeit reden, können wir uns so etwas nicht vorstellen. Doch das ist *unser* Problem, nicht das der Natur. Die Analogie der Raumzeit-Landschaft aus dem vergangenen Kapitel kann Ihnen dabei helfen, ein Bild vor Ihrem geistigen Auge zu entwerfen (zumindest von einer vereinfachten Raumzeit mit nur einer Raumdimension). Vierdimensionale Vektoren werden durch vier Zahlen beschrieben. Das Urbild eines Vektors ist derjenige, der zwei Punkte im Raum miteinander verbindet. In Abbildung 9 sind zwei Beispiele für vierdimensionale Vektoren dargestellt. Dass einer der beiden Vektoren exakt in die Zeitrichtung weist und beide am selben Punkt beginnen, dient nur unserer Bequemlichkeit. Allgemein gesagt sollten Sie sich zwei *beliebige* Punkte in der Raumzeit vorstellen, von denen jeweils ein Pfeil ausgeht. Solche Vektoren sind keine völlig abstrakten Dinge. Wenn Sie um 22 Uhr ins Bett gehen und danach um 8 Uhr erwachen, definiert das einen Pfeil, der zwei Ereignisse in der Raumzeit miteinander verbindet; er ist »zehn Stunden multipliziert mit c lang« und zeigt genau in die Zeitrichtung. Außerdem haben wir tatsächlich im ganzen Buch Vektoren in der Raumzeit verwendet, ohne diese Terminologie bislang zu erwähnen. Zum Beispiel sind wir bei der Diskussion des

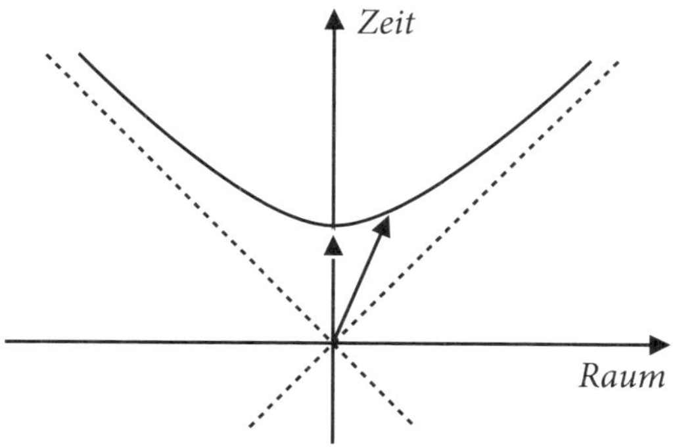

Abbildung 9

unerschrockenen Motorradfahrers, der in der hügeligen Raumzeit-Landschaft mit festgeklemmtem Gashebel unterwegs war, auf einen sehr wichtigen Vektor gestoßen. Wir hatten herausgearbeitet, dass der Motorradfahrer immer mit der Geschwindigkeit c in der Raumzeit unterwegs war und nur die Wahl hatte, in welche Richtung er lenkt (obwohl er nicht mal dabei völlig frei war, weil er auf einen Bereich von 45 Grad zur Nordrichtung beschränkt war). Wir können diese Bewegung durch einen Vektor mit der festen Länge c darstellen, der in jene Richtung weist, in die der Motorradfahrer bei seiner Reise durch die Raumzeit-Landschaft unterwegs ist. Dieser Vektor hat einen Namen: Er heißt Raumzeit-Geschwindigkeitsvektor. Um die richtige Terminologie zu verwenden: Der Geschwindigkeitsvektor hat immer die Länge c und ist auf einen Bereich des Zukunftslichtkegels beschränkt. Der Lichtkegel ist eine originelle Bezeichnung für den Bereich zwischen den 45-Grad-Linien, die so wichtig sind, um die Kausalität zu wahren. Wir können jeden Vektor in der Raumzeit vollständig beschreiben, indem wir sagen, wie viel von ihm in die Zeit- und wie viel in die Raumrichtung zeigt.

Bislang sind wir mit der Aussage vertraut, dass verschiedene Beobachter Entfernungen in Zeit und Raum zwischen Ereignissen unterschiedlich messen, wenn die Beobachter sich mit verschiedenen

Geschwindigkeiten relativ zueinander bewegen. Diese Entfernungen müssen jedoch so variieren, dass die Raumzeit-Entfernung immer dieselbe bleibt. Wegen der sonderbaren Minkowski-Geometrie folgt daraus, dass sich die Spitze des Vektors entlang einer Hyperbel bewegen kann, die im Zukunftslichtkegel liegt. Um es konkret zu machen: Wenn die beiden Ereignisse »Zubettgehen um 22 Uhr« und »Aufwachen um 8 Uhr« sind, dann kommt ein Beobachter im Bett zu dem Schluss, dass der Raumzeit-Entfernungsvektor entlang der Zeitachse dieses Beobachters zeigt, wie in Abbildung 9 dargestellt, und dass die Länge des Vektors einfach die vergangene Zeit auf der Armbanduhr des Beobachters (zehn Stunden) multipliziert mit c ist. Eine Beobachterin, die mit hoher Geschwindigkeit vorbeifliegt, kann die Person im Bett als diejenige ansehen, die in Bewegung ist. Sie müsste dann ebenfalls etwas Bewegung im Raum dazurechnen, wenn sie die Person im Bett betrachtet – und das bewegt die Spitze des Vektors weg von ihrer Zeitachse. Weil die Länge des Pfeils unveränderlich ist, muss seine Spitze auf der Hyperbel bleiben. Der zweite, geneigte Pfeil in Abbildung 9 veranschaulicht diesen Punkt. Wie Sie sehen, ist der Anteil des Vektors, der in die Zeitrichtung weist, gewachsen. Das bedeutet: Die sich schnell bewegende Beobachterin folgert, dass mehr Zeit zwischen den beiden Ereignissen vergangen ist (d. h. mehr als zehn Stunden auf ihrer Armbanduhr). Dies ist nochmals eine andere Art, den sonderbaren Effekt der Zeitdilatation zu veranschaulichen.

So viel über Vektoren, zumindest vorerst. (Wir werden den Geschwindigkeits-Raumzeitvektor gleich wieder brauchen.) Die folgenden paar Absätze hängen mit der zweiten entscheidenden Sache im Puzzle von $E = mc^2$ zusammen. Stellen Sie sich vor, wie Sie als Physiker versuchen herauszufinden, wie das Universum funktioniert. Sie sind mit der Vorstellung von Vektoren zufrieden und haben dann und wann mathematische Gleichungen mit ihnen hingeschrieben. Nehmen Sie nun an, ein Kollege informiert Sie über einen sehr speziellen Vektor. Einen mit der Eigenschaft, sich nie zu verändern, ganz egal, was mit dem Teil des Universums geschieht, zu dem er gehört. Ihre erste Reaktion könnte Desinteresse sein – wenn sich nichts verändert, dann ist es unwahrscheinlich, damit das Wesen einer Sache zu erfassen. Doch Ihr Interesse lebt womöglich auf, wenn Ihnen Ihr Kollege erklärt, dass dieser einzelne spezielle Vektor sich aus dem Zusammenfügen eines ganzen Bündels anderer Vektoren ergibt. Von diesen Vektoren hängt jeder mit einem anderen Aspekt der Sache zusammen, die sie zu verstehen versuchen. Die verschiedenen Teile der Sache können herumwackeln, und während sie das tun, kann sich jeder einzelne Vektor verändern – allerdings nur so, dass die Gesamtsumme aller Vektoren immer wieder denselben unveränderlichen Vektor ergibt. Übrigens ist das Addieren von Vektoren einfach, wir kommen gleich darauf zurück.

Um zu veranschaulichen, wie nützlich diese Vorstellung eines unveränderlichen Vektors sein kann, lassen Sie uns über eine einfache Aufgabe nachdenken. Wir wollen verstehen, was geschieht, wenn zwei Billardkugeln frontal zusammenstoßen. Ein Beispiel aus dem Billard klingt kaum so, als sei es von weltbewegender Bedeutung, aber Physiker greifen häufig banale Beispiele wie dieses auf. Nicht etwa, weil sie nur so einfache Phänomene untersuchen können oder weil sie Billard mögen, sondern eher, weil sich Konzepte zunächst an einfacheren Beispielen am leichtesten erfassen lassen. Zurück zum Billard: Ihr Kollege fordert Sie dazu auf, jeder Kugel einen Vektor zuzuordnen, der in die Bewegungsrichtung der Kugel zeigt. Die Behauptung lautet nun: Bei der Addition der beiden Vektoren (einer pro Kugel) erhalten wir einen speziellen, unveränderlichen Vektor. Wie auch immer der Zusammenstoß abläuft: Die zu den Kugeln gehörenden Vektoren lassen sich vor und nach der Kollision genau zum selben Vektor zusammenfügen. Das ist eine potenziell sehr wertvolle Einsicht. Die Existenz des speziellen Vektors schränkt die möglichen Ergebnisse der Kollision empfindlich ein. Wir wären besonders beeindruckt von der Behauptung des Kollegen, dass die »Erhaltung dieser Vektoren« für jedes System im ganzen Universum funktioniert – vom Zusammenstoßen der Billardkugeln bis zur Explosion eines Sterns. Physiker sprechen vom Impulsvektor, und die Erhaltung der Vektoren ist landläufig als Impulserhaltung bekannt.

Wir haben einige Punkte noch nicht aufgegriffen: Wie lang sind die Impulsvektoren und wie müssen wir sie konkret addieren? Ihre Addition ist nicht schwer; die Regel lautet, dass wir alle Pfeile, die wir zusammenzählen wollen, mit ihren Enden aneinanderlegen müssen. Das Resultat ist die Definition eines Pfeils, der den Anfang des ersten Pfeils in der Kette mit dem Ende des letzten verbindet. Abbildung 10 zeigt, wie das mit drei zufällig ausgewählten Pfeilen funktioniert. Der große Pfeil ist die Summe der kleinen. Die Länge des Impulsvektors ist etwas, was wir aus Experimenten ableiten können; historisch ist es genau so geschehen. Das Konzept an sich ist mehr als tausend Jahre alt und war schon immer nützlich. Auf eine plumpe Weise drückt es den Unterschied aus, ob man von einem Tennisball oder von einem Schnellzug mit 100 Kilometer pro Stunde getroffen wird. Wir haben diskutiert, dass der Impuls eng mit der Geschwindigkeit zusammenhängt, und – wie das vorhergehende Beispiel allzu lebhaft verdeutlicht – es ebenfalls einen Zusammenhang mit der Masse geben sollte. Vor Einsteins Erkenntnissen hatte ein Impulsvektor eine Länge, die einfach das Produkt aus Masse und Geschwindigkeit war. Wie bereits gesagt, weist der Impuls in Bewegungsrichtung. Nebenbei sei erwähnt, dass die moderne Interpretation des Impulses als Erhaltungsgröße auf die Arbeit von Emmy Noether zurückgeht, die wir bereits diskutiert hatten. Dabei erfuhren wir von der tiefen Verbindung zwischen dem Impulserhaltungssatz und der Translationsinvarianz im Raum. Als Symbole kann die Größe des Impulses eines Teilchens der Masse m, das sich mit der Geschwindigkeit v bewegt, als $p = mv$ ausgedrückt werden, wobei p das für gewöhnlich verwendete Symbol für den Impuls ist.

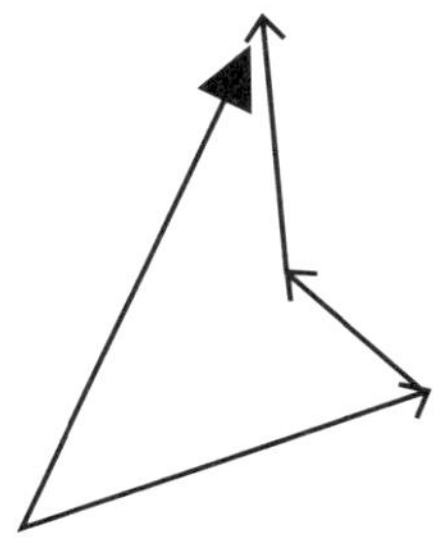

Abbildung 10

Bis jetzt haben wir noch nicht wirklich darüber gesprochen, was die Masse eigentlich ist. Bevor wir also weitermachen, sollten wir etwas genauer werden. Eine intuitive Vorstellung von der Masse könnte sein, dass sie ein Maß für die Menge eines Materials ist, das in etwas enthalten ist. Zwei Packungen Zucker haben eine doppelt so große Masse wie eine Packung. Wenn wir also wollten, könnten wir alle Massen als Standardmasse eines Päckchens Zucker mit Hilfe einer altmodischen Balkenwaage messen. So wurden früher Lebensmittel in Läden verkauft. Wenn Sie ein Kilogramm Kartoffeln kaufen wollten, konnten Sie die Kartoffeln auf einer Balkenwaage gegen eine Ein-Kilogramm-Packung Zucker aufwiegen. Alle wären sich darin einig gewesen, dass Sie die richtige Menge Kartoffeln gekauft hätten.

Natürlich gibt es viele verschiedene Formen von »Material«, so dass »die Menge an Material« furchtbar ungenau ist. Folgendes ist eine bessere Definition: Wir können eine Masse durch das Bestimmen ihres Gewichts messen: Schwerere Dinge haben eine größere Masse. Ist es so einfach? Ja und nein. Auf der Erde können wir die Masse von etwas durch Wiegen bestimmen, so wie es alltäglich Badezimmerwaagen tun. Jedem ist die Vorstellung vertraut, dass wir in Kilogramm und Gramm »wiegen«. Wissenschaftler wären damit nicht einverstanden. Die Verwirrung entsteht, weil Masse und Gewicht proportional zueinander sind, wenn man sie nahe der Erdoberfläche misst. Sie könnten sich fragen, was Ihre Badezimmerwaage auf dem Mond anzeigen würde. In der Tat würden Sie dort rund sechsmal weniger als auf der Erde wiegen. Sie wiegen auf dem Mond wirklich weniger, aber Ihre Masse hat sich nicht verändert. Was sich verändert hat, ist der Umtauschkurs zwischen Masse und Gewicht, obwohl die doppelte Masse immer das doppelte Gewicht haben wird, egal wo es gemessen wird. (Wir sagen, dass das Gewicht proportional zur Masse ist.)

Ein anderer Weg für die Definition der Masse ergibt sich aus der Erkenntnis, dass massereichere Dinge mehr Kraft erfordern, um sie zu bewegen. Diese Eigenschaft der Natur wurde mathematisch mit der zweitberühmtesten Gleichung (neben $E = mc^2$, natürlich) ausgedrückt: $F = m \cdot a$, erstmals 1687 von Isaac Newton in seiner *Principia Mathematica* veröffentlicht. Newtons Gesetz besagt einfach, dass wenn Sie etwas mit der Kraft F schieben, es mit der Beschleunigung a beschleunigt wird. Das m steht für die Masse. Sie können also experimentell herausfinden, wie massereich etwas ist, indem Sie messen, wie viel Kraft Sie für eine bestimmte Beschleunigung aufwenden müssen. Diese Definition ist so gut wie jede andere, daher werden wir sie fürs Erste verwenden. Obwohl – wenn Sie einen kritischen Geist haben, dann könnten Sie sich darüber Gedanken machen, wie wir »Kraft« genau definieren sollen. Der Einwand ist berechtigt, aber wir werden ihn nicht vertiefen. Stattdessen nehmen wir an, wie wir die Größe des Schiebens oder Ziehens, alias Kraft, messen können.

Das war eine ziemlich weitläufige Umleitung. Zwar haben wir nicht gesagt, was es mit der Masse im tieferen Sinne auf sich hat, aber wir haben eine Schulbucherklärung gegeben. Eine tiefergehende Betrachtung zum Ursprung der Masse wird Thema von Kapitel 7 sein. Für den Moment nehmen wir an, dass sie »einfach da ist« – eine ureigene Eigenschaft der Dinge. Dabei ist es wichtig, von der Masse als einer intrinsischen Eigenschaft eines Objekts auszugehen. Das heißt, in der Raumzeit sollte es eine Größe namens Masse geben, über die bei jedem Beobachter Einigkeit besteht. Sie wäre also eine unserer invarianten Größen. Wir haben bislang kein Argument geliefert, um den Leser zu überzeugen, dass diese Größe zwangsläufig dieselbe ist wie die Masse in Newtons Gleichung. Aber wie mit so vielen unserer Annahmen wird auch deren Gültigkeit anhand der Folgen getestet, die sich aus der Annahme ableiten lassen. Kehren wir nun zum Billard zurück.

Wenn die beiden Kugeln frontal zusammenstoßen, sind ihre Impulsvektoren gleich lang, aber zeigen in entgegengesetzte Richtungen. Addiert man die beiden, heben sie sich vollständig gegenseitig auf. Der Impulserhaltungssatz besagt, dass die Teilchen nach dem Zusammenstoß auf jeden Fall die gleiche Geschwindigkeit haben und sich in entgegengesetzte Richtungen bewegen müssen, was auch immer sie tun werden. Wäre dem nicht so, dann wäre der resultierende Impuls nach dem Zusammenstoß nicht null. Wie gesagt beschränkt sich der Impulserhaltungssatz nicht auf Billardkugeln. Er funktioniert überall im Universum – deswegen ist er so wichtig. Der Rückstoß einer Kanone nach dem Abfeuern einer Kugel oder die Art und Weise, wie durch eine Explosion Stücke in alle Richtungen geschleudert werden, unterliegen beide der Impulserhaltung. Der Fall der Kanonenkugel lohnt sogar eine nähere Betrachtung.

Bevor die Kanone abgefeuert wird, gibt es keinen Gesamtimpuls, weil die Kanonenkugel im Rohr der Kanone ruht, die wiederum bewegungslos auf einer Burg steht. Wird die Kanone abgefeuert, schießt die Kugel mit hoher Geschwindigkeit heraus und die Kanone selbst prallt etwas zurück. Zum Glück für den Soldaten, der sie abfeuerte, bleibt sie weitgehend dort, wo sie gestanden ist. Der Impuls der Kanonenkugel wird durch ihren Impulsvektor angegeben – ein Pfeil, dessen Länge gleich der Masse der Kugel multipliziert mit ihrer Geschwindigkeit ist und dessen Richtung weg von der Kanone zeigt, entlang der Flugrichtung, die durch das Kanonenrohr vorgegeben ist. Wegen der Impulserhaltung wissen wir, dass auch die Kanone mit einem Impulspfeil zurückprallen muss, der genau gleich lang, aber entgegengesetzt zu dem Pfeil der Kanonenkugel gerichtet ist. Da die Kanone jedoch viel schwerer als die Kugel ist, prallt die Kanone mit viel geringerer Geschwindigkeit zurück. Je schwerer die Kanone, desto langsamer prallt sie zurück. Also können schwere, langsame Dinge den gleichen Impuls haben wie leichte, schnelle. Natürlich kommt sowohl die Kanone als auch die Kugel schließlich zur Ruhe (und verliert dadurch ihren Impuls), und die Kugel ändert ihren Impuls, weil auf sie die Schwerkraft wirkt. Doch das bedeutet nicht, dass etwas bei der Impulserhaltung schiefgegangen ist. Denn wir müssen bei der Betrachtung gleich mehreres berücksichtigen: Durch den Zusammenstoß der Luftmoleküle mit der Kugel geht Impuls verloren, genauso wie durch die Moleküle im Innern der Lager der Kanone, und zudem ändert sich der Impuls der Erde leicht, weil sie mit der Kanonenkugel über die Gravitation wechselwirkt. Wenn wir das alles berücksichtigen, werden wir feststellen, dass der Gesamtimpuls erhalten bleibt. Physiker können das für gewöhnlich nicht im Auge behalten, wohin all der Impuls verschwindet, wenn Dinge wie Reibung und Luftwiderstand ins Spiel kommen. Deshalb gilt die Impulserhaltung im Allgemeinen nur, wenn äußere Einflüsse nicht wichtig sind. Es ist eine leichte Abschwächung des Geltungsbereiches, die uns jedoch nicht von der Bedeutung der Impulserhaltung als fundamentales physikalisches Gesetz ablenken sollte. Lassen Sie uns nichtsdestoweniger schauen, ob wir unser Billardspiel beenden können, das sich gerade etwas in die Länge zieht.

Um die Dinge zu vereinfachen, vernachlässigen wir die Reibungskräfte vollständig, so dass wir uns auf die zusammenstoßenden Billardkugeln konzentrieren können. Unser neugefundener Impulserhaltungssatz ist sehr nützlich, aber er ist kein Allheilmittel. Es ist für uns tatsächlich unmöglich, die Geschwindigkeit der Billardkugeln nach dem Zusammenstoß herauszufinden, wenn wir nur die

Massen und Geschwindigkeiten der Kugeln vor der Kollision kennen und wissen, dass der Impuls erhalten bleibt. Um die gesuchte Geschwindigkeit herauszufinden, benötigen wir einen weiteren wichtigen Erhaltungssatz.

Wir haben die Vorstellung eingeführt, dass sich Dinge in Bewegung mit einem Impulsvektor beschreiben lassen und dass die Summe aller Impulsvektoren immer konstant bleibt. Der Impuls ist für Physiker interessant, gerade weil er erhalten bleibt. Es ist wichtig, sich darüber im Klaren zu sein. Wenn Sie den Begriff »Impuls« nicht mögen, ist es gar nicht so schlecht, von einem Pfeil zu sprechen, der erhalten bleibt. Erhaltungsgrößen sind, wie wir gerade anfangen zu erkennen, ziemlich häufig und überaus nützlich in der Physik. Allgemein gesagt: Je mehr Erhaltungssätze Sie zur Verfügung haben, wenn Sie sich mit einem Problem befassen, desto leichter lässt sich eine Lösung finden. Unter allen Erhaltungssätzen ragt einer aus den anderen hervor, weil er so grundlegend nützlich ist. Ingenieure, Physiker und Chemiker erkannten das nach und nach im Lauf des 17., 18. und 19. Jahrhunderts. Wir meinen den Energieerhaltungssatz.

In erster Näherung ist die Energie ein einfacher zu fassender Begriff als der Impuls. So wie die Dinge Impuls haben können, können sie auch Energie haben. Aber anders als der Impuls hat die Energie keine Richtung. In dieser Hinsicht ähnelt sie eher der Temperatur – eine einzige Zahl genügt, um die Energie anzugeben. Aber was ist »Energie«? Wie definieren wir sie? Wie misst man sie? Beim Impuls war es in dieser Hinsicht einfach: Ein Pfeil weist in die Bewegungsrichtung, seine Länge ist das Produkt aus Masse und Geschwindigkeit. Die Energie festzulegen, ist schwieriger, weil sie sehr viele unterschiedliche Erscheinungsformen hat. Aber die Quintessenz ist deutlich genug: Die Summe aller Energien bei einem beliebigen Vorgang bleibt unverändert, egal wie sich die Dinge verändern oder was auch immer passiert. Wiederum liefert uns Noether die eigentliche

Erklärung. Die Energie bleibt erhalten, weil sich die physikalischen Gesetze mit der Zeit nicht verändern. Diese Aussage bedeutet nicht, dass nichts geschieht; das wäre ja auch offensichtlich dumm. Vielmehr bedeutet die Aussage, dass wenn die Maxwell-Gleichungen heute stimmen, sie auch morgen stimmen. Sie können anstelle der Maxwell-Gleichungen jedes andere fundamentale physikalische Gesetz in diesen Satz einfügen – Einsteins Postulate zum Beispiel.

Nichtsdestoweniger wurde die Energieerhaltung genauso wie die Impulserhaltung zunächst experimentell entdeckt. Die Geschichte ihrer Entdeckung ist mit der Geschichte der industriellen Revolution verwoben. Die Energieerhaltung geht auf die Arbeit vieler Experimentatoren zurück, die bei ihrem Streben nach dem Fortschritt der Industrie auf eine große Vielfalt an mechanischen und chemischen Phänomenen stießen. Es waren Männer wie der unglückliche Reichsgraf von Rumford in Bayern (1753 geboren als Benjamin Thompson in Massachusetts), dessen Aufgabe es war, eine Kanone für den Herzog von Bayern zu bohren. Während des Bohrens bemerkte Thompson, wie das Metall der Kanone und die Bohrerspitze heiß wurden. Er vermutete richtig, dass die Rotationsbewegung des Bohrers durch Reibung in Wärme umgewandelt wurde. Das ist das Gegenteil von dem, was in einer Dampfmaschine geschieht: Dort wird Dampf in die Drehbewegung eines Räderwerks umgewandelt. Es erschien normal, eine allgemeine Größe mit Wärme und Drehbewegungen zu verbinden, weil diese scheinbar unterschiedlichen Dinge gegeneinander austauschbar wirkten. Diese Größe ist die Energie. Rumford hatten wir als unglücklich bezeichnet, weil er die Witwe eines anderen großen Wissenschaftlers, Antoine Lavoisier, geheiratet hatte, nachdem Lavoisier während der Französischen Revolution geköpft worden war. Rumford glaubte irrtümlich, dass Lavoisiers Witwe für ihn das Gleiche tun würde wie für ihren früheren Mann: sich pflichtbewusst Notizen machen und ihm als gute Ehefrau des 18. Jahrhunderts zu gehorchen. Doch es stellte sich heraus, dass sie nur wegen

Lavoisiers eisernem Willen so gehorsam war. Kurt Mendelssohn beschrieb sie in seinem 1966 erschienen, ziemlich wunderbaren Buch *The Quest for Absolute Zero*[5] als jemanden, der Rumford »das Leben zur Hölle« machte. Der springende Punkt ist, dass Energie immer erhalten bleibt, und weil sie erhalten bleibt, ist sie interessant.

Fragen Sie jemanden auf der Straße nach einer Erklärung für die Energie und Sie werden entweder eine vernünftige Antwort bekommen oder einen Haufen New-Age-Unsinn zu hören kriegen. Es gibt für die Energie eine so große Spanne an Bedeutungen im Alltag, weil der Begriff »Energie« weit verbreitet ist. Um es nochmals festzuhalten, für die Energie gibt es einerseits wirklich eine sehr genaue Definition und sie kann andererseits dafür verwendet werden, um Ley-Linien[6], Kristallheilungen, Leben nach dem Tod oder Reinkarnation zu erklären. Jemand Vernünftigeres könnte antworten, dass sich Energie in einer Batterie speichern lässt, bis jemand »den Stromkreis schließt«. Energie kann ein Maß für die Bewegung sein – schnellere Gegenstände sind energiereicher als langsamere. Im Meer oder im Wind gespeicherte Energie sind Beispiele hierfür. Oder man sagt Ihnen vielleicht, dass heißere Dinge mehr Energie enthalten als kältere. Ein riesiges Schwungrad in einem Kraftwerk kann Energie speichern, die sich dann ins Stromnetz einspeisen lässt, um den Bedarf einer energiehungrigen Gesellschaft zu decken. Und Energie lässt sich aus dem Innern eines Atomkerns freisetzen, um die Kernenergie zu nutzen. Das sind nur ein paar der Energieformen, auf die wir im Alltag stoßen können. Sie alle lassen sich von Physikern quantifizieren und fließen in die Bilanz ein, um zu zeigen, dass der Nettoeffekt eines beliebigen Vorgangs gerade so groß ist, dass die Gesamtenergie unverändert bleibt.

---

5 – deutsche Ausgabe: *Die Suche nach dem absoluten Nullpunkt*

6 – Vermeintliche Punkte auf der Erde, in denen »psychische Energie« ihren Nachhall findet.

Um die Energieerhaltung in einem einfachen System in Aktion zu sehen, kehren wir zum letzten Mal zu den zusammenstoßenden Billardkugeln zurück. Bevor sie sich treffen, hat jede Kugel aufgrund ihrer Bewegung eine gewisse Energie. Physiker bezeichnen diese Energieform als kinetische Energie. Im Wörterbuch wird der Begriff »kinetisch« als »auf die Bewegung bezogen« umschrieben, was vernünftig klingt. Wir hatten im Vorfeld angenommen, dass sich die Kugeln gleich schnell bewegen und dieselbe Masse haben. Nach dem Zusammenstoß entfernen sie sich daher mit gleicher Geschwindigkeit in entgegengesetzter Richtung voneinander. Das schreibt die Impulserhaltung vor. Schaut man genauer hin, so zeigt sich, dass die Geschwindigkeit der Kugeln nach dem Zusammenprall etwas geringer ist als zuvor. Denn etwas von der ursprünglichen Energie wurde beim Zusammenstoß verbraucht. Der offensichtlichste Energieverlust tritt durch das Geräusch beim Aufeinandertreffen auf. Wenn die Kugeln zusammenstoßen, schütteln sie die umgebende Luft durcheinander. Diese Störung breitet sich zu unseren Ohren aus. Also verschwindet ein kleiner Teil der Anfangsenergie; für die auseinanderlaufenden Kugeln bleibt weniger übrig. Soweit es den Gedankengang in diesem Buch betrifft, müssen wir tatsächlich nicht wissen, wie wir die Energie in all ihren verschiedenen Formen quantifizieren können, obschon sich die Formel für die kinetische Energie später als nützlich erweisen wird. Bei allen, die ein bisschen Erfahrung mit Physik aus der weiterführenden Schule haben, wird diese Formel unauslöschlich im Gehirn eingeprägt sein: kinetische Energie = $\frac{1}{2}mv^2$. Die Hauptsache ist dabei die Erkenntnis, dass sich die Energie mit einer einzigen Zahl beziffern lässt – vorausgesetzt wir waren bei der Bilanzierung sorgfältig. Denn die Gesamtenergie eines Systems bleibt ja immer gleich.

Nun kommen wir zurück auf den Punkt. Wir führten den Impuls als Beispiel für eine Größe ein, die sich mit einem Pfeil beschreiben lässt, und deren Nützlichkeit – wie bei der Energie – auf den Umstand zurückgeht, dass es sich um eine Erhaltungsgröße handelt. Das scheint ja alles schön und gut zu sein, aber da gibt es ein großes Dilemma im Verborgenen. Der Impuls ist ein Pfeil, der nur in den drei Dimensionen unserer Alltagserfahrung existiert. Allgemein formuliert kann ein Impulsvektor nach oben oder unten oder Südosten oder in eine beliebige andere Richtung des Raumes zeigen. Denn die Dinge können sich im Raum in jede Richtung bewegen und der Impulspfeil erfasst die Richtung dieser Bewegung. Aber das ganze vergangene Kapitel diente ja dazu, um unsere Neigung, den Raum und die Zeit isoliert zu betrachten, als Trugschluss zu entlarven. Wir benötigen daher Pfeile, die in der vierdimensionalen Raumzeit eine Richtung angeben; ansonsten werden wir nie in der Lage sein, fundamentale Gleichungen aufzustellen, die Einsteins Formel genügen. Um es nochmals zu wiederholen: Fundamentale Gleichungen sollten aus Objekten bestehen, die in der Raumzeit existieren – nicht aus Objekten, die entweder im Raum oder in der Zeit existieren. Denn die letztere Art von Objekten ist subjektiv. Denken Sie daran, dass weder die Länge eines Objekts im Raum noch das Zeitintervall zwischen zwei Ereignissen Größen sind, auf deren Werte sich alle einigen können. Das meinen wir, wenn wir sie als subjektiv bezeichnen. Ebenso ist der Impuls ein Pfeil, der nur irgendwohin in den Raum weist. In dieser Voreingenommenheit gegen die Zeit liegen die Wurzeln für den Untergang des dreidimensionalen Impulsvektors. Läutet die Raumzeit den Zusammenbruch des so grundlegenden physikalischen Gesetzes ein? Es stimmt, dass unsere neu entdeckte Raumzeit-Struktur die Saat für den Zusammenbruch ist, aber sie zeigt uns auch, wie wir weitermachen sollen: Wir müssen eine invariante Größe finden, die den alten dreidimensionalen Impuls ersetzt. Das ist ein springender Punkt unserer Geschichte: So ein Ding existiert wirklich.

Schauen wir uns den dreidimensionalen Impulsvektor genauer an. Abbildung 11 zeigt einen Pfeil im Raum. Er könnte den Betrag

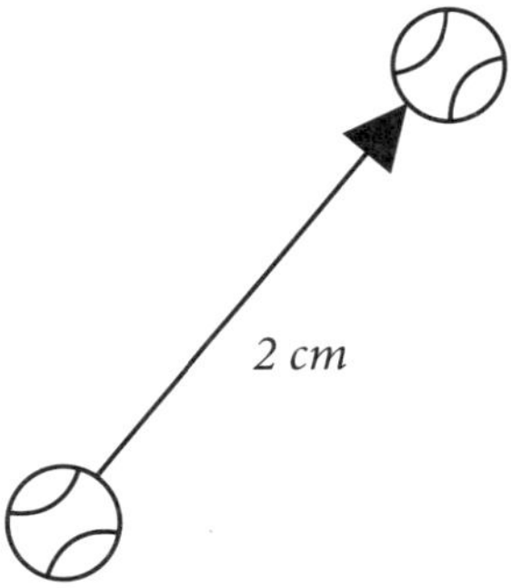

Abbildung 11

darstellen, um den ein Ball über einen Tisch rollt.[7] Um genauer zu sein, nehmen wir an, dass sich der Ball mittags am Anfang des Pfeils und zwei Sekunden später am Ende des Pfeils befindet. Bewegt sich der Ball jede Sekunde um einen Zentimeter weiter, dann ist der Pfeil zwei Zentimeter lang. Den Impulsvektor bekommen wir leicht. Er ist ein Pfeil, der in genau dieselbe Richtung zeigt wie der Pfeil in Abbildung 11, nur dass seine Länge anders ist. Diese Länge ist gleich der Geschwindigkeit des Balls (in diesem Fall ein Zentimeter pro Sekunde) multipliziert mit der Masse des Balls, die wir zu zehn Gramm annehmen. (Insgesamt würden wir das als 10 g cm/s abkürzen.) Es wird sich wieder als sinnvoll erweisen, etwas abstrakter zu sein und Platzhalter einzuführen, statt sich auf eine bestimmte Teilchenmasse oder -geschwindigkeit festzulegen. Wie immer wollen wir uns dabei gewiss nicht in die Mathelehrer unserer eigenen Schulzeit verwandeln. Aber… wenn Δx ein Platzhalter für die Länge des Pfeils ist, Δt das Zeitintervall und m die Masse des Balles (zum Beispiel $\Delta x = 2$ Zentimeter, $\Delta t = 2$ Sekunden und $m = 10$ Gramm), dann hat der Impulsvektor eine Länge gleich $m\Delta x/\Delta t$. In der Physik ist es

7 – Dass es ein Ball ist, ist nichts Besonderes; es könnte ein beliebiges Objekt sein.

üblich, mit dem griechischen Zeichen Δ (»Delta« genannt) eine »Differenz« darzustellen. Und in diesem Sinne steht Δt für die Differenz in der Zeit bzw. das Zeitintervall zwischen zwei Dingen, und Δx steht für die Länge von etwas, in diesem Fall für die Entfernung im Raum zwischen dem Anfang und dem Ende unserer Messung der Ballposition.

Es ist uns gelungen, den Impulsvektor eines Balls im dreidimensionalen Raum zu konstruieren, auch wenn es kaum die aufregendste Sache war, die wir bislang getan haben. Wir sind nun im Begriff, den mutigen Schritt zu tun und einen Impulsvektor in der Raumzeit zu konstruieren. Und wir werden es auf dieselbe Weise tun wie im dreidimensionalen Fall. Die einzige Einschränkung ist, dass wir nur Objekte verwenden dürfen, die in der Raumzeit universell sind.

Wieder fangen wir mit einem Pfeil an, diesmal zeigt er in den vierdimensionalen Raum, wie in Abbildung 12 dargestellt. Der Anfang des Pfeils legt fest, wo unser Ball im Augenblick ist und das Ende legt fest, wo er einige Zeit später ist. Die Länge des Pfeils muss mit Minkowskis Formel ermittelt werden. Sie ist daher gegeben durch

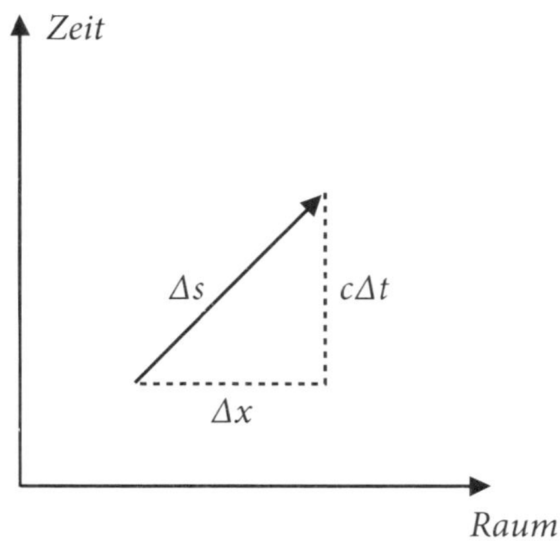

Abbildung 12

$(\Delta s)^2 = (c\Delta t)^2 - (\Delta x)^2$. Denken Sie daran, dass Δs die einzige Länge ist, über die sich alle im Universum einig sind (etwas, was eindeutig nicht für Δx und Δt getrennt gilt). Deshalb ist es diese Entfernungsmessung, die wir verwenden müssen. Sie tritt an die Stelle von Δx in der dreidimensionalen Definition des Impulses. Aber was tritt an die Stelle des Zeitintervalls Δt? (Denken Sie daran, dass wir einen vierdimensionalen Ersatz für $m\Delta x/\Delta t$ suchen.) Da haben wir die Krise: Wir können Δt nicht verwenden, weil es keine Raumzeit-Invariante ist. Nicht alle sind sich über Zeitintervalle einig, wie wir immer wieder betont haben, und deshalb dürfen wir Zeitintervalle in unserer Suche nach dem vierdimensionalen Impuls nicht nutzen. Welche Alternative haben wir? Durch was könnten wir die Länge des Pfeils teilen, um die Geschwindigkeit des Balls in der Raumzeit zu erhalten?

Wir wollen etwas konstruieren, das einer Verbesserung des alten dreidimensionalen Impulses gleichkommt. Wenn wir Objekte haben, die sich mit Geschwindigkeiten bewegen, die gering im Vergleich zur Lichtgeschwindigkeit sind, dann sollten wir feststellen, dass der neue Impuls zumindest näherungsweise dem alten entspricht. Damit das geschieht, müssen wir die Länge unseres Pfeils in der Raumzeit Δs durch eine Größe teilen, die von der gleichen Art ist wie ein Zeitintervall. Ansonsten wäre der neue vierdimensionale Impuls ein völlig anderes Biest als der alte dreidimensionale Impuls. Zeitintervalle lassen sich in Sekunden messen, daher würden wir etwas bevorzugen, das sich auch in Sekunden messen ließe. Ausgehend von unseren invarianten Raumzeit-Größen, der Lichtgeschwindigkeit c und der Entfernung Δs, gibt es nur eine brauchbare Kombination: Es ist die Zahl, die wir durch Teilen der Pfeillänge (Δs) durch die Geschwindigkeit c erhalten. Mit anderen Worten: Wenn Δs in Meter gemessen wird und die Geschwindigkeit c in Meter pro Sekunde, dann wird $\Delta s/c$ in Sekunden gemessen. Das muss die Zahl sein, die wir brauchen, um die Länge unseres Pfeils zu teilen. Sie ist das einzige uns zur

Verfügung stehende invariante Ding, das in der passenden Währung gemessen wird. Lassen Sie uns also weitermachen und Δs durch die Zeit $\Delta s/c$ teilen. Das Ergebnis ist einfach c (aus so ziemlich demselben Grund, warum 1 geteilt durch ½ gleich 2 ist). Mit anderen Worten: Die vierdimensionale Entsprechung zur Geschwindigkeit in unserer dreidimensionalen Impulsformel ist die universelle Höchstgeschwindigkeit c.

Das alles könnte ziemlich vertraut wirken, und es ist auch tatsächlich vertraut. Alles, was wir getan haben, ist die Geschwindigkeit des Objekts (zum Beispiel eines Balls) in der Raumzeit zu berechnen. Sie stellte sich als c heraus. Wir kamen zum genau gleichen Schluss wie im vorherigen Kapitel, als wir den Motorradfahrer in der Raumzeit-Landschaft betrachteten. Aus der Perspektive dieses Kapitels haben wir viel mehr getan, denn wir haben zudem einen Raumzeit-Geschwindigkeitsvektor, der das Potenzial hat, in unserer neuen Definition des vierdimensionalen Impulses Verwendung zu finden. Die Geschwindigkeit eines sich durch die Raumzeit bewegenden Objekts hat immer die Länge c und zeigt in der Raumzeit in die Richtung, in die sich das Objekt bewegt.

Um unsere Konstruktion des neuen Raumzeit-Impulspfeils abzuschließen, brauchen wir nun nur noch den Raumzeit-Geschwindigkeitsvektor mit der Masse m zu multiplizieren. Es folgt, dass unser vorgeschlagener Impulsvektor immer eine Länge von mc hat und in die Bewegungsrichtung des Objekts in der Raumzeit zeigt. Auf den ersten Blick wirkt dieser neue Impulsvektor etwas langweilig, weil seine Länge in der Raumzeit immer gleich ist. Es sieht für uns nach keinem guten Anfang aus. Aber wir sollten uns nicht abschrecken lassen. Man muss sehen, ob unser gerade konstruierter Raumzeit-Impulsvektor irgendeine Beziehung zu dem altvertrauten dreidimensionalen Impuls in sich trägt, oder – wenn wir schon dabei sind – ob der Impulsvektor in unserer neuen Raumzeit-Welt einen Nutzen für uns hat.

Um das etwas weiter zu vertiefen, werden wir uns nun die Anteile unseres neuen Raumzeit-Impulsvektors, die in die Raum- bzw. in die Zeitrichtung zeigen, separat anschauen. Dafür benötigen wir etwas, absolut unvermeidliche, Mathematik. Bei den nichtmathematischen Lesern können wir uns nur entschuldigen. Wir versprechen, dass wir sehr langsam vorgehen. Denken Sie daran, dass immer die Möglichkeit besteht, die Gleichungen zu überspringen, um direkt den Höhepunkt zu finden. Die Mathematik macht die Argumentation überzeugender, aber weiterzulesen, ohne die Details zu verfolgen, ist in Ordnung. Genauso müssen wir uns für die Thematisierung dieser Punkte bei den Lesern entschuldigen, die mit der Mathematik vertraut sind. In Manchester gibt es eine Redewendung: »Man kann seinen Kuchen nicht gleichzeitig behalten und essen.« Dieses Sprichwort ist womöglich schwerer zu verstehen als Mathematik.

Erinnern Sie sich, dass wir bei einem Ausdruck für die Länge des Impulsvektors in der dreidimensionalen Raumzeit angekommen waren, $m\Delta x/\Delta t$. Wir haben soeben argumentiert, dass Δx durch Δs ersetzt werden sollte und Δt durch $\Delta s/c$, um den vierdimensionalen Impulsvektor zu bilden. Dieser hat die scheinbar ziemlich uninteressante Länge mc. Gönnen Sie uns diesen Absatz, um den Ersatz für Δt, also $\Delta s/c$, vollständig hinzuschreiben: $\Delta s/c$ ist gleich $\sqrt{(c\Delta t)^2 - (\Delta x)^2}/c$. Das ist ein ziemlicher Happen, aber eine kleine mathematische Umformung führt zu einer einfacheren Form, d.h. die Formel lässt sich auch kurz mit $\Delta t/\gamma$ schreiben, worin $\gamma = 1/\sqrt{1 - v^2/c^2}$ ist. Um das zu erhalten, haben wir den Umstand ausgenutzt, dass $v = \Delta x/\Delta t$ die Geschwindigkeit des Objekts ist. Bei γ handelt es sich um nichts anderes als die Größe, der wir in Kapitel 3 begegnet sind. Sie quantifiziert den Faktor, um den die Zeit sich verlangsamt, wenn jemand eine Uhr mit hoher Geschwindigkeit vorbeifliegen sieht.

Nun sind wir tatsächlich fast dort, wo wir sein wollten. Der Sinn dieses Stücks Mathematik ist herauszufinden, um wie viel der Impulsvektor jeweils genau in die Raum- und in die Zeitrichtung zeigt.

Lassen Sie uns zunächst zusammenfassen, wie wir mit dem Impulsvektor im dreidimensionalen Raum umgegangen sind. Abbildung 11 half uns, das darzustellen. Der dreidimensionale Impulsvektor zeigt genau in dieselbe Richtung wie der Pfeil in Abbildung 11, weil er in dieselbe Richtung zeigt, in die sich der Ball bewegt. Der einzige Unterschied ist, dass sich die Länge des Impulsvektors ändert, weil wir ihn mit der Masse des Balls multiplizieren und durch die Länge des Zeitintervalls dividieren müssen. Die Situation im vierdimensionalen Raum ist in völliger Analogie dazu. Nun zeigt der Impulsvektor in die Richtung der Raumzeit, in die der Ball sich bewegt – also in die Richtung des Pfeils aus Abbildung 12. Erneut müssen wir die Länge des Vektors neu skalieren, um den Impuls zu erhalten. Aber diesmal müssen wir mit der Masse multiplizieren und durch die invariante Größe $\Delta s/c$ teilen (von der wir im letzten Absatz gezeigt haben, dass sie gleich $\Delta t/\gamma$ ist). Beim Betrachten des Pfeils in Abbildung 12 sollten Sie Folgendes erkennen: Wenn wir seine Länge um einen bestimmten Betrag ändern wollen, während er weiterhin in dieselbe Richtung zeigt, dann müssen wir einfach das Stück, das in x-Richtung zeigt (Δx), um denselben Betrag ändern wie das Stück, das in Zeitrichtung zeigt ($c\Delta t$). Daher ist der Anteil des Impulsvektors, der in Raumrichtung weist, einfach Δx multipliziert mit m und dividiert durch $\Delta t/\gamma$, was sich als $\gamma m\Delta x/\Delta t$ schreiben lässt. Da $v = \Delta x/\Delta t$ die Geschwindigkeit des Objekts im Raum ist, ergibt sich die Lösung: Der Anteil des Raumzeit-Impulsvektors, der in Raumrichtung zeigt, hat eine Länge von γmv.

Das ist nun wirklich interessant: Der Impulsvektor in der Raumzeit, den wir soeben konstruiert haben, ist überhaupt nicht langweilig. Wenn die Geschwindigkeit v unseres Objekts viel geringer als die Lichtgeschwindigkeit ist, dann ist γ fast eins. In diesem Fall erhalten wir den altvertrauten Impuls, nämlich das Produkt aus Masse und Geschwindigkeit $p = mv$. Das ist sehr ermutigend – wir sollten weitermachen. In der Tat haben wir sehr viel mehr getan, als den altvertrauten Impuls in einen vierdimensionalen Rahmen überführt. Um nur eine Sache zu nennen: Wir haben mutmaßlich eine genauere Formel, denn γ ist immer nur dann exakt eins, wenn die Geschwindigkeit null ist.

Interessanter als der Umstand, dass wir $p = mv$ modifiziert haben, ist der in die Zeitrichtung weisende Anteil des Impulsvektors. Nach all der harten Arbeit, die wir investiert haben, ist das einfach zu berechnen. Abbildung 13 zeigt die Antwort. Der Anteil des neuen Impulsvektors, der in die Zeitrichtung weist, hat die Länge $c\Delta t$ multipliziert mit m und geteilt durch $\Delta t/\gamma$ – also γmc.

Denken Sie daran, dass uns der Impuls interessiert, weil er erhalten bleibt. Unser Ziel war, einen neuen vierdimensionalen Impuls zu finden, der in der Raumzeit erhalten bleibt. Wir können uns eine Schar von Impulsvektoren in der Raumzeit vorstellen, die alle in verschiedene Richtungen weisen. Sie könnten zum Beispiel die Impulse einiger Teilchen darstellen, die im Begriff sind zu kollidieren. Nach dem Zusammenstoß wird es eine neue Schar Impulsvektoren geben, die in andere Richtungen weisen. Aber der Impulserhaltungssatz besagt, dass die Gesamtsumme aller neuen Pfeile exakt dieselbe wie die Summe der ursprünglichen Pfeile sein muss. Das bedeutet umgekehrt, dass die Gesamtsumme aller Anteile der Pfeile, die in Raumrichtung zeigen, erhalten bleibt, genauso wie die Anteile, die in Zeitrichtung weisen. Wenn wir also die Beträge γmv aller Teilchen zusammenzählen, sollte der Gesamtbetrag vor der Kollision gleich dem nach der Kollision sein. Gleichermaßen gilt das für die Zeitanteile, wobei diesmal die Gesamtsumme aller γmc-Werte erhalten bleibt. Wir haben scheinbar zwei neue physikalische Gesetze: Die Größen γmv und γmc scheinen erhalten zu bleiben. Aber wem entsprechen diese beiden Dinge? Auf den ersten Blick scheint da nicht viel Aufregendes zu sein. Wenn die Geschwindigkeit gering ist, ist γ sehr nahe bei eins und γmv wird einfach zu mv. Damit haben wir den altvertrauten Impulserhaltungssatz zurückbekommen. Das ist

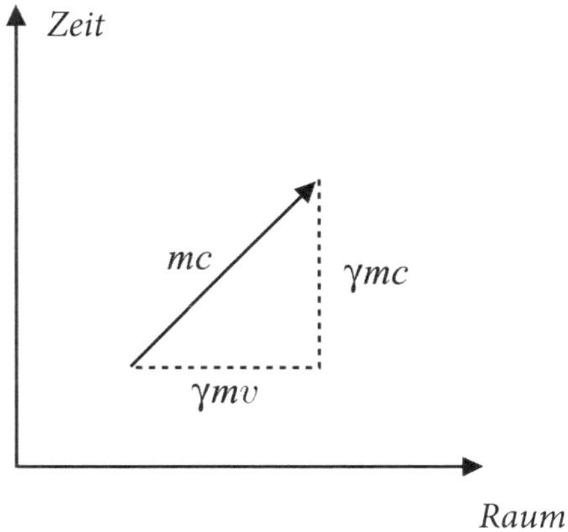

Abbildung 13

beruhigend, denn wir hatten uns ja erhofft, dass wir bei etwas enden, das Physikern des viktorianischen Zeitalters vertraut wäre. Brunel und die anderen großartigen Ingenieure des 19. Jahrhunderts sind gewiss gut ohne die Raumzeit zurechtgekommen. Deshalb muss unsere neue Definition des Impulses fast dieselben Antworten liefern, die man während der industriellen Revolution gefunden hat – zumindest solange die Dinge nicht zu nahe an der Lichtgeschwindigkeit herumsausen. Schließlich hörte die Hängebrücke in Clifton nicht plötzlich auf zu hängen, als Einstein die Relativität zur Sprache brachte.

Was können wir über die Erhaltung von γmc sagen? Da c eine universelle Konstante ist, über die sich immer alle einig sind, ist die Erhaltung von γmc gleichbedeutend mit der Aussage, dass die Masse erhalten bleibt. Das scheint nicht sonderlich überraschend zu sein und steht in Übereinstimmung mit unserer Intuition. Trotzdem ist es ziemlich interessant, wie es da so aus dem Nichts auftaucht. Zum Beispiel scheint es zu besagen, dass nach dem Verbrennen von Kohle die Masse der Asche (plus die Masse von allem anderen Material, das durch den Kamin entschwand) gleich groß wie die Masse der

Kohle vor dem Verfeuern sein muss. Der Umstand, dass γ nicht exakt eins ist, scheint kaum eine Rolle zu spielen, und wir könnten versucht sein weiterzumachen, zufrieden, dass wir bereits viel erreicht haben. Wir haben den Impuls so definiert, dass er eine bedeutungsvolle Größe in der Raumzeit wird, und als Ergebnis haben wir (für gewöhnlich winzige) Korrekturen an der Impulsdefinition des 19. Jahrhunderts abgeleitet, während wir gleichzeitig die Erhaltung der Masse abgeleitet haben. Was wollen wir mehr?

Es kostete uns viel Zeit, um diesen Punkt zu erreichen, aber das Schwierigste dieser Geschichte bleibt. Wir werden uns nun den Anteil des Impulsvektors, der in die Zeitrichtung zeigt, genauer anschauen. Indem wir das machen, werden wir auf fast wunderbare Weise Einsteins berühmteste Formel enthüllen. Das Ende ist in Sicht. Thales von Milet zieht sich in sein Bad zurück und bereitet sich auf das ultimative Entzücken vor. Wenn Sie dem Buch bis zu diesem Punkt gefolgt sind, werden Sie beim Lesen dieses Satzes womöglich im Geiste bereits mit vielen Kugeln jonglieren. Das ist eine beachtliche Leistung, weil Sie viel von dem gelernt haben, was von einem Physiker an Wissen über vierdimensionale Vektoren und die Minkowski-Raumzeit erwartet wird. Wir sind nun bereit für den Höhepunkt.

Wir haben begründet, warum γmc erhalten bleibt. Wir müssen uns darüber im Klaren sein, was das bedeutet. Stellen Sie sich ein relativistisches Billard vor: Jede Kugel hat einen separaten Wert für γmc. Addieren Sie nun all diese Werte. Was auch immer die Summe ist – sie verändert sich nicht. Nun lassen Sie uns ein auf den ersten Blick sinnloses Spiel machen. Wenn γmc erhalten bleibt, dann auch γmc^2 – einfach weil c eine Konstante ist. Warum wir das tun, wird in Kürze verständlich. Nun ist γ nicht genau eins, und bei geringen Geschwindigkeiten lässt sich γ gemäß der Formel $\gamma = 1 + \frac{1}{2}(v^2/c^2)$ nähern. Sie können mit einem Taschenrechner allein überprüfen, dass diese Formel bei Geschwindigkeiten, die gering im Vergleich zu c sind, ziemlich gut funktioniert.[8] Hoffentlich überzeugt Sie die Tabelle weiter unten, falls Sie keinen Taschenrechner zur Hand haben. Beachten Sie, dass die Näherungsformel (die die Zahlen in der dritten Spalte liefert) selbst für Geschwindigkeiten in Höhe von zehn Prozent der Lichtgeschwindigkeit ($v/c = 0{,}1$) sehr genau ist. Solche Geschwindigkeiten liegen im Bereich von gewöhnlich unerreichbaren 30 Millionen Meter pro Sekunde.

v/c	γ	1 + ½(v²/c²)
0,01	1,000.05	1,000.05
0,1	1,005.04	1,005.00
0,2	1,020.62	1,020.00
0,5	1,154.70	1,125.00

Gemäß dieser Vereinfachung ist γmc^2 ungefähr gleich $mc^2 + \frac{1}{2}mv^2$. An dieser Stelle können wir die tiefgreifend wichtigen Folgen unseres Tuns erkennen. Bei Geschwindigkeiten, die klein gegenüber c sind, haben wir festgestellt, dass die Größe $mc^2 + \frac{1}{2}mv^2$ erhalten bleibt. Präziser: Die Größe γmc^2 bleibt erhalten, aber in dieser Phase ist die zuvor genannte Formel viel erhellender. Warum? Wir haben bereits gesehen, dass das Produkt $\frac{1}{2}mv^2$ die kinetische Energie ist, der wir bei unserem Beispiel der zusammenstoßenden Billardkugeln begegnet sind. Sie ist ein Maß für die Energie eines Objekts der Masse m, das sich mit der Geschwindigkeit v bewegt. Wir haben ein Ding entdeckt, das erhalten bleibt und gleich etwas anderem (mc^2) plus der kinetischen Energie ist. Es macht Sinn »etwas anderes, das erhalten bleibt« als Energie zu bezeichnen, aber nun besteht sie aus zwei Teilen. Der eine ist $\frac{1}{2}mv^2$ und der andere mc^2. Lassen Sie sich nicht durch den Umstand verwirren, dass wir mit c multipliziert haben. Wir

8 – D.h. sie liefert fast dieselben Werte wie die exakte Formel $\gamma = 1/\sqrt{1 - v^2/c^2}$.

haben das nur gemacht, damit der Term letztlich $\frac{1}{2}mv^2$ enthält und nicht $\frac{1}{2}mv^2/c^2$; den ersteren Term nennen Wissenschaftler seit vielen Generationen kinetische Energie. Wenn Sie mögen, können Sie $\frac{1}{2}mv^2/c^2$ auf den Namen »kinetische Masse« taufen oder auf irgendeinen anderen Namen, von dem Sie zu träumen wagen. Der Name ist irrelevant (selbst wenn er das große Gewicht hat, dem »Energie« zukommt). Worauf es ankommt ist, dass es sich dabei um die Zeitkomponente des Raumzeit-Impulsvektors handelt und dass es sich um eine Erhaltungsgröße handelt. Zugegeben: Die Gleichung »die Zeitkomponente des Raumzeit-Impulsvektors ist gleich mc^2« hat nicht die eingängige Form von $E = mc^2$, aber die Physik bleibt dieselbe.

Bemerkenswerterweise haben wir gezeigt, dass die Impulserhaltung in der Raumzeit nicht nur zu einer neuen, verbesserten Version der Impulserhaltung in drei Dimensionen führt, sondern auch zu einem geänderten Energieerhaltungssatz. Stellen wir uns ein System aus Teilchen vor, die alle herumwackeln. Soeben haben wir herausgefunden, dass das Zusammenzählen der kinetischen Energien aller Teilchen sowie der Massen aller Teilchen multipliziert mit dem Quadrat von c zu etwas Unveränderlichem führt. Die viktorianischen Physiker wären nun mit der Erklärung zufrieden gewesen, dass die Summe der kinetischen Energien unveränderlich ist, und sie wären auch mit der Erklärung zufrieden gewesen, dass die Summe der Massen unveränderlich ist (die Multiplikation mit dem Quadrat von c ist irrelevant, wenn wir darüber nachdenken, was unveränderlich ist). Unser neues Naturgesetz ist in Übereinstimmung mit diesen Erklärungen, aber es bietet viel mehr als das. So wie es dasteht, wird durch nichts verhindert, dass ein Teil der Masse in kinetische Energie umgewandelt wird oder umgekehrt, solange die Summe dieser beiden Dinge immer erhalten bleibt. Wir haben entdeckt, dass Masse und Energie womöglich austauschbar sind und dass die Energiemenge, die wir aus einer ruhenden Masse m (γ ist in diesem Fall gleich eins) entnehmen können, durch die Gleichung $E = mc^2$ beschrieben wird.

Unser Freund Thales von Milet hat endlich das Stadium vollständigen Entzückens erreicht. Er entsteigt seinem Bad, eine Spur von Eselsmilchtropfen auf dem Boden zurücklassend und heißt die Konkubinen in seiner Gegenwart willkommen.

Lassen Sie uns zusammenfassen: Wir wollten ein Objekt in der Raumzeit finden, dem im dreidimensionalen Raum die Funktion des Impulses zukommt, weil der Impuls in der Raumzeit erhalten bleibt und daher nützlich ist. Es gelang uns, so ein Objekt zu finden, das wir nur aus Dingen aufbauten, über die sich alle einig sind: die Raumzeit-Entfernung, die universelle Höchstgeschwindigkeit und die Masse. Der von uns konstruierte Raumzeit-Impulsvektor stellte sich als sehr interessant heraus. Schauten wir uns den Anteil in Raumrichtung an, so fanden wir erneut den alten Impulserhaltungssatz mit einer leichten Anpassung für Dinge, die sich nahe der Lichtgeschwindigkeit bewegen. Aber die wahre Erkenntnis ergab sich beim Blick auf den Teil des Vektors, der in Zeitrichtung zeigt. So erhielten wir eine völlig neue Version des Energieerhaltungssatzes. Die altvertraute kinetische Energie, $\frac{1}{2}mv^2$, war da, aber es tauchte zusätzlich ein völlig neues Stück auf: mc^2. Folglich ist selbst mit einem Objekt in Ruhe Energie verbunden, und diese Energie ist durch Einsteins berühmte Gleichung $E = mc^2$ gegeben.

Was bedeutet das alles? Wir haben festgestellt, dass die Energie eine interessante Größe ist, weil sie erhalten bleibt: Sie können hier die Energie erhöhen, wenn Sie sie dort verringern. Zudem haben wir festgestellt, dass bereits die nackte Masse eines Objekts eine potenzielle Energiequelle darstellt. Stellen Sie sich einen Batzen Materie vor, sagen wir ein Kilogramm Material (die Art des Materials spielt keine Rolle), mit dem sie »etwas tun«, so dass es anschließend kein Kilogramm Material mehr gibt. Damit meinen wir nicht, dass das Kilogramm Material in winzige Stücke zerbrochen ist, wir meinen, dass es verschwunden ist. Wir stellen uns also ein extremes Szenario vor, in dem alle ursprüngliche Masse aufgebraucht wurde. An ihrer

Stelle muss es dann den Gegenwert zu einem Kilogramm als Energie geben (plus alle Energie, die wir hineingesteckt hatten, um »etwas mit dem Material zu machen«). Diese Energie kann wiederum als Masse vorliegen, zum Beispiel einige hundert Gramm neuen Materials, und bei der restlichen Energie kann es sich um kinetische Energie handeln – das neue Material kann schnell herumsausen. Natürlich haben wir das alles nur erfunden; es war ein Gedankenspiel. Merken sollten Sie sich, dass Einsteins Theorie solche Dinge erlaubt. Vor Einstein dachte niemand daran, dass Masse vernichtet und in Energie umgewandelt werden könnte, denn Masse und Energie schienen völlig getrennte Dinge zu sein. Nach Einstein muss jeder akzeptieren, dass es verschiedene Erscheinungsformen derselben Art von Dingen gibt. Dies liegt an unserer Entdeckung, dass Energie, Masse und Impuls zu einem einzigen Raumzeit-Objekt kombiniert werden müssen, das wir als Raumzeit-Impulsvektor bezeichnet haben. Eigentlich ist sein gängigerer Name in Physikerkreisen Energie-Impuls-Vierervektor. So wie wir erkannt haben, dass man sich Raum und Zeit nicht mehr länger als getrennte Dinge vorstellen sollte, so haben wir festgestellt, dass Energie und Impuls die Schatten eines grundlegenderen Objekts sind, nämlich des Energie-Impuls-Vierervektors. Wir wurden durch unsere starke Intuition in die Irre geführt, als wir Raum und Zeit voneinander trennten. Ausschlaggebend ist, dass die Natur diese Gelegenheit ausnutzt: Es ist möglich, Masse in Energie umzuwandeln. Würde die Natur das nicht erlauben, würden wir nicht einmal existieren.

Bevor wir diese ziemlich starke Behauptung auseinandernehmen, ist womöglich eine weitere Erklärung angebracht, was wir mit »zerstören« meinen. Wir meinen damit keine Zerstörung im Sinne von einer wertvollen Vase, die in kleine Stücke zerbricht. Nach so einer Art von Zerstörung können Sie die Teile niedergeschlagen zusammenkehren und wiegen – es gäbe keine merkliche Veränderung bei der Masse. Was wir meinen, ist eine Zerstörung der Vase, so dass anschließend weniger Atome vorhanden sind als zuvor und die Masse entsprechend geringer ist. Das mag sich wie ein neuer kontroverser Gedanke anhören. Die mächtige Vorstellung, dass Materie aus winzigen Teilen besteht, die wir auseinandernehmen und neu anordnen können, ohne sie jedoch zerstören zu können, geht auf Demokrit im antiken Griechenland zurück. Einsteins Theorie wirft diese Sicht auf die Welt über den Haufen und führt stattdessen zu einer Welt, in der Materie verworrener ist – in der Lage aufzutauchen und wieder zu verschwinden. Freilich läuft dieser Zyklus aus Zerstören und Erschaffen heute regelmäßig in der Welt der Teilchenbeschleuniger ab. Wir werden darauf später zurückkommen.

Auf zum großen Finale. Leider sind uns die Themen für Thales ausgegangen, aber nun wird es wirklich wunderbar. Wir wollen c als die Lichtgeschwindigkeit identifizieren. Inzwischen mögen wir ja Anstrengungen. In der Raumzeit war es wichtig, sich Dinge wie c als eine universelle Höchstgeschwindigkeit vorzustellen, nicht als die Lichtgeschwindigkeit. Im vergangenen Kapitel haben wir c schließlich als die Lichtgeschwindigkeit identifiziert, allerdings erst, nachdem wir sie mit den Ergebnissen aus Kapitel 3 verglichen hatten. Nun können wir dies ohne den Rückgriff auf Vorstellungen tun, die außerhalb des Rahmens der Raumzeit liegen. Wir sollten versuchen, eine alternative Deutung von c in $E = mc^2$ zu finden – also nicht nur, dass sie eine kosmische Höchstgeschwindigkeit ist.

Die Antwort finden wir in einer weiteren, gut versteckten Eigenschaft von Einsteins Masse-Energie-Gleichung. Um uns das genauer anzuschauen, müssen wir unsere Näherung aufgeben und den Raum- und den Zeitanteil unseres Energie-Impuls-Vierervektors in ihrer exakten Form aufschreiben. Die Energie eines Objekts, also der Zeitanteil des Energie-Impuls-Vierervektors (multipliziert mit c), ist gleich γmc^2, und der Impuls, also der Raumanteil des Energie-Impuls-Vierervektors, ist γmv. Nun stellen wir eine auf den ersten Blick merkwürdige Frage: Was geschieht, wenn ein Objekt masselos ist?

Ein rascher Blick könnte uns zu dem Schluss bringen, dass wenn die Masse null ist, beide Objekte immer null Energie und null Impuls hätten. In diesem Fall würden sie niemals auf irgendetwas einwirken, und es wäre genauso, als ob sie gar nicht existierten. Doch dank mathematischer Raffinessen ist das nicht der Fall. Die Raffinesse steckt in γ. Erinnern Sie sich, dass $\gamma = 1/\sqrt{1 - v^2/c^2}$ ist. Bewegt sich das Objekt mit der Geschwindigkeit c, dann wird der Faktor γ unendlich, weil wir eins durch null teilen müssen (die Quadratwurzel von null ist null). Also haben wir eine merkwürdige Situation in diesem speziellen Fall, wenn die Masse null und die Geschwindigkeit $v = c$ ist. In den mathematischen Ausdrücken für Impuls und Energie ergibt sich dann unendlich multipliziert mit null – was mathematisch nicht definiert ist. Mit anderen Worten: Die Gleichungen sind in dieser Form nutzlos, aber – das ist entscheidend – wir dürfen nicht daraus folgern, dass deshalb zwangsläufig Energie und Impuls null sind für ein masseloses Teilchen. Wir können uns jedoch fragen, was mit dem Verhältnis von Impuls zu Energie passiert. Teilen wir $E = mc^2$ durch $p = \gamma mv$, dann bleibt $E/p = c^2/v$ übrig. Für den speziellen Fall $v = c$ erhalten wir dann die Gleichung $E = cp$. Sie macht Sinn. Somit lautet die Quintessenz, dass sowohl Energie als auch Impuls verschieden von null sein können, obwohl ein Objekt die Masse null hat. Aber *nur*, wenn sich dieses Objekt mit Lichtgeschwindigkeit bewegt! Einsteins Theorie lässt also die Existenz masseloser Teilchen zu. An dieser Stelle setzen die Experimente passend an. Mit ihnen wurde gezeigt, dass Licht aus Teilchen besteht, Photonen genannt, und dass diese Photonen – soweit es irgendjemand sagen kann – masselos sind. Also müssen sie sich mit der Geschwindigkeit c bewegen. Hier gibt es einen wichtigen Punkt: Was sollten wir tun, wenn ein Experiment erkennen lassen würde, dass Photonen eine winzige Masse haben? Nun können Sie diese Frage hoffentlich beantworten. Die Antwort lautet, dass wir nichts machen, außer zu Einsteins zweitem Postulat in Kapitel 3 zurückzukehren und es in folgende Aussage abzuändern:

»Die Geschwindigkeit eines masselosen Teilchens ist eine universelle Konstante«. Gewiss bleibt c durch die neuen experimentellen Daten unverändert; was sich ändert, ist die Gleichsetzung von c mit der Lichtgeschwindigkeit.

Das ist eine ziemlich grundlegende Sache. Das c in $E = mc^2$ hat etwas mit dem Licht zu tun, da experimentell gezeigt wurde, dass die Teilchen des Lichts zufällig masselos sind. Historisch war das unglaublich wichtig, weil Experimentalphysikern wie Faraday und Theoretikern wie Maxwell dadurch der direkte Zugang zu einem Phänomen möglich wurde, das sich mit der speziellen universellen Höchstgeschwindigkeit ausbreitete: die elektromagnetischen Wellen. In Einsteins Überlegungen spielte das eine entscheidende Rolle – und hätte es diese Zufälligkeit nicht gegeben, hätte Einstein womöglich nicht die Relativitätstheorie entdeckt. Wir werden es nie wissen. »Zufälligkeit« dürfte das richtige Wort sein, denn wie wir in Kapitel 7 sehen werden, gibt es in der Teilchenphysik kein Argument, das die Masselosigkeit des Photons gewährleistet. Zudem existiert ein Mechanismus, der Higgs-Mechanismus, der dem Photon in einem anderen Universum womöglich eine von null verschiedene Masse verleiht. Es ist daher wohl korrekter, das c in $E = mc^2$ als Geschwindigkeit masseloser Teilchen zu verstehen, die sich im Universum zwingend nur mit dieser Geschwindigkeit bewegen können. Aus Sicht der Raumzeit haben wir c eingeführt, damit wir definieren konnten, wie Entfernungen in der Zeitrichtung zu berechnen sind. Daher ist c tief in der Struktur der Raumzeit verwurzelt.

Es ist Ihnen vermutlich nicht entgangen, dass die zu einer bestimmten Masse gehörende Energie in Verbindung mit dem Quadrat der Lichtgeschwindigkeit steht. Da die Lichtgeschwindigkeit im Vergleich zu alltäglichen Geschwindigkeiten (das v in $\frac{1}{2}mv^2$) sehr groß ist, sollte es nicht überraschen, dass die selbst in kleinen Massen steckende Energie irre groß ist. Wir behaupten nicht, bereits bewiesen zu haben, dass diese Energie direkt zugänglich ist. Aber wenn wir an sie herankämen, wie gewaltig wäre dann die Energie, auf der wir im wörtlichen Sinne sitzen? Wir können sogar eine Zahl ermitteln, weil wir die relevanten Formeln zur Hand haben. Wir wissen, dass die kinetische Energie eines Teilchens der Masse m, das sich mit der Geschwindigkeit v bewegt, ungefähr gleich $\frac{1}{2}mv^2$ ist und dass die in der Masse steckende Energie gleich mc^2 ist (wir nehmen an, dass v klein im Vergleich zu c ist; ansonsten müssten wir die kompliziertere Formel γmc^2 verwenden). Lassen Sie uns ein paar Zahlen ausprobieren, um ein besseres Gefühl für die tatsächliche Bedeutung dieser Gleichungen zu bekommen.

Eine typische Glühbirne strahlt 100 Joule Energie pro Sekunde ab. Das Joule ist eine Energieeinheit, die nach James Joule benannt ist. Er stammte aus Manchester und trieb mit seinem Intellekt die industrielle Revolution voran. Hundert Joule pro Sekunde sind 100 Watt, benannt nach dem schottischen Ingenieur James Watt. Das 19. Jahrhundert war ein Jahrhundert fantastischer Fortschritte in den Naturwissenschaften, woran die Art und Weise erinnert, wie wir Alltagsgrößen bezeichnen. Wenn eine Stadt 100.000 Einwohner hat, dann sind ungefähr 100 Millionen Watt (100 Megawatt) Bedarf an elektrischer Energie eine vernünftige Schätzung. Bereits die Erzeugung von 100 Joule Energie erfordert eine beträchtliche mechanische Anstrengung. 100 Joule entsprechen ungefähr der kinetischen Energie eines Tennisballs mit 57 Gramm (oder 0,057 Kilogramm) und 213 Kilometer pro Stunde bzw. fast 60 Meter pro Sekunde. Wenn wir diese Zahlen in $\frac{1}{2}mv^2$ einsetzen, erhalten wir die Energie gleich $\frac{1}{2} \cdot 60 \cdot 60$ Joule. Ein Joule lässt sich als die kinetische Energie einer Masse von zwei Kilogramm definieren, die einen Meter pro Sekunde schnell ist (deshalb haben wir die Geschwindigkeit von Kilometer pro Stunde in Meter pro Sekunde umgewandelt) – Sie können selbst multiplizieren. Es wäre daher ein konstantes Bombardement dieser Tennisbälle erforderlich (einen pro Sekunde), um auch nur eine Glühbirne zu betreiben. In Wahrheit müssten die Bälle noch schneller sein oder häufiger ankommen, weil wir die kinetische Energie der Bälle extrahieren, (durch einen Generator) in elektrische Energie umwandeln und der Glühbirne zuführen müssten. Das ist gewiss ein großer Aufwand, um eine Glühbirne zu betreiben.

Wieviel Masse bräuchten wir, um dieselbe Aufgabe zu erledigen, wenn wir Einsteins Theorie ausnutzen und die gesamte Masse in Energie umwandeln würden? Die Antwort lautet, dass die Masse gleich der Energie geteilt durch das Quadrat der Lichtgeschwindigkeit ist: 100 Joule geteilt durch 300 Millionen Meter pro Sekunde, zweimal. Das ist bloß etwas mehr als 0,000.000.000.001 Gramm oder – in Worten – ein Millionstel Millionstel (also ein Billionstel) Gramm. Bei diesem Verhältnis müssen wir nur ein Mikrogramm Material pro Sekunde zerstören, um eine Stadt mit Energie zu versorgen. Ein Jahrhundert hat ungefähr drei Milliarden Sekunden. Daher brauchen wir nur drei Kilogramm Material, um die Stadt für hundert Jahre zu versorgen. Eines ist sicher: das Energiepotenzial, das in der Materie eingeschlossen ist, liegt in einer anderen Größenordnung als alles, was wir für gewöhnlich erfahren. Wenn wir dieses Potenzial nutzbar machen könnten, hätten wir alle Energieprobleme der Erde gelöst.

Erlauben Sie uns noch eine Anmerkung, bevor wir weitermachen. Die in der Masse steckende Energie wirkt für uns hier auf der Erde schlichtweg astronomisch. Die Versuchung ist groß, dies mit der sehr großen Zahl zu begründen, die die Lichtgeschwindigkeit ist. Aber damit würde man das Wesentliche nicht begreifen. Wesentlich ist vielmehr, dass $\frac{1}{2}mv^2$ im Vergleich zu mc^2 eine sehr kleine Zahl ist, weil die uns gewohnten Geschwindigkeiten so klein im Vergleich zur kosmischen Höchstgeschwindigkeit sind. Der Grund für unsere ziemlich niedrigenergetische Existenz ist letztlich in der Stärke der Grundkräfte zu finden, besonders in den relativen Schwächen der elektromagnetischen Kraft und der Gravitation. Wir werden das genauer in Kapitel 7 untersuchen, wenn wir uns mit der Welt der Teilchenphysik befassen.

Die Menschheit benötigte nach Einsteins berühmter Formel noch rund ein halbes Jahrhundert, bevor sie endgültig herausgefunden hatte, wie sich ein wesentlicher Teil der Masse der Materie in Energie umwandeln lässt. Heute wird die Zerstörung der Masse in Kernkraftwerken ausgenutzt. In krassem Gegensatz dazu nutzt die Natur $E = mc^2$ seit Jahrmilliarden aus. Tatsächlich ist diese Umwandlung von Materie in Energie die Saat des Lebens, denn ohne die Sonnenstrahlung bliebe die Erde für immer in Dunkelheit gehüllt.

KAPITEL 6

Und warum sollte das Bedeutung für uns haben?

Von Atomen, Mausefallen und der Macht der Sterne

Wir haben erkannt, wie uns Einsteins berühmte Gleichung dazu zwingt, unsere Vorstellungen von der Masse nochmals zu überdenken. Und wir haben verstanden, dass Masse nicht nur ein Maß dafür ist, wie viel Material etwas enthält, sondern auch ein Maß für die Energie, die in der Materie gebunden ist. Wir haben zudem erkannt, dass wir eine phänomenale Energiequelle zur Verfügung haben, wenn es uns gelingt, die Energie aus der Materie freizusetzen. In diesem Kapitel verbringen wir einige Zeit damit, auf welche Weise sich die Energie aus der Masse freisetzen lässt. Aber bevor wir uns so nützlichen Dingen zuwenden, möchten wir noch gerne unsere neu gefundene Gleichung, $E = mc^2 + \frac{1}{2}mv^2$, etwas genauer untersuchen.

Denken Sie daran, dass diese Version von $E = \gamma mc^2$ bloß eine Näherung ist, wenn auch eine ziemlich gute, solange die Geschwindigkeit 20 Prozent der Lichtgeschwindigkeit nicht übersteigt. Diese Schreibweise macht die Unterteilung in Massen-Energie und kinetische Energie am offensichtlichsten, und wir werden Sie nun nicht mehr damit belästigen, dass es sich um eine Näherung handelt. Erinnern Sie sich ebenfalls daran, dass wir einen Vektor in der Raumzeit konstruieren können, dessen Länge in der Raumrichtung eine Erhaltungsgröße darstellt, die sich für Geschwindigkeiten, die klein im Vergleich zur Lichtgeschwindigkeit sind, zur altvertrauten Impulserhaltung vereinfachen lässt. Genauso wie die Länge des neuen Raumzeit-Impulsvektors in der Raumrichtung erhalten bleibt, muss auch seine Länge in der Zeitrichtung eine Erhaltungsgröße sein; diese Länge ist $mc^2 + \frac{1}{2}mv^2$. Wir hatten erkannt, dass $\frac{1}{2}mv^2$ die Formel für eine Größe ist, die den Wissenschaftlern seit Langem vertraut ist, nämlich der kinetischen Energie. Also bezeichneten wir die Erhaltungsgröße als Energie. Sehr wichtig ist, dass wir anfangs nicht nach der Erhaltung der Energie gesucht hatten. Sie tauchte vielmehr ziemlich unerwartet auf, als wir nach einer Raumzeit-Version des Impulserhaltungssatzes suchten.

Stellen Sie sich einen Eimer gefüllt mit Mausefallen vor. Alle speichern Energie in ihren Federn. Wir wissen, dass gespannte Federn Energie speichern, weil nach dem Auslösen der Falle ein lauter Knall zu hören ist (bei dem es sich um Energie handelt, die als Schall freigesetzt wird). Zudem hüpft die Falle womöglich hoch (Energie, die in kinetische Energie umgewandelt wird). Stellen Sie sich nun vor, wie eine Falle die anderen auslöst. Es gibt einen gewaltigen Krach, weil die Energie aus den Federn freigesetzt wird und Mausefallen zuschnappen. Die Energieerhaltung besagt, dass die Energie vor dem Auslösen der Mausefallen gleich der Energie danach sein muss. Da die Fallen anfangs alle in Ruhe waren, muss zudem die Gesamtenergie gleich mc^2 sein, wobei m die Gesamtmasse des Eimers mit den gespannten Fallen ist. Danach haben wir entspannte Fallen *plus* der freigesetzten Energie. Damit die Energie davor und danach gleich groß ist, muss der Eimer mit gespannten Mausefallen tatsächlich massereicher sein als der Eimer mit ausgelösten Fallen. Nehmen wir ein anderes Beispiel, bei dem es diesmal um einen Beitrag zur Masse aufgrund der kinetischen Energie geht. Eine Kiste voll heißen Gases hat mehr Masse als die identische Kiste mit demselben Gas bei niedrigerer Temperatur. Die Temperatur ist ein Maß für die Schnelligkeit, mit der die Moleküle in der Kiste herumzischen – je heißer das Gas, desto schneller bewegen sich die Moleküle. Weil sie sich schneller bewegen, besitzen sie mehr kinetische Energie (d. h. die Summe der Werte von $\frac{1}{2}mv^2$ für jedes Molekül ist für das heiße Gas größer) und damit die Kiste eine höhere Masse. Diese Logik trifft auf alles zu, was Energie speichert. Eine neue Batterie ist massereicher als eine gebrauchte Batterie, eine Kanne Kaffee ist massereicher, wenn der Kaffee warm ist, und eine dampfende Fleisch-Kartoffel-Pastete, gekauft an einem regnerischen Samstagnachmittag in der Halbzeit im Stadion der Oldham Athletics, ist massereicher als dieselbe nicht angerührte Pastete bei Spielende.

Die Umwandlung von Masse in Energie ist daher kein so exotischer Prozess. Es passiert ständig. Wenn Sie sich vor einem knisternden Feuer entspannen, nehmen Sie Wärme des brennenden Holzes auf, was dem Holz Energie entzieht. Morgens, wenn das Feuer erloschen ist, könnten Sie die letzten Aschereste sorgfältig zusammenkehren und diese mit einer Waage in unerreichter Genauigkeit wiegen. Selbst wenn es Ihnen auf wundersame Weise gelänge, jedes einzelne Atom der Asche einzusammeln, würden Sie feststellen, dass die Asche weniger als das ursprüngliche Holz wiegt. Der Unterschied wäre gleich der freigesetzten Energiemenge geteilt durch das Quadrat der Lichtgeschwindigkeit, so wie es $E = mc^2$ vorhersagt, d. h. $m = E/c^2$. Wir können rasch ausrechnen, wie winzig die Änderung der Masse für diese Art von Feuer wäre, das Ihr Haus in der hereinbrechenden Nacht erwärmte. Wenn das Feuer 1000 Watt in acht Stunden erzeugt, dann ist die Gesamtenergie gleich

1000 · (8 · 60 · 60) Joule (weil wir von Stunden in Sekunden umrechnen müssen, um das Ergebnis in Joule zu bekommen), was weniger als 30 Millionen Joule ergibt. Der entsprechende Massenverlust ist daher gleich 30 Millionen Joule geteilt durch das Quadrat der Lichtgeschwindigkeit – was weniger als einem Millionstel Gramm entspricht. Die Erklärung für die winzige Verringerung der Masse ist eine direkte Folge der Energieerhaltung. Vor dem Entzünden des Feuers ist die Gesamtenergie des Holzes gleich der Gesamtmasse des Holzes multipliziert mit dem Quadrat der Lichtgeschwindigkeit. Während das Feuer brennt, verliert das Feuer Energie. Schließlich erlischt das Feuer und uns bleibt die Asche. Gemäß dem Energieerhaltungssatz muss die Gesamtenergie der Asche weniger als die Gesamtenergie des Holzes sein, und zwar um den Energiebetrag, der zum Erwärmen des Zimmers diente. Die Energie der Asche ist gleich ihrer Masse multipliziert mit dem Quadrat der Lichtgeschwindigkeit; sie muss um den soeben berechneten Betrag geringer sein als die ursprüngliche Energie des Holzes.

Die Umwandlung von Masse in Energie oder Energie in Masse ist somit absolut grundlegend für die Abläufe in der Natur; sie ist aber auch ein wirklich alltägliches Ereignis. Egal was im Universum passiert, Energie und Masse müssen kontinuierlich hin und her schwappen. Wie um alles auf der Welt ist es dann jemandem gelungen, irgendetwas rund um die Energie zu erklären, bevor wir diese anscheinend grundlegendste Tatsache über die Abläufe der Natur gekannt hatten? Sie sollten sich vergegenwärtigen, dass Einstein $E = mc^2$ erstmals 1905 aufschrieb, in einer Welt, die bei weitem nicht primitiv war. Die erste Eisenbahnfernverbindung für Passagiere wurde 1830 zwischen Liverpool und Manchester eröffnet. Angetrieben wurde der Zug durch eine Kohle verbrennende Dampflok. Kohle betriebene Ozeandampfer hatten den Atlantik damals schon seit fast 70 Jahren überquert. Das goldene Zeitalter der Dampfmaschine hatte Hochkonjunktur; die Inbetriebnahme der fortschrittlichen dampfturbinengetriebenen Passagierschiffe »Mauretania« und »Titanic« stand kurz bevor. Die Menschen des viktorianischen Zeitalters wussten gewiss, wie sich Kohle effizient verbrennen ließ und spektakuläre Ergebnisse ermöglichte. Aber wie dachten die Wissenschaftler über die Physik des brennenden Feuers vor Einstein? Ein Ingenieur des 19. Jahrhunderts hätte gesagt, dass Kohle Energie in sich gebunden hat (so ähnlich wie die Energie in den vielen Mausefallen gespeichert ist) und die chemischen Reaktionen, die die Kohle verbrennen, lösen die Fallen aus und setzen die Energie frei. Diese Vorstellung funktioniert und ermöglicht Berechnungen mit der Genauigkeit, die für Entwicklung und Bau schöner Maschinen erforderlich ist – einen Ozeanriesen oder eine Schnellzugdampflokomotive. Die Perspektive nach Einsteins Erkenntnis widerspricht dieser Vorstellung nicht, sondern ergänzt sie eher. Wir verstehen seitdem, dass die gebundene Energie unwiderruflich mit dem Konzept der Masse zusammenhängt. Je mehr gebundene Energie in etwas steckt, desto massereicher ist es. Den Wissenschaftlern vor Einstein konnte dieser Zusammenhang nicht auffallen, weil sie nicht gezwungen waren, auf diese Art und Weise zu denken. Ihre Vorstellung der Natur war genau genug, um die beobachtbare Welt zu erklären und die Probleme zu lösen, mit denen sie es zu tun hatten. Denn die Änderungen der Masse waren so winzig, dass sie diese nie berücksichtigen mussten.

Hier bietet sich ein weiterer grundlegender Einblick in die Wissenschaft. Mit jedem neuen Niveau des Verständnisses entsteht eine genauere Weltsicht. Die aktuelle Weltsicht wird nie als korrekt bezeichnet – in dem sehr wichtigen Sinne, dass es in der Wissenschaft keine absoluten Wahrheiten gibt. Das Gebäude wissenschaftlichen Verständnisses ist zu jedem beliebigen Punkt in der Geschichte – auch heute – einfach eine Sammlung von Theorien und Vorstellungen über die Welt, die sich noch nicht als falsch erwiesen haben.

Alle betrachteten Beispiele führen zu einer winzigen Veränderung der Masse, aber das Freisetzen der entsprechenden Energie kann sehr wesentlich sein. Ein Feuer wärmt uns und eine heiße Pastete ist viel schmackhafter als eine kalte. Im Fall der brennenden Kohle oder des brennenden Holzes ist die gespeicherte Energie chemischen Ursprungs. Die Moleküle der Kohle oder des Holzes werden neu angeordnet und werden aufgrund einer chemischen Kettenreaktion, die durch ein brennendes Streichholz ausgelöst wird, zu Asche. Während die Bindungen zwischen den Molekülen reißen und sich neu bilden, um Atome mit Atomen zu neuen Molekülen zu vereinen, wird Energie freigesetzt und die Masse verringert. Chemische Energie hat ihren Ursprung in der Struktur der Atome. Das einfachste Beispiel ist ein einzelnes Wasserstoffatom, das aus einem einzigen Proton besteht, um das ein einziges Elektron kreist. Das Wasserstoffatom ist so einfach, dass Physiker mit Hilfe der Quantentheorie berechnen können, wie sich die Masse des Atoms verändert, wenn das Elektron sich bewegt. Es gibt einen kleinsten Wert für die Masse des Wasserstoffatoms. Es sind winzige 0,000.000.000.000.000.000.000.000.000.000.000.02 Kilogramm weniger als die Gesamtmasse aus einem Elektron und einem Proton, wenn diese einen großen Abstand voneinander haben. Trotzdem ist dieser Unterschied nach einer Umwandlung in Energie eine große Menge. Fragen Sie einen Chemiker oder erleben Sie die Wirkung vor einem Feuer.

Da Teilchenphysiker so faul wie alle anderen sind, wollen sie keine sehr kleinen Zahlen mit vielen Nullen und Dezimalstellen schreiben. Daher verwenden sie für gewöhnlich nicht das Kilogramm, um eine Masse anzugeben. Stattdessen verwenden sie die Einheit Elektronenvolt, die eigentlich eine Energieeinheit ist. Ein Elektronenvolt ist die Energiemenge, die ein Elektron erhält, wenn es durch eine Potenzialdifferenz von einem Volt beschleunigt wird. Das ist ein Zungenbrecher, und wir laufen wieder Gefahr, zum Oberlehrer zu werden. Eine vertrauter klingende Formulierung lautet: Wenn Sie eine

9-Volt-Batterie haben und mit ihr einen kleinen Teilchenbeschleuniger aufbauen, könnten Sie einem Elektron damit neun Elektronenvolt Energie mitgeben. Das Elektronenvolt lässt sich durch Teilen mit c^2 (denken Sie an $E = mc^2$) in eine Masse verwandeln. In dieser angenehmeren Sprache hat das Wasserstoffatom eine kleinste Masse von 13,6 eV/c^2 weniger als die Masse des Protons (938.272.013 eV/c^2) und Elektrons (510.998 eV/c^2) zusammen (1 eV ist die Abkürzung für die Energie in Höhe von einem Elektronenvolt). Denken Sie daran, dass durch die Beibehaltung des Faktors c^2 »in den Einheiten« sich einfach herausfinden lässt, wieviel Energie in einem ruhenden Proton gespeichert ist. Da die Energie sich durch die Multiplikation der Masse mit c^2 ergibt, heben sich die c^2-Faktoren gerade auf und die Energie ist einfach 938.272.013 eV.

Denken Sie auch daran, dass die Masse des Wasserstoffatoms *kleiner*, also nicht größer als die Summe seiner Einzelteile ist. Es wirkt so, als ob das Atom etwas negative Energie in sich gespeichert hat. In diesem Zusammenhang haftet einer negativen Energie nichts Mysteriöses an: »Negativ gespeicherte Energie« heißt einfach, dass es Aufwand erfordert, ein Atom zu zerlegen; häufig wird der Begriff »Bindungsenergie« verwendet. Die nächstkleinere Masse eines Wasserstoffatoms ist um 10,2 eV/c^2 kleiner als die Summe seiner Bestandteile.[9] Die mysteriös klingende, häufig missverstandene Quantentheorie trägt ihren Namen tatsächlich wegen des Umstands, dass Massen wie diese in diskreten (»quantisierten«) Werten auftreten. Zum Beispiel gibt es kein Wasseratom, dessen Masse 2 eV/c^2 größer als die kleinste Masse ist. Das ist wirklich alles, was hinter dem Begriff »Quant« steckt. Die verschiedenen Massen entsprechen eigentlich

---

9 – Genau genommen stimmt das nicht. Es gibt eine weitere mögliche Masse, die nur 0,000.006 eV/c^2 oberhalb der kleinsten Masse liegt. Dieser winzige Unterschied ist sehr wichtig für Radioastronomen. Wir betrachten ihn hier als so nahe bei der kleinsten Masse liegend, dass er keinen Unterschied macht.

den Elektronen, die sich in verschiedenen Umlaufbahnen um den Atomkern befinden. Im Fall des Wasserstoffs besteht der Kern aus einem einzigen Proton.

Nichtsdestoweniger muss man mit der Vorstellung von Elektronenumlaufbahnen sehr vorsichtig sein, denn sie ähneln nicht wirklich den Planetenumlaufbahnen um die Sonne. Salopp gesagt ist bei dem Atom mit der kleinsten Masse das Elektron näher am Proton als bei dem Atom mit der zweitkleinsten Masse usw. Ist das Elektron im Wasserstoffatom so nah wie möglich beim Proton, befindet sich das Atom im »Grundzustand«; dann ist das Atom so leicht wie irgend möglich. Wenn Sie genau die richtige Energiemenge zuführen, springt das Elektron in die nächste verfügbare Umlaufbahn, und das Atom wird etwas schwerer, einfach weil etwas Energie hinzugekommen ist. In diesem Sinne ist das Zuführen von Energie bei einem Atom wie das Spannen der Feder bei einer Mausefalle.

All das wirft die Frage auf, woher wir so genau über das Wasserstoffatom Bescheid wissen. Sicherlich gehen wir nicht herum und messen diese winzigen Massenunterschiede mit Waagschalen. Das Herz der Quantentheorie ist eine Gleichung, die Schrödinger-Gleichung heißt. Sie können wir zur Vorhersage der Massen nutzen. Gemäß der Legende entdeckte Schrödinger die Gleichung, die eine der wichtigsten der modernen Physik ist, 1925/26 während eines Aufenthalts mit seiner Geliebten in den Alpen über Weihnachten und Neujahr. Wie er das seiner Ehefrau erklärte, wird selten in Physik-Lehrbüchern thematisiert. Uns bleibt nur die Hoffnung, dass Schrödingers Geliebte die Früchte seiner Anstrengungen genauso genossen hat wie die Generationen von Studierenden der Physik, die seine namengebende Gleichung auswendig können. Die Berechnung ist für ein Atom, das so einfach wie das Wasserstoffatom ist, nicht zu schwierig. Vielen Studierenden hat das einen prüfungsrelevanten Schein eingebracht. Aber mathematische Umformungen bedeuten nur wenig ohne Bestätigungen durch Experimente. Zum Glück sind die Folgen der Quantennatur atomarer Strukturen ziemlich einfach zu beobachten. Tatsächlich beobachten wir alle sie jeden Tag. Es gibt eine allgemeine Regel in der Quantentheorie, die ungefähr wie folgt lautet: Sich selbst überlassen wird ein massereicheres Ding sich in ein leichteres Ding verwandeln, wenn es irgendwie möglich ist. Dieses Konzept ist leicht zu verstehen. Wenn das Ding sich selbst überlassen bleibt, kann es zu keinem massereicheren Ding werden, weil keine Energie hinzukommt. Dagegen gibt es immer die Möglichkeit, dass das Ding etwas Energie verliert und leichter wird. Natürlich gibt es auch die dritte Option: Das Ding macht nichts und bleibt unverändert; manchmal ist das der Fall. Bezogen auf das Wasserstoffatom bedeutet das Gesagte, dass die schwerere Version schließlich etwas Masse verliert. Das macht sie, indem sie ein einzelnes Lichtteilchen ausstrahlt – das Photon, dem wir früher bereits begegnet sind. Zum Beispiel wird sich ein zweitleichtestes Wasserstoffatom irgendwann spontan in ein leichtestes Wasserstoffatom verwandeln, weil das Elektron seine Umlaufbahn ändert. Die überschüssige Energie wird durch ein Photon weggetragen.[10] Der umgekehrte Vorgang kann ebenfalls ablaufen. Ein zufällig in der Nähe befindliches Photon kann vom Atom absorbiert werden. Das Atom bekommt dadurch eine größere Masse, denn die absorbierte Energie befördert das Elektron in eine höhere Umlaufbahn.

Vielleicht die alltäglichste Art, Energie in Atome hineinzubekommen, ist das Erwärmen. Dadurch springen die Elektronen in höhere Umlaufbahnen und fallen nach und nach wieder unter Ausstrahlung eines Photons zurück auf die tiefere Umlaufbahn (das ist die Physik hinter einer Natriumdampfstraßenlampe). Die Photonen besitzen eine Energie, die genau gleich der Energiedifferenz zwischen zwei Umlaufbahnen ist. Wenn wir diese Photonen auffangen könnten,

---

10 – Die Energie, die das Photon mitnimmt, ist gleich 13,6 eV minus 10,2 eV, also 3,4 eV.

hätten wir einen direkten Zugang zur Struktur der Materie. Zum Glück fangen wir sie ständig auf, weil unsere Augen (mehr oder weniger) nichts anderes als Photonendetektoren sind. Die Energie der Photonen nehmen wir direkt als Farbe wahr. Das Azurblau eines mit Inseln gespickten tropischen Meeres, das kräftige Gelb von Van Goghs Sternen und das Rot Ihres Bluts sind direkte Messungen an der Quantenstruktur der Materie mit Ihren Augen. Der Ursprung der Farben, in denen heiße Gase leuchten, war eine der treibenden Kräfte für die Entdeckung der Quantentheorie am Übergang zum 20. Jahrhundert. Unsere Sprache erinnert durch den Namen des Gases, mit dem Partyballons gefüllt werden, an die Jahre, in denen Heerscharen von fleißigen Wissenschaftlern das Licht sorgfältig beobachteten – Licht, das von jedem und allem ausgestrahlt wird. Der Name des Gases »Helium« leitet sich nämlich von dem griechischen Wort »helios« ab, das »Sonne« bedeutet, denn die ersten Hinweise auf dieses Atom wurden 1868 im Licht der Sonne gefunden, als der französische Astronom Pierre Janssen eine Sonnenfinsternis beobachtete. So haben wir Helium also zunächst auf einem Stern entdeckt, bevor wir es auf der Erde fanden. Heute suchen Astronomen nach Hinweisen für Leben auf fernen Welten, indem sie die charakteristischen Fingerabdrücke des Sauerstoffs bei Sternen suchen, deren Licht durch die Atmosphären von Planeten scheint, die gerade vor ihrem Muttergestirn vorbeiziehen. Die Spektroskopie, so wird dieser Bereich der Wissenschaft genannt, ist ein mächtiges Werkzeug für die Erforschung des Universums von außen und innen.

Alle Atome in der Natur können verschiedene Energiestufen (oder Massen) annehmen, abhängig von der Position der Elektronen. Und da es außer im Wasserstoff in jedem Atom mehr als ein Elektron gibt, überdeckt das von ihnen abgestrahlte Licht alle Farben des Regenbogens und noch mehr – deshalb ist die Welt letztlich so bunt. Die Chemie ist grob gesagt der Bereich der Naturwissenschaften, der sich mit den Folgen befasst, wenn sich viele Atome sehr nahe kommen (aber nicht zu nahe). Wenn sich zwei Wasserstoffatome einander nähern, würden sich die Protonen gegenseitig abstoßen, weil sie dieselbe positive Ladung besitzen. Dass sie es nicht tun, liegt an dem Elektron im einen Atom, das das Proton im anderen Atom anzieht. Das Ergebnis ist daher eine optimale Anordnung, um zwei Atome aneinander zu binden und ein Wasserstoffmolekül zu erzeugen. Die Atome sind im selben Sinne gebunden wie das Elektron auf seiner Umlaufbahn um den Wasserstoffkern gebunden ist. Gebunden zu sein bedeutet einfach, dass es eine gewisse Anstrengung kostet, sie auseinanderzureißen, und »es kostet eine gewisse Anstrengung« ist eine saloppe Version der Formulierung, dass wir etwas Energie zuführen müssen. Wenn wir zusätzliche Energie brauchen, um das Molekül auseinanderzubrechen, dann folgt daraus, dass das Molekül masseärmer ist als die Summe der beiden ursprünglichen Wasserstoffatome – genauso wie das Wasserstoffatom masseärmer als die Summe der Massen seiner Bestandteile ist. In beiden Fällen kommt die Bindungsenergie wegen der elektromagnetischen Kraft ins Spiel. Dieser Kraft waren wir am Anfang des Buches begegnet.

Wer in der Schule mit einer Streichholzschachtel und einem unaufmerksamen Lehrer Zeit in einem Chemielabor verbracht hat, weiß, dass in chemischen Reaktionen manchmal Energie frei wird. Ein Kohlefeuer ist ein perfektes, schön kontrolliertes Beispiel; ein kleiner Stups mit einem brennenden Streichholz und Energie wird gleichmäßig über Stunden freigesetzt. Ein explodierender Dynamitstab setzt dieselbe Energie wie ein Kohlefeuer frei, wenngleich dramatisch schneller. Die Energie stammt nicht vom Streichholz beim Anzünden des Feuers bzw. der Lunte, sondern von der darin gespeicherten Energie. Das Resultat ist immer das gleiche: Die Summe der Massen der Reaktionsprodukte ist geringer als die Masse, mit der wir angefangen hatten, weil Energie verloren gegangen ist.

Ein abschließendes Beispiel soll dazu dienen, die Vorstellung der Energiefreisetzung durch chemische Reaktionen weiter zu veranschaulichen. Stellen Sie sich vor, dass Sie in einem Raum voller Wasserstoff- und Sauerstoffmoleküle sitzen. Wir wären in der Lage vollkommen normal zu atmen, so dass es auf den ersten Blick ziemlich sicher und bequem zu sein scheint, denn es bedarf Energie, um zwei als Molekül gebundene Wasserstoffatome auseinander zu ziehen. Das scheint nahezulegen, dass molekularer Wasserstoff eine stabile Substanz ist. Er lässt sich allerdings durch eine chemische Reaktion spalten, die eine eindrucksvolle Energiemenge erzeugt – in der Tat so eindrucksvoll, dass ein Gemisch aus Wasserstoff- und Sauerstoffgas als eine sehr gefährliche Sache gilt. Dieses »Knallgas« ist an der Luft hochentzündlich, ein winziger Funke genügt, um die Katastrophe auszulösen. In unserer neuentdeckten Sprache können wir den Vorgang etwas genauer analysieren. Nehmen Sie an, dass wir ein Gas aus Wasserstoffmolekülen (zwei gebundene Wasserstoffatome) mit einem Gas aus Sauerstoffmolekülen (zwei gebundene Sauerstoffatome) mischen. Womöglich werden Sie ziemlich nervös, wie Sie da im Raum sitzen und feststellen, dass die vereinte Masse von zwei Wasserstoffmolekülen und einem Sauerstoffmolekül *größer* als die gemeinsame Masse von zwei Wassermolekülen ist, von denen jedes aus zwei Wasserstoffatomen und einem Sauerstoffatom besteht. Mit anderen Worten: die vier Wasserstoffatome und die zwei Sauerstoffatome, die anfangs Moleküle waren, sind massereicher als zwei Teile H_2O. Die überschüssige Masse beträgt ungefähr 6 eV/c^2. Die Wasserstoff- und Sauerstoffmoleküle würden sich daher ziemlich gerne zu zwei Wassermolekülen umordnen. Der einzige Unterschied ist die Anordnung der Atome (und ihrer zugehörigen Elektronen). Auf den ersten Blick ist die Energiefreisetzung pro Molekül winzig, aber ein Raum voller Gas enthält größenordnungsmäßig 10^{26} Moleküle,[11] daher ergeben

11 – $10^1 = 10$, $10^2 = 100$ usw.
Also ist 10^{26} gleich 100.000.000.000.000.000.000.000.000 – und Sie verstehen, warum die handlichere Schreibweise erfunden wurde.

sich ungefähr zehn Millionen Joule an Energie – bei Weitem genug, um als Nebeneffekt die Moleküle neu anzuordnen, aus denen Sie bestehen. Wenn wir vorsichtig sind, werden wir zum Glück nicht eingeäschert. Denn obwohl die Endprodukte eine kleinere Masse als die Ausgangsprodukte haben, ist etwas Anstrengung erforderlich, sie – und ihre Elektronen – richtig anzuordnen. Es ist ein bisschen wie das Anschieben eines Busses an einer Felskante: Es erfordert zu Beginn einen gewissen Aufwand, aber wenn es läuft, gibt es kein Halten mehr. Deshalb wäre es unklug, ein Streichholz anzuzünden, denn dieses würde ausreichend viel Energie liefern, um die molekulare Neuanordnung auszulösen und die Wassererzeugung in Gang zu bringen.

Die Freisetzung chemischer Energie durch das Vermischen von Atomen oder die Freisetzung gravitativer Energie durch das Herumschieben massereicher Dinge (etwa riesiger Wassermengen in hydroelektrischen Kraftwerken) liefert unserer Zivilisation ein Mittel, um Energie zu erzeugen und nutzbar zu machen. Wir werden auch zunehmend versierter im Ernten der reichlich vorhandenen Quellen kinetischer Energie in der Natur. Wenn es windet, rasen Moleküle an uns vorbei. Diese wilde kinetische Energie können wir in nutzbare Energie umwandeln, indem wir den Molekülen ein Windrad in den Weg stellen. Die Moleküle prallen auf die Flügel des Windrades und werden dadurch abgebremst. Dabei geben sie ihre kinetische Energie an das Windrad weiter, das sich zu drehen beginnt (zufällig ist das ein weiteres Beispiel für die Impulserhaltung). Auf diese Weise wird die kinetische Energie des Windes in Rotationsenergie des Windrads umgewandelt, um wiederum einen Generator anzutreiben. Die Nutzung der Kraft des Meeres funktioniert auf ziemlich ähnliche Weise, außer dass es diesmal die kinetische Energie der Wassermoleküle ist, die in nutzbare Energie umgewandelt wird. Von einem relativistischen Standpunkt aus gesehen tragen alle Energieformen zur Masse bei. Stellen Sie sich eine riesige Kiste vor, in der Vögel herumfliegen. Sie könnten diese Kiste auf eine Waage stellen und wiegen, um so auf die Masse der Vögel plus Kiste zu schließen. Da die Vögel herumfliegen, haben sie etwas kinetische Energie. In der Folge wiegt die Kiste ein winziges bisschen mehr als wenn die Vögel alle schliefen.

Die bei chemischen Reaktionen freigesetzte Energie ist für unsere Zivilisation seit vorgeschichtlicher Zeit die wichtigste Energiequelle gewesen. Die Energiemenge, die sich aus einer bestimmten Menge an Kohle, Öl oder Wasserstoff gewinnen lässt, wird auf dem fundamentalsten Level durch die Stärke der elektromagnetischen Kraft bestimmt. Denn sie ist die Kraft, die die Stärke der Bindungen zwischen den Atomen und Molekülen festlegt, die in chemischen Reaktionen aufgebrochen und neu gebildet werden. Es gibt jedoch eine weitere Kraft in der Natur. Sie hat das Potenzial, erheblich mehr Energie für eine bestimmte Menge an Brennstoff zu liefern, einfach weil diese Kraft viel stärker ist.

Tief im Innern des Atoms befindet sich der Kern – ein Haufen aus Protonen und Neutronen, der durch die starke Kernkraft zusammengehalten wird. Da ein Atomkern durch diese Kraft zusammengehalten wird, erfordert es einen Aufwand, den Kern auseinanderzureißen, so wie es bei Atomen und Molekülen der Fall war. Daher ist die Masse des Atomkerns geringer als die der einzelnen Protonen und Neutronen, aus denen er besteht. Völlig analog zum Treiben bei chemischen Reaktionen können wir uns fragen, ob es möglich ist, Atomkerne so miteinander wechselwirken zu lassen, dass der Massenunterschied als nutzbare Energie ausgestrahlt wird. Chemische Bindungen zu lösen und die in ihnen steckende Energie freizusetzen kann im einfachsten Fall durch das Anzünden eines Streichholzes geschehen. Die in einem Atomkern gebundene Energie freizusetzen, ist dagegen eine völlig andere Sache. Er ist häufig schwer erreichbar, so dass für gewöhnlich eine clevere Ausrüstung erforderlich wird. Wenn auch nicht immer – es gibt Fälle, in denen die Kernenergie auf natürlichem Wege spontan frei wird. Das hat sehr wichtige, unvermutete Folgen für den Planeten Erde.

Das schwere Element Uran besitzt 92 Protonen und – in seiner stabilsten, natürlich vorkommenden Form – 146 Neutronen. In dieser Form hat es eine Halbwertszeit von etwa 4,5 Milliarden Jahre, was einfach bedeutet, dass nach 4,5 Milliarden Jahren die Hälfte der Atome in einem Klumpen Uran spontan in leichtere Dinge zerfallen sind und als Folge davon Energie freisetzen. Das schwerste dieser Dinge ist das Element Blei. In der Sprache von $E = mc^2$ teilt sich der Urankern in zwei kleinere Kerne, deren gesamte Masse etwas geringer als die Masse des ursprünglichen Kerns ist. Dieser Massenverlust offenbart sich als Kernenergie. Der Vorgang, bei dem ein schwerer Kern sich in zwei leichtere Kerne aufteilt, heißt Kernspaltung. Neben dem Uran mit den 146 Neutronen existiert eine weniger stabile natürlich vorkommende Form mit 143 Neutronen, die sich mit einer Halbwertszeit von 704 Millionen Jahren in eine andere Form von Blei aufspaltet. Dieses Element lässt sich dazu verwenden, das Gestein der Erde zu datieren – es ist fast so alt wie die Erde selbst: ungefähr 4,5 Milliarden Jahre.

Das Verfahren ist wunderbar einfach. Es gibt das Mineral Zirkon, das in seinem natürlichen Vorkommen Uran – aber kein Blei – in der Kristallstruktur eingelagert hat. Daher kann man davon ausgehen, dass alles in dem Mineral vorhandene Blei durch den radioaktiven Zerfall des Urans entstanden ist. Das ermöglicht es, die Bildung des Zirkons mit hoher Genauigkeit zu datieren, einfach durch Zählen der Bleikerne und mittels der bekannten Zerfallsrate des Urans. Die durch die Uranspaltung entstehende Wärme spielt ebenfalls eine entscheidende Rolle, um die Erde warm zu halten, und sie treibt die Plattentektonik an, durch die neue Gebirge entstehen. Ohne diesen Antrieb durch die Kernenergie würden die Landmassen aufgrund der natürlichen Erosion langsam im Meer verschwinden. Wir werden ansonsten nichts zur Kernspaltung sagen. Nun ist es an der Zeit, den Atomkern genauer anzuschauen und etwas mehr über die in ihm gespeicherte Energie und den anderen wichtigen Prozess zu erfahren, der die Freisetzung dieser Energie erleichtert: die Kernfusion.

Nehmen Sie zwei Protonen (diesmal sind keine Elektronen in der Nähe, so dass wir keine Möglichkeit haben, sie zu einem Wasserstoffmolekül zusammenzusetzen). So allein gelassen würden die beiden Protonen in entgegengesetzte Richtungen auseinanderfliegen, weil beide eine positive elektrische Ladung tragen. Also erscheint der Versuch ziemlich zwecklos, sie näher zusammenzuschieben. Lassen Sie uns trotzdem annehmen, dass wir die Protonen näher zusammenschieben, um zu untersuchen, was dann passiert. Eine Möglichkeit, um das zu erreichen, ist, die Protonen mit zunehmender Geschwindigkeit aufeinander zu schleudern. Je mehr sich die Protonen einander annähern, desto größer wird die abstoßende Kraft zwischen ihnen. Tatsächlich verdoppelt sich ihre Stärke bei Halbierung ihrer Entfernung voneinander. Daher scheinen unsere Protonen immer dazu verdammt zu sein, auseinandergetrieben zu werden. Dem wäre gewiss so, wenn die elektrische Abstoßung die einzige Kraft in der Natur wäre. Man muss jedoch auch noch mit der starken und der schwachen Kraft fertigwerden. Wenn die Protonen einander so nahe kommen, dass sie sich fast berühren (Protonen sind keine festen Kugeln, so dass wir uns die Protonen sogar als überlappend vorstellen können), dann geschieht etwas sehr Bemerkenswertes. Nicht immer, aber manchmal verwandelt sich eines der beiden Protonen bei starker Annäherung spontan in ein Neutron, und die überschüssige positive elektrische Ladung (das Neutron ist elektrisch neutral, daher sein Name) wird als ein Positron genanntes Teilchen abgeworfen. Positronen sind identisch mit Elektronen, außer dass sie positiv geladen sind. Zudem wird ein Neutrino genanntes Teilchen abgestrahlt. Im Vergleich zu Proton und Neutron, die sehr ähnliche Massen aufweisen, sind Positron und Neutrino sehr leicht – die beiden zischen weg in den Sonnenuntergang und lassen Proton und Neutron zurück. Die Details dieses Umwandlungsprozesses lassen sich mit der Theorie der schwachen Wechselwirkung sehr gut verstehen. Diese Theorie wurde in der zweiten Hälfte des 20. Jahrhunderts von den Teilchenphysikern entwickelt. Im nächsten Kapitel werden wir darstellen, wie sie funktioniert. Für den Moment müssen wir nur wissen, dass der Prozess auftreten kann und dass er tatsächlich auftritt. Ohne die elektrische Abstoßung können Proton und Neutron unter dem Einfluss der starken Kernkraft zusammenkuscheln. Ein so zusammengebundenes Proton und Neutron nennt man Deuteron, und den Prozess der Umwandlung eines Protons in ein Neutron unter Aussendung eines Positrons (oder umgekehrt unter Aussendung eines Elektrons, was ebenfalls passieren kann) heißt radioaktiver Beta-Zerfall.

Wie passt das alles zu unserem Verständnis von Energie? Die beiden ursprünglichen Protonen haben jeweils die Masse 938,3 MeV/c^2. 1 MeV ist gleich 1 Million eV (das »M« steht für »Mega« bzw. »Million«). Die Umwandlung von MeV/c^2 in Kilogramm ist einfach: 938,3 MeV/c^2 entspricht einer Masse von $1{,}673 \cdot 10^{-27}$ Kilogramm.[12] Die ursprünglichen beiden Protonen haben eine Gesamtmasse von 1876,6 MeV/c^2. Das Deuteron hat eine Masse von 1875,6 MeV/c^2; die restliche Energie in Höhe von 1 MeV entfällt auf das Positron und das Neutrino, wobei die Erzeugung des Positrons ungefähr die Hälfte erfordert, weil dieses eine Masse von rund ½ MeV/c^2 hat (Neutrinos dagegen haben fast überhaupt keine Masse). Wenn sich also zwei Protonen in ein Deuteron verwandeln, wird ein relativ winziger Teil (rund 1/40 eines Prozents) der Gesamtmasse zerstört und in die kinetische Energie des Positrons und des Neutrinos umgewandelt.

Quetscht man zwei Protonen zu einem Deuteron zusammen, ist dies eine Möglichkeit, Energie freizusetzen, die in der starken Kraft gebunden ist. Es ist ein Beispiel für die Kernfusion. Mit dem Begriff

---

12 – $10^{-1} = 0{,}1$ $10^{-2} = 0{,}01$ usw. Also hat 10^{-27} sechsundzwanzig Nullen nach dem Komma.

»Fusion« wird jeder Vorgang beschrieben, bei dem durch das Verschmelzen von zwei oder mehr Atomkernen Energie frei wird. Im Gegensatz zur Energie, die in einer chemischen Reaktion freigesetzt wird (die ja eine Folge der elektromagnetischen Kraft ist), steckt in der starken Kernkraft eine gewaltige Bindungsenergie. Vergleichen Sie zum Beispiel das ½ MeV, das bei der Bildung des Deuterons freigesetzt wird, mit den 6 eV, die bei der Wasserstoff-Sauerstoff-Explosion frei werden. Merke: Die bei der Kernfusion freigesetzte Energie ist typischerweise eine Million Mal größer als die Energie, die bei einer chemischen Reaktion freigesetzt wird. Der Grund, warum Kernfusionen hier auf der Erde nicht ständig Teil unserer Alltagserfahrung sind, liegt an der Reichweite der starken Kraft: Sie wirkt nur über kurze Distanzen. Deshalb kommt es nur zur Kernfusion, wenn die Bestandteile sehr eng beisammen sind. Die starke Kraft nimmt sehr rasch ab, wenn die Distanzen größer als ein Femtometer werden (was ungefähr der Größe eines Protons entspricht). Aber wegen der elektromagnetischen Abstoßung ist es nicht einfach, Protonen auf solche geringen Distanzen zusammenzubringen. Eine Möglichkeit sind extrem schnelle Protonen, was wiederum eine sehr hohe Temperatur erfordert, denn die Temperatur ist ja im Wesentlichen nichts anderes als ein Maß für die durchschnittliche Geschwindigkeit der Dinge; die Moleküle in einer Tasse mit heißem Wasser wackeln stärker herum als die Moleküle in einem kühlen Glas Bier. Um eine Kernfusion zu starten, sind mindestens etwa zehn Millionen Grad Celsius erforderlich, besser deutlich mehr. Zum Glück gibt es Orte im Universum, wo die Temperaturen die Werte für die Kernfusion erreichen oder gar übertreffen – tief im Innern der Sterne.

Lassen Sie uns in der Zeit zurückreisen in die Phase des dunklen Universums, weniger als eine halbe Milliarde Jahre nach dem Urknall, als es im All nur Wasserstoff, Helium und einen Hauch von leichteren chemischen Elementen gab. Während das Universum sich langsam weiter ausdehnte und dabei abkühlte, fiel das ursprüngliche

Gas unter dem Einfluss der Gravitation zu Klumpen in sich zusammen. Dabei wurde es schneller, genauso wie dieses Buch Richtung Boden beschleunigt wird, wenn Sie es fallen lassen. Bewegen sich Wasserstoff und Helium schneller, bedeutet das, dass sie wärmer werden. Also wurden die großen Gaskugeln immer heißer und dichter. Bei einer Temperatur von 10.000 Grad Celsius wurden die Elektronen von ihren Umlaufbahnen um den Atomkern gerissen, so dass ein Gas aus Protonen und Elektronen entstand, das als Plasma bezeichnet wird. Die einzelnen Elektronen und Protonen stürzten unaufhaltsam nach innen, immer schneller werdend, in einem unerbittlichen, beschleunigten Kollaps. Rettung von diesem scheinbar unwiederbringlichen Sturz erfuhr das Plasma erst, als die Temperatur sich den zehn Millionen Grad Celsius näherte. Dann geschieht etwas sehr Wichtiges, etwas, das die heiße Kugel aus Protonen und Elektronen in das Leben und Licht des Universums überführt: in eine prächtige Quelle nuklearer Energie, in einen Stern. Einzelne Protonen verschmelzen zu Deuteronen, die wiederum mit einem weiteren Proton zu Helium verschmelzen. Während der ganzen Zeit wird wertvolle Bindungsenergie frei. Auf diese Weise verwandelt der neue Stern langsam einen kleinen Bruchteil seiner ursprünglichen Masse in Energie, die dann sein Zentrum aufheizt. So kann der Stern den gravitativen Kollaps für mindestens einige Jahrmilliarden zum Stillstand bringen – Zeit genug, um kühle Gesteinsplaneten zu erwärmen, Wasser fließen, Tiere sich entwickeln und Zivilisationen entstehen zu lassen.

Unsere Sonne ist ein Stern, der sich aktuell in dieser komfortablen mittleren Lebensphase befindet: Sie verbrennt Wasserstoff zu Helium. Dabei verliert sie in jeder Sekunde vier Millionen Tonnen Masse – tagaus, tagein, Jahrhundert für Jahrhundert –, während sie jede Sekunde 600 Millionen Tonnen Wasserstoff in Helium verwandelt. Diese Verschwendung, die Basis unserer Existenz, kann nicht auf ewig weitergehen, selbst nicht für unsere hiesige Plasmakugel, die so groß ist, dass eine Million Erdbälle in sie passen würden. Was passiert also, wenn einem Stern der Wasserstoffvorrat im Zentrum ausgeht? Ohne den nach außen gerichteten Druck der nuklearen Energiequelle wird der Stern erneut kollabieren und dabei heißer und heißer werden. Schließlich beginnt bei einer Temperatur um 100 Millionen Grad Celsius das Helium zu verbrennen, so dass der Kollaps des Sterns wieder zur Ruhe kommt. Wir verwenden das Wort »brennen«, aber es ist nicht wirklich präzise. Was wir tatsächlich damit meinen, ist die ablaufende Kernfusion. Die Nettomasse der Endprodukte ist also geringer als die Masse des ursprünglichen Fusionsmaterials, und der Massenverlust führt zur Energieerzeugung gemäß $E = mc^2$.

Es lohnt sich, den Vorgang des Heliumbrennens genauer zu betrachten. Wenn zwei Heliumkerne verschmelzen, entsteht eine besondere Form von Beryllium, das aus vier Protonen und vier Neutronen besteht. Diese Form heißt Beryllium-8 und existiert nur für eine Zehnmillionstel Milliardstel Sekunde, bevor sie wieder in zwei Heliumkerne zerfällt. Die flüchtige Existenz von Beryllium-8 macht es sehr unwahrscheinlich, dass es lange genug existiert, um mit etwas Weiterem zu verschmelzen. In der Tat würde das ohne helfende Hand fast immer unterbleiben, so dass der Weg zur Herstellung schwererer Elemente in den Sternen versperrt bliebe. Doch 1953, als das Verständnis der Kernphysik in Sternen noch ganz am Anfang stand, erkannte der Astronom Fred Hoyle, dass in den Sternen Kohlenstoff entstehen musste, egal was die Kernphysik besagte, denn Hoyle sah keinen anderen Ort im Universum, wo der Kohlenstoff sonst entstehen könnte. Ausgehend von seiner klugen Beobachtung überlegte er, dass der Vorgang nur ablaufen konnte, wenn es eine etwas massereichere Form des Kohlenstoffatomkerns gibt. Dieser könnte sehr rasch aus der Fusion des kurzlebigen Beryllium-8 und eines dritten Heliumkerns entstehen. Damit die Theorie funktionierte, errechnete Hoyle, musste der schwere Kohlenstoff 7,7 MeV/c^2 massereicher als der gewöhnliche Kohlenstoff sein. Wenn diese neue Form des Kohlenstoffs im Stern entstünde, würde sich der Weg zu den schwereren

Elementen auftun. Damals war diese Form des Kohlenstoffs unbekannt, aber angeregt durch Hoyles Vorhersage machten sich Wissenschaftler umgehend auf die Suche nach ihr. Es war nur eine Sache von Tagen, nachdem Hoyle seine Vorhersage getroffen hatte, dann bestätigten Physiker des Kellogg Laboratory am Caltech diese Prognose zweifelsfrei. Das ist eine bemerkenswerte Geschichte, nicht zuletzt durch die Art, wie sie uns dabei hilft, an unser Verständnis vom Funktionieren der Sterne zu glauben: Es gibt keine bessere Rechtfertigung für eine schöne Theorie als die experimentelle Bestätigung einer Vorhersage.

Heute haben wir sehr viel mehr Beweise, die die Theorie der stellaren Entwicklung stützen. Ein augenfälliges Beispiel beruht auf der Untersuchung der Neutrinos, die jedes Mal entstehen, wenn sich im Fusionsprozess ein Proton in ein Neutron verwandelt. Neutrinos sind geisterhafte Teilchen, die fast nie mit irgendwas wechselwirken. Daher strömen die meisten von ihnen gleich nach der Entstehung ungehindert aus der Sonne. Der Neutrinofluss ist so groß, dass etwa 100 Milliarden von ihnen pro Sekunde durch jeden Quadratzentimeter der Erde gehen. Diese Aussage lässt sich leicht lesen, aber man kann sie sich nur schwer vorstellen. Halten Sie Ihre Hand vor sich hin und blicken Sie auf Ihren Daumennagel. In jeder Sekunde werden 100 Milliarden subatomare Teilchen aus dem Innern unseres Sterns durch den Nagel gehen. Zum Glück für uns gehen die Neutrinos fast immer durch unsere Hand und sogar durch die ganze Erde hindurch, als ob sie nicht existierte. Nur in seltenen Fällen tritt ein Neutrino in Wechselwirkung, so dass der Trick im Bau von Experimenten besteht, die solche seltenen Ereignisse erfassen können. Das Experiment Super-Kamiokande, tief im Innern der Mozumi-Mine nahe der japanischen Stadt Hida, ist auf diese Herausforderung vorbereitet. Super-Kamiokande ist ein gewaltiger Zylinder mit 40 Meter Durchmesser und 40 Meter Höhe, der 50.000 Tonnen reines Wasser enthält und von mehr als 10.000 Fotomultiplier-Röhren umgeben ist. Sie sind in der Lage, die sehr schwachen Lichtblitze nachzuweisen, die beim Zusammenstoß eines Neutrinos mit einem Elektron des Wassers entstehen. In der Folge kann das Experiment die Neutrinos sehen, die der Sonne entströmen, und die Zahl der ankommenden Teilchen steht in Übereinstimmung mit den theoretischen Erwartungen, dass die Neutrinos das Resultat eines Fusionsprozesses im Innern der Sonne sind.

Schließlich wird der Stern seinen Nachschub an Helium erschöpft haben und erneut kollabieren. Wenn die Zentraltemperatur 500 Millionen Grad Celsius übersteigt, wird es möglich, Kohlenstoff zu verbrennen und eine Vielfalt an schwereren Elementen bis hin zum Eisen zu erzeugen, dem Endpunkt der Fusion im Sterninnern. Elemente, die noch schwerer als Eisen sind, lassen sich dort nicht durch Fusion erzeugen, weil es eine Gesetzmäßigkeit der immer geringeren Erträge gibt: Für einen massereicheren Kern als Eisen kann die Fusion mit einem anderen Kern keine Energie mehr freisetzen. Mit anderen Worten: das Hinzufügen von Protonen oder Neutronen zu einem Eisenkern macht ihn nur schwerer (nicht leichter, wie es für den Fusionsvorgang als Energiequelle erforderlich wäre). Atomkerne schwerer als Eisen ziehen es dagegen vor, Protonen oder Neutronen zu verlieren, wie wir bereits im Fall des Urans gesehen haben. In diesen Fällen ist die Gesamtmasse der Produkte geringer als die Masse der ursprünglichen Kerne – und daher wird Energie frei, wenn sich ein schwerer Atomkern spaltet. Eisen ist der Spezialfall. Es ist sozusagen der optimale Kern, was bedeutet, dass Eisen außerordentlich stabil ist.

Wenn einem Stern keine andere Energiequelle mehr zur Verfügung steht, um das Unvermeidliche zu verhindern, dann gibt es kein Zurück mehr. Ein Stern mit einem Eisenkern ist wirklich so ein Fall – die Gravitation nimmt ihre unnachgiebige Arbeit wieder auf. Es gibt nun nur noch eine letzte Möglichkeit für den Stern, einen völligen Kollaps zu verhindern. Er wird so dicht, dass sich die Elektronen, die einfach so herumgammeln, seitdem sie den Wasserstoffatomen während der Sternentstehung entrissen worden sind, dem weiteren Kollaps widersetzen. Der Grund ist das Pauli-Prinzip. Das ist ein wichtiges Prinzip der Quantentheorie und ist entscheidend für die Stabilität und den Aufbau der Atome. Grob formuliert besagt es, dass es eine Grenze gibt, wie dicht sich Elektronen zusammenbringen lassen. In einem dichten Stern üben die Elektronen einen nach außen gerichteten Druck aus. Dieser wächst, wenn der Stern kollabiert, bis der Druck schließlich so groß ist, dass er jeden weiteren Gravitationskollaps verhindern kann. Wenn das geschieht, ist der Stern in einem geschwächten, aber langlebigen Zustand gefangen. Er hat keinen Brennstoff mehr (deshalb kollabierte er zunächst), aber er kann wegen des Elektronendrucks nicht weiter kollabieren. So einen Stern nennt man einen Weißen Zwerg: ein langsam schwächer werdendes Denkmal eines hoffnungslos geschwächten Riesen – der einst helle Erzeuger der Elemente des Lebens, zusammengepresst in einen Überrest von der Größe eines kleinen Planeten. Nach einer Zeitspanne, die viel länger als das Alter des heutigen Universums ist, werden die Weißen Zwerge soweit abgekühlt sein, dass sie nicht mehr zu sehen sind. Wenn wir über die unvermeidliche Entwicklung des Universums vom Licht zur Finsternis nachdenken, von der nicht mal die Sterne verschont bleiben, erinnert uns das an ein schönes Bild, das Georges Lemaître, der Begründer der Urknalltheorie, entworfen hat: »Die Entwicklung des Universums kann mit einem Feuerwerk verglichen werden, das gerade endete: einige wenige Irrlichter, Asche und Rauch. Während wir auf einer gut gekühlten Schlacke stehen, sehen wir die Sonnen verblassen und versuchen uns an den verschwundenen Glanz der Ursprünge der Welten zu erinnern.«

Im gesamten Buch ist es unser Ziel gewesen, sorgfältig zu erklären, warum die Dinge sind wie sie sind, und dafür nach und nach Argumente und Belege zu liefern. Unsere Beschreibung, wie ein Stern funktioniert, mag abstrus klingen, denn wir sind gewiss von unserem vorsichtigen, erklärenden Stil abgewichen. Sie könnten sogar einwerfen, dass wir nicht sicher sein können, wie Sterne funktionieren, weil direkte Laborexperimente an ihnen unmöglich sind. Aber daran liegt es nicht, dass wir das Thema so kurz dargestellt haben. Wir waren so kurz angebunden, weil es uns zu weit weg vom eigentlichen Thema brächte, wenn wir mehr ins Detail gingen. Hoyles bemerkenswerte Arbeit und der Erfolg von Experimenten wie Super-Kamiokande müssen als Belege genügen – nebst einer letzten schönen Vorhersage, die der indische Physiker Subrahmanyan Chandrasekhar machte. Anfang der 1930er sagte er – ausschließlich auf der Basis bereits gut etablierter Physik – die Existenz einer größten möglichen Masse für einen (nicht rotierenden) Weißen Zwerg vorher. Chandrasekhar schätzte die größte Masse ursprünglich auf etwa eine Sonnenmasse (d. h. die Masse der Sonne). Verbesserte Berechnungen führten später zu einem Wert von 1,4 Sonnenmassen. Zu Chandrasekhars Zeiten hatte man nur eine Handvoll Weiße Zwerge beobachtet. Inzwischen sind rund 10.000 Weiße Zwergsterne entdeckt worden, die typischerweise eine Masse ähnlich der Sonne haben. Kein einziger hat eine Masse, die Chandrasekhars Maximalwert überschreitet. Es ist eine der wahren Freuden der Physik, dass Gesetze, die in einem abgedunkelten Labor auf der Erde entdeckt wurden, im gesamten Universum gelten. Chandrasekhar nutzte eben diese Allgemeingültigkeit aus, um seine Vorhersage zu treffen. Für seine Arbeit erhielt er 1983 den Nobelpreis. Die Bestätigung seiner Vorhersage ist ein weiterer Beitrag zu den Anhaltspunkten, wegen denen Physiker sehr zuversichtlich sind, dass sie wirklich wissen, wie Sterne funktionieren.

Ist es das Schicksal aller Sterne, als Weißer Zwerg zu enden? Das im vorigen Absatz Gesagte legt das nahe, aber das war nicht die ganze Geschichte. Darauf hatte es auch einen Hinweis gegeben. Wenn es niemals einen Weißen Zwerg mit einer Masse größer als 1,4 Sonnenmassen gibt, was geschieht dann mit Sternen, die schwerer sind? Vernachlässigen wir die Möglichkeit, dass massereiche Sterne

Materie abstoßen können, um es unter die Chandrasekhar-Grenze zu schaffen, dann gibt es noch zwei Alternativen. In beiden Fällen führt die große Anfangsmasse dazu, dass die Elektronen sich schließlich fast mit Lichtgeschwindigkeit bewegen, wenn der Kollaps weitergeht. Wenn das passiert, dann gibt es kein Entrinnen mehr; der Druck der Elektronen wird niemals ausreichend groß, um der Schwerkraft zu widerstehen. Für solche massereichen Sterne ist der nächste Halt ein Neutronenstern, indem die Kernfusion ein letztes Mal eingreift. Die Protonen und Elektronen bewegen sich so schnell, dass sie an einen Punkt kommen, an dem sie ausreichend Energie haben, um zu Neutronen zu verschmelzen. Diese Reaktion ist die Umkehrung des radioaktiven Beta-Zerfalls, bei dem ein Neutron spontan in ein Proton und ein Elektron zerfällt und dabei ein Neutrino aussendet. Auf diese Weise werden alle Protonen und Elektronen nach und nach in Neutronen umgewandelt, bis der Stern eine Kugel aus Neutronen ist. Die Dichte eines Neutronensterns ist phänomenal: Ein einziger Teelöffel der Neutronensternmaterie wiegt mehr als ein Berg. Neutronensterne sind Sterne, die massereicher als unsere Sonne sind, aber auf die Größe einer Stadt komprimiert wurden.[13] Viele der bekannten Neutronensterne rotieren mit phänomenalen Raten um ihre eigene Achse und schießen wie kosmische Leuchttürme enge Strahlenbündel ins All. Solche Sterne heißen Pulsare; sie sind wahrlich Wunder des Universums. Einige bekannte Pulsare haben fast die doppelte Masse unserer Sonne, einen Durchmesser von nur 20 Kilometer und rotieren mehr als 500-mal pro Sekunde um die eigene Achse. Stellen Sie sich die Gewalt der Kräfte auf so

13 – Die maximale Masse eines Neutronensterns lässt sich auf ähnliche Weise abschätzen wie die Chandrasekhar-Grenze als größtmögliche Masse eines Weißen Zwergs – indem man annimmt, dass die Neutronen so lange einen Neutronenstern stabilisieren können, bis sie sich fast mit Lichtgeschwindigkeit bewegen.

einem Objekt vor. Wir haben Wunder entdeckt, die unser Vorstellungsvermögen sprengen.

Jenseits der Neutronensterne erwartet die massereichsten Sterne ein finales Schicksal. Genauso wie die Elektronen in den Weißen Zwergen sich der Lichtgeschwindigkeit nähern können, können sich Neutronen in einem Neutronenstern der Grenze nähern, die Einstein ihnen auferlegt hat. Wenn dies geschieht, kann keine bekannte Kraft mehr den vollständigen Kollaps abwenden. Der Stern ist dazu bestimmt, zum Schwarzen Loch zu werden. Heute ist unser Verständnis der Physik von Raum und Zeit im Innern eines Schwarzen Loches unvollständig. Wie wir im Schlusskapitel sehen werden, verzerrt die Anwesenheit einer Masse die Raumzeit; sie ist dann keine Minkowski-Raumzeit mehr, die uns so vertraut geworden ist. Im Fall eines Schwarzen Loches ist diese Verzerrung so extrem, dass nicht mal Licht der Umklammerung entkommen kann. In solchen seltsamen Umgebungen brechen die physikalischen Gesetze zusammen, wie wir sie derzeit kennen. Herauszufinden, wie es weitergeht, ist eine der großen Herausforderungen der Physik des 21. Jahrhunderts. Erst dann werden wir in der Lage sein, die Geschichte der Sterne zu vervollständigen.

KAPITEL 7

Der Ursprung der Masse

Die Entdeckung von $E = mc^2$ markiert einen Wendepunkt in der Art, wie Physiker die Energie betrachten, denn diese Entdeckung lehrte uns, dass es einen gewaltigen verborgenen Energiespeicher in der Masse selbst gibt. Dabei handelt es sich um einen viel größeren Energievorrat als alles, was wir uns zuvor vorzustellen wagten: Die in der Masse eingesperrte Energie eines einzigen Protons liegt fast eine Milliarde Mal höher als das, was in einer typischen chemischen Reaktion freigesetzt wird. Auf den ersten Blick scheinen wir eine Lösung für die Energieprobleme der Welt gefunden zu haben, die langfristig wahr werden könnte. Aber da gibt es ein Haar in der Suppe, und zwar ein langes: Es ist sehr schwierig, Masse vollständig zu zerstören. Im Fall der Kernspaltung in einem Atomkraftwerk wird tatsächlich nur ein winziger Teil des ursprünglichen Brennstoffs vernichtet, der Rest wird in leichtere Elemente umgewandelt, von denen einige sehr giftige Abfallprodukte sind. Selbst bei der Sonne sind Fusionsprozesse bemerkenswert ineffizient bei der Umwandlung von Masse in Energie. Und das liegt nicht nur daran, dass der Anteil der zerstörten Masse sehr klein ist: Für ein bestimmtes Proton ist die Wahrscheinlichkeit äußerst gering, dass es an einer Fusion beteiligt ist, weil der Anfangsschritt – die Umwandlung eines Protons in ein Neutron – ein unglaublich seltenes Ereignis ist. Es ist tatsächlich so selten, dass es im Durchschnitt etwa fünf Milliarden Jahre dauert, bevor ein Proton im Sonnenzentrum mit einem anderen Proton zu einem Deuteron verschmilzt und dadurch die Energiefreisetzung auslöst. Eigentlich würde der Prozess nie auftreten, wenn da nicht der Umstand wäre, dass die Quantentheorie bei diesen kleinen Entfernungen regiert: In der Weltanschauung vor der Quantentheorie war die Sonne einfach nicht heiß genug, um die Protonen so dicht zusammenzubringen, dass die Fusion stattfinden kann. Sie hätte rund 1000-mal heißer sein müssen als ihre aktuelle Zentraltemperatur von zehn Millionen Grad Celsius. Als der britische Physiker Sir Arthur Eddington 1920 als Erster vorschlug, dass die Kernfusion die Energiequelle der Sonne sein könnte, wurde er rasch auf dieses potenzielle Problem seiner Theorie hingewiesen. Eddington war sich jedoch ziemlich sicher, dass die Fusion von Wasserstoff zu Helium die Energiequelle war und dass eine Antwort auf das Rätsel der niedrigen Temperatur bald gefunden werden würde. »Das Helium, mit dem wir umgehen, muss irgendwann und irgendwo zusammengesetzt worden sein«, sagte er. »Wir diskutieren nicht mit dem Kritiker, der anmahnt, dass die Sterne nicht heiß genug für diesen Prozess sind; wir sagen ihm, dass er nach einem heißeren Ort suchen soll.«

Die Umwandlung von Protonen in Neutronen ist so schwerfällig, dass die Sonne pro Kilogramm mehrere tausend Mal ineffizienter bei der Umwandlung von Masse in Energie ist als der menschliche Körper. Ein Kilogramm der Sonne erzeugt durchschnittlich nur 1/5000 Watt Leistung, wohingegen der menschliche Körper typischerweise etwas mehr als ein Watt pro Kilogramm schafft. Natürlich ist die Sonne sehr massereich, was die relative Ineffizienz mehr als ausgleicht.

In diesem Buch betonen wir eifrig, dass die Natur nach Gesetzen funktioniert. Daher dürfte es nicht zu aufregend sein, dass eine Gleichung wie $E = mc^2$ uns nur sagt, was *möglicherweise* geschehen *könnte*. Es gibt einen himmelweiten Unterschied zwischen unseren Vorstellungen und dem, was tatsächlich geschieht. Auch wenn wir die Möglichkeiten von $E = mc^2$ aufregend finden, müssen wir noch verstehen, wie es die physikalischen Gesetze ermöglichen, aus zerstörter Masse Energie zu gewinnen. Gewiss verleiht uns die Logik der Gleichung nicht das Recht, Masse beliebig in Energie umzuwandeln.

Eine der wundervollen Entwicklungen in der Physik in den vergangenen rund hundert Jahren war die Erkenntnis, dass wir anscheinend nur eine Handvoll Gesetze benötigen, um so ziemlich die ganze Physik zu erklären – zumindest im Prinzip. Newton schien dieses Ziel erreicht zu haben, als er die Bewegungsgesetze im 17. Jahrhundert aufschrieb. Denn in den folgenden 200 Jahren gab es wenige wissenschaftliche Hinweise, dass es anders ist. Newton war in dieser Hinsicht jedoch ziemlich bescheiden. Er sagte einst: »Ich war wie ein Junge, der an der Küste spielte und sich selbst damit beschäftigte, ab und zu einen glatteren Kieselstein oder eine schönere Muschel zu finden als die üblichen, während der große Ozean der Wahrheit völlig unentdeckt vor mir lag.« Das illustriert wunderbar das bescheidene Wunder, das aus der Beschäftigung mit der Physik erwachsen kann. Angesichts der Schönheit der Natur scheint es kaum notwendig zu sein, wenn nicht sogar vermessen, Anspruch auf die Entdeckung der endgültigen Theorie zu erheben. Trotz dieser angemessenen philosophischen Bescheidenheit mit Blick auf den wissenschaftlichen Anspruch hat die Weltanschauung in der Zeit nach Newton bestätigt, dass alles aus kleinen Teilen bestehen könnte, die artig den von Newton formulierten Bewegungsgesetzen gehorchen. Es gab zugegebenermaßen ein paar offensichtlich unbeantwortete, nachgeordnete Fragen: Wie halten die Dinge *wirklich* zusammen? Woraus bestehen die winzigen kleinen Teilchen *wirklich*? Aber nur wenige Menschen bezweifelten, dass Newtons Theorie im Zentrum von allem ruhte – den Rest hielt man für eine Ergänzung in Details. Im Verlauf des 19. Jahrhunderts gelang es jedoch, neue Phänomene zu untersuchen, die sich der Beschreibung mit der Newton'schen Physik widersetzten und schließlich die Tür für Einsteins Relativitäts- und die Quantentheorie öffneten. Newtons Physik wurde widerlegt, genauer: als eine Näherung im Rahmen eines akkurateren Naturverständnisses erkannt, und hundert Jahre danach sitzen wir hier erneut und ignorieren womöglich die Lektion der Geschichte, wenn wir behaupten, dass wir (fast) eine Theorie aller Naturphänomene gefunden haben. Wir könnten sehr wohl falsch liegen – und das wäre keine schlimme Sache. Man sollte daran denken, dass nicht nur wissenschaftliche Hybris sich in der Vergangenheit als Torheit herausgestellt hat. Auch die Vorstellung, irgendwie wüssten wir genug über das Funktionieren der Natur oder gar alles, was es zu wissen gibt, hat sich als schädlich für den menschlichen Geist erwiesen und wird es womöglich auch künftig tun. Während einer öffentlichen Vorlesung im Jahr 1810 brachte Humphry Davy es wunderbar auf den Punkt: »Nichts ist so verhängnisvoll für die Entwicklung des menschlichen Verstands wie die Annahme, dass unsere wissenschaftliche Weltsicht endgültig sei; dass es keine neuen Rätsel in der Natur gibt; dass unser Erfolg vollständig ist; und dass es keine neuen Welten zum Erobern gibt.«

Womöglich ist die ganze uns bekannte Physik nur die Spitze des Eisbergs, oder vielleicht nähern wir uns wirklich einer »Weltformel« an. Was auch immer der Fall ist, eines ist gewiss: Wir haben aktuell eine Theorie, die nachweislich gilt – aufgrund einer enormen, akribischen Anstrengung durch tausende Wissenschaftler auf der Welt. Diese Theorie funktioniert für eine sehr breite Spanne an Phänomenen. Es ist eine erstaunliche Theorie, denn sie vereint so viel, und dennoch lässt sich ihre zentrale Gleichung auf die Rückseite eines Briefumschlags schreiben.

$$\begin{aligned} L = & -\tfrac{1}{4}W_{\mu\nu}W^{\mu\nu} - \tfrac{1}{4}B_{\mu\nu}B^{\mu\nu} - \tfrac{1}{4}G_{\mu\nu}G^{\mu\nu} \\ & + \overline{\psi}_j\gamma^\mu (i\partial_\mu - g\tau_j \cdot W_\mu - g'Y_jB_\mu - g_s\mathbf{T}_j \cdot \mathbf{G}_\mu)\,\psi_j \\ & + |D_\mu\phi|^2 + \mu^2|\phi|^2 - \lambda|\phi|^4 \\ & - (y_j\overline{\psi}_{jL}\phi\psi_{jR} + y'_j\overline{\psi}_{jL}\phi_c\psi_{jR} + \mathit{Konjugierte}) \end{aligned}$$

Formel 7.1

Wir werden diese zentrale Gleichung die Mastergleichung nennen. Sie steht im Zentrum des heutigen Standardmodells der Teilchenphysik. Obwohl die Gleichung wohl nur wenigen Lesern auf den ersten Blick etwas sagt, können wir nicht widerstehen, sie hier zu zeigen.

Natürlich wissen nur Physiker, die in diesem Themenbereich arbeiten, was in dieser Gleichung im Detail vor sich geht, aber für sie zeigen wir sie nicht. Zuvorderst wollten wir Ihnen eine der wunderbarsten Gleichungen der Physik vorführen – in Kürze werden wir einige Zeit mit der Erklärung zubringen, warum sie so wundervoll ist. Aber es ist auch wirklich möglich, ohne mathematisches Wissen eine Ahnung zu bekommen, was in der Gleichung vor sich geht, indem man nur über die Symbole spricht. Machen wir uns warm, indem wir zunächst den Rahmen der Mastergleichung beschreiben: Was ist ihre Aufgabe? Was macht sie? Ihre Aufgabe ist es, die Regeln anzugeben, wie jedes Teilchen im gesamten Universum mit jedem anderen Teilchen wechselwirkt. Die einzige Ausnahme ist die Gravitation – zum Verdruss der Physiker. Auch ohne Gravitation ist die Aufgabe der Gleichung bewundernswert ehrgeizig. Die Mastergleichung herauszufinden, ist zweifellos eine der größten Errungenschaften in der Geschichte der Physik.

Lassen Sie uns klären, was es heißt, wenn zwei Teilchen miteinander wechselwirken. Wir meinen damit, dass als Folge der Wechselwirkung etwas mit der Bewegung der Teilchen passiert. Zum Beispiel können zwei Teilchen aneinander gestreut werden und so ihre Richtungen ändern. Oder sie kreisen umeinander und bringen einander in das, was Physiker einen »gebundenen Zustand« nennen. Ein Atom ist ein Beispiel für so ein Ding. Im Fall des Wasserstoffs sind ein einziges Elektron und ein einziges Proton gemäß den Regeln aneinander gebunden, die in der Mastergleichung festgelegt sind. Wir haben im vergangenen Kapitel viel über Bindungsenergie gehört – die Regeln, wie die Bindungsenergie eines Atoms, Moleküls oder Atomkerns zu berechnen ist, sind in der Mastergleichung enthalten. In gewisser Hinsicht bedeutet die Kenntnis der Spielregeln, dass wir die Art und Weise, wie das Universum funktioniert, auf einem sehr grundlegenden Level beschreiben können. Aus was bestehen also die Teilchen, aus denen alles besteht, und wie genau wechselwirken sie miteinander?

Als Ausgangspunkt des Standardmodells dient die Existenz der Materie. Präziser: das Modell geht von der Existenz von sechs Arten »Quarks«, drei Arten »geladener Leptonen«, darunter das Elektron, sowie drei Arten »Neutrinos« aus. Sie können die Materieteilchen in der Mastergleichung sehen: Sie sind mit dem Symbol Ψ (gesprochen »Psi«) bezeichnet. Für jedes Teilchen muss es ein zugehöriges Antiteilchen geben. Antimaterie ist kein Zeug, das nur in der Science-Fiction vorkommt, vielmehr ist sie ein notwendiger Bestandteil des Universums. Der britische Theoretische Physiker Paul Dirac erkannte Ende der 1920er als Erster, dass Antimaterie erforderlich ist. Er sagte die Existenz eines Partners des Elektrons voraus: das Positron, das exakt die gleiche Masse, aber entgegengesetzte elektrische Ladung haben muss. Wir sind Positronen bereits als Nebenprodukt des Prozesses begegnet, durch den zwei Protonen zu einem Deuteron verschmelzen. Eine der wunderbar überzeugenden Eigenschaften einer erfolgreichen wissenschaftlichen Theorie ist deren Fähigkeit, etwas vorherzusagen, das niemals zuvor gesehen wurde. Die darauffolgende experimentelle Beobachtung dieses »Etwas« liefert einen überzeugenden Beweis dafür, dass wir etwas über die Machart des Universums wirklich verstanden haben. Um die Sache weiter zu treiben: je mehr Vorhersagen eine Theorie macht, desto beeindruckter sollten wir sein, wenn künftige Experimente sie bestätigen. Umgekehrt kann die Theorie nicht stimmen und sollte aufgegeben werden, wenn Experimente nicht die vorausgesagten Dinge finden können. Es gibt keinen Interpretationsspielraum in dieser Art von intellektuellem Streben: Das Experiment ist am Ende der Schiedsrichter. Diracs Erfolgsmoment stellte sich nur wenige Jahre später ein, als Carl Anderson der erste direkte Nachweis von Positronen in der kosmischen Höhenstrahlung gelang. Für ihre Leistungen erhielten Dirac 1933 und Anderson 1936 den Nobelpreis. So geheimnisvoll das Positron auch scheinen mag, seine Existenz wird heute regelmäßig in Krankenhäusern in aller Welt ausgenutzt. PET-Scanner (die Abkürzung für »Positronen-Emissions-Tomografie«) nutzen Positronen aus, damit Ärzte dreidimensionale Karten des Körpers erstellen können. Es ist unwahrscheinlich, dass Dirac eine Anwendung in der medizinischen Bildgebung im Kopf hatte, als er mit dem Konzept der Antimaterie rang. Wieder einmal hat sich das Verständnis der inneren Zusammenhänge des Universums also als unvermutet nützlich erwiesen.

Es gibt ein weiteres Teilchen, von dessen Existenz man ausgeht, aber es wäre überstürzt, es bereits jetzt zu erwähnen. Es wird durch das griechische Symbol Φ (gesprochen »Phi«) repräsentiert und versteckt sich in der dritten und vierten Zeile der Mastergleichung. Abgesehen von diesem »anderen Teilchen« wurden alle Quarks, geladenen Leptonen und Neutrinos (sowie ihre Antimateriepartner) experimentell gesehen. Natürlich nicht mit dem menschlichen Auge, aber mit Teilchendetektoren, die hochauflösenden Kameras ähneln.

Solche Detektoren machen von den Elementarteilchen einen Schnappschuss, wenn diese kurz in Erscheinung treten. Sehr häufig hat der Nachweis eines dieser Elementarteilchen den Entdeckern einen Nobelpreis beschert. Das letzte entdeckte Teilchen war das Tau-Neutrino im Jahr 2000. Dieser geisterhafte Cousin der Elektron-Neutrinos (das sind jene, die in der Folge des Fusionsprozesses der Sonne entströmen) komplettiert die zwölf bekannten Teilchen der Materie.

Die leichtesten Quarks heißen »up« und »down«. Aus ihnen sind Protonen und Neutronen aufgebaut. Protonen bestehen aus zwei up-Quarks und einem down-Quark, während Neutronen aus zwei down-Quarks und einem up-Quark aufgebaut sind. Die aus dem Alltag bekannte Materie besteht aus Atomen, und Atome bestehen aus einem Atomkern, der aus Protonen und Neutronen aufgebaut ist, sowie aus Elektronen, die den Kern in relativ großer Entfernung umgeben. In der Folge sind up- und down-Quarks zusammen mit Elektronen die dominierenden Teilchen in der alltäglichen Materie. Übrigens haben die Namen der Teilchen absolut keine tiefere Bedeutung. Das Wort »Quark« hat der US-amerikanische Physiker Murray Gell-Mann aus *Finnegan's Wake* entnommen, einem Roman des irischen Autors James Joyce. Gell-Mann brauchte drei Quarks, um die damals bekannten Teilchen zu erklären, und eine kurze Passage von Joyce erschien passend:

Three quarks for Muster Mark!
Sure he has not got much of a bark
And sure any he has it's all beside the mark.

Gell-Mann hat inzwischen geschrieben, dass er ursprünglich die Absicht hatte, das Wort wie »qwork« auszusprechen, und hatte tatsächlich diesen Klang im Sinn, als er zufällig auf die Stelle in *Finnegan's Wake* stieß. Da »quark« in diesem Vers sich eindeutig auf

»Mark« und »bark« reimen sollte, erwies sich Gell-Manns Absicht als etwas problematisch. Damit Gell-Mann seine ursprüngliche Aussprache beibehalten konnte, argumentierte er daraufhin, das Wort könne sich eher wie »quart« anhören – wie bei der im Angelsächsischen verbreiteten Volumenangabe[14] – als wie das gängigere »Geschrei der Möwen«. Womöglich werden wir niemals wirklich wissen, wie wir das Wort aussprechen müssen. Die Entdeckung der drei anderen Quarks, die ihren Abschluss 1995 mit dem Top-Quark fand, machte dann die Etymologie noch unpassender. Das sollte künftigen Physikern vielleicht eine Lehre sein, die verworrene Literaturbezüge herstellen wollen, um ihre Entdeckungen zu benennen.

Trotz der Beschwerlichkeiten bei der Namensgebung bestätigte sich Gell-Manns Hypothese, dass Protonen und Neutronen aus kleineren Objekten aufgebaut sind, als richtig, nachdem die Quarks endgültig am Teilchenbeschleuniger im kalifornischen Stanford gesichtet worden waren, vier Jahre nach Gell-Manns ursprünglicher Vorhersage. Sowohl Gell-Mann als auch die Experimentatoren, denen der Nachweis gelungen war, erhielten später den Nobelpreis für ihre Verdienste.

Abgesehen von den Materieteilchen, über die wir gerade geredet haben, und von dem rätselhaften Φ müssen wir noch weitere Teilchen nennen. Es sind die W- und Z-Teilchen sowie das Photon und das Gluon. Zur Einführung sollten wir kurz etwas zu ihrer Rolle in dieser Angelegenheit sagen. Es sind jene Teilchen, die für die Wechselwirkungen zwischen allen anderen Teilchen verantwortlich sind. Würden sie nicht existieren, würde nichts im Universum jemals mit irgendwas anderem wechselwirken. Ein solches Universum wäre ein ziemlich öder Ort. Die Aufgabe dieser Teilchen ist es, die Kraft der Wechselwirkung zwischen den Materieteilchen zu tragen. Das Photon ist das Teilchen, das die Kraft zwischen elektrisch geladenen Teil-

---

14 – etwa ein Liter, eine Viertel Gallone

chen wie den Elektronen und Quarks trägt. Im eigentlichen Sinne stützt es all die Physik, die Faraday und Maxwell herausgefunden haben, zusätzlich macht es das Licht, die Radiowellen, die Infrarot- und Mikrowellen sowie die Röntgen- und Gammastrahlung aus. Es ist absolut korrekt, sich einen Strom von Photonen vorzustellen, den eine Glühbirne ausstrahlt, der an dieser Buchseite abprallt und in Ihre Augen gelangt, die ja einfach ausgeklügelte Photonendetektoren sind. Ein Physiker würde sagen, dass das Photon die elektromagnetische Kraft vermittelt.

Das Gluon ist nicht so gegenwärtig im Alltag wie das überall vorhandene Photon. Seine Rolle ist deswegen jedoch nicht weniger wichtig. In der Mitte eines jeden Atoms befindet sich der Atomkern. Er ist eine Kugel positiver elektrischer Ladung (erinnern Sie sich daran, dass die Protonen alle elektrisch geladen sind, die Neutronen dagegen nicht). Auf dieselbe Weise wie zwei gleiche Magnetpole sich abstoßen, wenn Sie versuchen, die beiden zusammenzubringen, tun dies auch alle Protonen gegenseitig infolge der elektromagnetischen Kraft. Sie wollen einfach nicht zusammenbleiben, sondern würden sich gerne viel weiter voneinander entfernen. Zum Glück passiert das nicht, so dass Atome existieren können. Das Gluon (von »to glue«, »kleben«) vermittelt die Kraft, die die Protonen im Atomkern »zusammenklebt«, daher der alberne Name. Das Gluon ist auch dafür verantwortlich, die Quarks im Innern von Protonen und Neutronen zusammenzuhalten. Diese Kraft muss stark genug sein, um die abstoßende elektromagnetische Kraft zwischen den Protonen zu überwinden, weshalb sie als starke Kraft bezeichnet wird. Die Namensgebungen sind wirklich nicht rühmlich.

Die W- und Z-Teilchen können wir für unsere Zwecke zusammenfassen. Ohne sie würden die Sterne nicht leuchten. Besonders das W-Teilchen ist für die Wechselwirkung verantwortlich, die im Sonnenzentrum das Proton in ein Neutron verwandelt, damit sich ein Deuteron bildet. Doch die schwache Kraft verwandelt nicht nur

Protonen in Neutronen (und umgekehrt). Sie ist in der Natur für hunderte verschiedene Wechselwirkungen zwischen den Elementarteilchen verantwortlich, von denen viele in Experimenten wie denen am CERN untersucht worden sind. Abgesehen von der Tatsache, dass die Sonne leuchtet, sind das W und Z eher wie das Gluon – also auch nicht so auffällig im Alltag. Die Neutrinos wechselwirken ausschließlich über die W- und Z-Teilchen, gerade deswegen sind sie so schwer zu fassen. Wie wir im vergangenen Kapitel gesehen haben, strömen viele Milliarden Neutrinos in jeder Sekunde durch Ihren Kopf, ohne dass sie irgendetwas davon spüren, denn die von den W- und Z-Teilchen getragene Kraft ist so extrem schwach. Sie haben sich womöglich schon gedacht, dass sie deshalb schwache Kraft heißt.

Bislang haben wir kaum mehr getan, als durch eine Liste der Teilchen zu eilen, die in der Mastergleichung »existieren«. Die zwölf Materieteilchen müssen in die Theorie a priori, also von vornherein, aufgenommen werden – und wir wissen nicht wirklich, warum es ihrer zwölf sind. Wir haben Hinweise, dass es nicht mehr als zwölf gibt. Diese Hinweise stammen aus Beobachtungen der Art und Weise, wie Z-Teilchen in Neutrinos zerfallen. Entsprechende Experimente wurden in den 1990ern am CERN durchgeführt. Aber da anscheinend vier Materieteilchen genügen würden (up- und down-Quark, Elektron und Elektronen-Neutrino), um ein Universum aufzubauen, ist die Existenz der anderen acht etwas rätselhaft. Wir vermuten, dass sie im sehr jungen Universum eine wichtige Rolle spielten, aber wie genau sie daran beteiligt waren oder an unserer heutigen Existenz beteiligt sind, muss ebenfalls zu den großen unbeantworteten Fragen der Physik gezählt werden. Humphry Davy kann im Moment ruhig schlafen.

Soweit sich das im Standardmodell beurteilen lässt, sind alle zwölf *elementare* Teilchen – d.h., dass diese Teilchen sich nicht in noch kleinere Teile aufspalten lassen. Sie sind die endgültigen Bausteine.

Das scheint dem gesunden Menschenverstand zu widersprechen, denn die Annahme, dass sich ein kleines Teilchen im Prinzip in zwei Hälften trennen lässt, klingt vollkommen schlüssig. Aber so funktioniert die Quantentheorie nicht – wieder einmal ist der gesunde Menschenverstand kein guter Führer zur fundamentalen Physik. Soweit sich das im Standardmodell beurteilen lässt, haben die Teilchen keine Substruktur. Man bezeichnet sie als »punktförmig«, Ende der Angelegenheit. Zur rechten Zeit könnte ein Experiment durchaus zeigen, dass sich Quarks in kleinere Stücke teilen lassen, aber entscheidend ist, dass es so nicht sein muss. Punktförmige Teilchen könnten das Ende der Geschichte sein und Fragen zur Substruktur wären sinnlos. Kurz gesagt haben wir einen ganzen Packen an Teilchen, aus denen unsere Welt besteht, und die Mastergleichung ist der Schlüssel für unser Verständnis, wie diese Teilchen miteinander wechselwirken.

Eine Feinheit haben wir nicht erwähnt. Obwohl wir weiterhin von Teilchen sprechen, ist das eigentlich eine unzutreffende Bezeichnung. Es handelt sich nicht um Teilchen im gewöhnlichen Sinne des Wortes. Sie fliegen nicht herum und prallen wie winzige Billardkugeln voneinander ab. Vielmehr wechselwirken sie in der Form miteinander, wie Wasserwellen an der Oberfläche eines Schwimmbeckens Schatten auf dem Grund erzeugen. Es ist so, als ob die Teilchen eine Wellennatur haben, obwohl sie trotzdem Teilchen bleiben. Das ist erneut eine wenig eingängige Vorstellung, die sich aus der Quantentheorie ergibt. Es ist die genaue Natur dieser wellenartigen Wechselwirkungen, die präzise (d. h. mathematisch) durch die Mastergleichung festgelegt wird. Aber wie wussten wir, was wir notieren müssen, als wir die Mastergleichung aufgeschrieben haben? Aus welchen Prinzipien geht sie hervor? Bevor wir uns mit dieser offensichtlich wichtigen Frage befassen, schauen wir die Mastergleichung noch etwas genauer an und versuchen, ein gewisses Verständnis für ihre Bedeutung zu gewinnen.

Die erste Zeile repräsentiert die kinetische Energie, die die W- und Z-Teilchen, das Photon und das Gluon haben. Zudem besagt die Zeile, wie sie miteinander wechselwirken. Bislang hatten wir diese Möglichkeit nicht erwähnt, aber sie ist da: Gluonen können mit anderen Gluonen wechselwirken und W- und Z-Teilchen können untereinander wechselwirken; das W kann auch mit dem Photon wechselwirken. Auf dieser Liste fehlt die Möglichkeit, dass Photonen mit Photonen wechselwirken, weil sie das nicht tun. Zum Glück machen sie das nicht. Wäre es anders, wäre es sehr schwierig, etwas zu sehen. In dieser Hinsicht ist es also ein bemerkenswerter Umstand, dass Sie dieses Buch lesen können. Das Bemerkenswerte ist, dass das von der Buchseite kommende Licht auf dem Weg zu Ihren Augen nicht von dem Licht abgelenkt wird, das von all den anderen Dingen in der Umgebung die von der Buchseite kommenden Lichtstrahlen kreuzt. Die Photonen gleiten vorbei, unbeirrt voneinander.

In der zweiten Zeile der Mastergleichung spielt sich der Großteil des Geschehens ab. Sie besagt, wie die Materieteilchen im Universum untereinander wechselwirken. Sie enthält die Wechselwirkungen, die durch die Photonen, W- und Z-Teilchen und Gluonen vermittelt werden. Die zweite Zeile enthält zudem die kinetischen Energien aller Materieteilchen. Wir belassen es bis auf weiteres bei der ersten und zweiten Zeile.

Wie wir betont haben, stecken in der Mastergleichung, außer der Gravitation, alle fundamentalen physikalischen Gesetze, die wir kennen. Das Gesetz der elektrostatischen Abstoßung, wie es Charles Augustin de Coulomb Ende des 18. Jahrhunderts formuliert hat, ist in der Gleichung enthalten (versteckt in den ersten beiden Zeilen). Und wenn wir schon dabei sind: genauso ist es mit der Gesamtheit aus Elektrizität und Magnetismus. Faradays Verständnis und Maxwells schöne Gleichungen tauchen auf, wenn wir die Mastergleichung »fragen«, wie geladene Teilchen miteinander wechselwirken. Und natürlich ruht die komplette Struktur fest auf Einsteins Spezieller Relativitätstheorie. Der Teil des Standardmodells, der die Wechselwirkung von Licht und Materie erklärt, heißt Quantenelektrodynamik. »Quanten« erinnert uns daran, dass die Maxwell-Gleichungen durch die Quantentheorie modifiziert werden mussten. Diese Modifikationen sind für gewöhnlich sehr winzig und bewirken subtile Effekte, die Richard Feynman Mitte des 20. Jahrhunderts als Erster erforschte. Wie wir gesehen haben, enthält die Mastergleichung auch die Physik der starken und schwachen Kraft. Die Eigenschaften dieser drei Naturkräfte werden durch die Gleichung in allen Details beschrieben, d. h. die Spielregeln werden mit mathematischer Genauigkeit dargelegt, eindeutig und ohne Redundanzen. Also haben wir, abgesehen von der Gravitation, anscheinend etwas, das einer Großen Vereinheitlichten Theorie nahekommt. Mit Sicherheit hat niemand jemals irgendwelche Hinweise gefunden, die auf die Existenz einer fünften Kraft im Universum hindeuten – nirgendwo, in keinem Experiment und durch keine wie auch immer geartete Beobachtung des Kosmos. Die meisten Alltagsphänomene lassen sich ziemlich vollständig mit den Gesetzen des Elektromagnetismus und der Gravitation erklären. Die schwache Kraft hält die Sonne am Leuchten, lässt sich ansonsten aber auf der Erde im Alltag nicht sonderlich wahrnehmen. Die starke Kraft reicht kaum über die Atomkerne hinaus, weshalb ihre gewaltige Stärke nicht bis in die makroskopische Welt dringt. Die falsche Vorstellung, dass so feste Sachen wie Tische und Stühle wirklich fest sind, entsteht durch die elektromagnetische Kraft. In Wirklichkeit handelt es sich bei Materie vor allem um leeren Raum. Stellen Sie sich vor, ein Atom so weit zu vergrößern, dass der Atomkern die Größe einer Erbse hat. Dann wären die Elektronen Sandkörner und würden mit hoher Geschwindigkeit in rund einem Kilometer Entfernung herumzischen. Alles andere wäre Leere. Die Analogie zum Sandkorn hinkt etwas, weil die Elektronen sich eher wie Wellen als wie Sandkörner verhalten. Aber hier kommt es uns allein auf die relative Größe der Atome im Vergleich zu der ihres

Atomkerns in der Mitte an. Die Festigkeit entsteht beim Versuch, die Elektronenwolke um den einen Kern in die Elektronenwolke um einen benachbarten Kern zu schieben. Da die Elektronen elektrisch geladen sind, stoßen sich die Wolken gegenseitig ab und verhindern so, dass ein Atom durch ein anderes hindurchwandert – obwohl beide hauptsächlich aus leerem Raum bestehen. Eine starke Ahnung von dieser Leere der Materie liefert der Blick durch eine Glasscheibe. Obwohl sie sich fest anfühlt, geht Licht mühelos hindurch, so dass wir draußen die Umgebung sehen können. Eigentlich ist die echte Überraschung, dass ein Holzklotz nicht durchsichtig ist!

Es ist zweifellos beeindruckend, dass wir so viel Physik in eine Gleichung hineinpacken können. Das spricht Bände mit Blick auf Wigners »unangemessene Wirksamkeit der Mathematik«. Warum sollte die natürliche Welt nicht viel komplexer sein? Warum haben wir das Recht, so viel Physik in eine Gleichung wie diese zu pressen? Warum müssen wir nicht alles in umfangreichen Datenbanken und Nachschlagewerken katalogisieren? Niemand weiß wirklich, warum die Natur es uns erlaubt, sie auf diese Weise zusammenzufassen. Gewiss ist aber diese zugrunde liegende Eleganz und Einfachheit einer der Gründe, warum viele Physiker tun, was sie tun. Zwar sollten wir daran denken, dass die Natur sich womöglich künftig keiner so wunderbaren Einfachheit unterwirft, aber im Augenblick können wir zumindest die grundlegende Schönheit dieser Entdeckung bestaunen.

Auch wenn wir das alles gesagt haben, sind wir noch nicht fertig. Wir haben bislang nicht die krönende Pracht des Standardmodells erwähnt. Es enthält nicht nur die elektromagnetische, starke und schwache Wechselwirkung, sondern vereinheitlicht auch zwei von ihnen. Elektromagnetische Phänomene und Phänomene der schwachen Wechselwirkung scheinen zunächst nichts miteinander zu tun zu haben. Der Elektromagnetismus ist die urbildliche Naturerscheinung, für die wir alle ein unmittelbares Gefühl haben, die schwache Kraft dagegen bleibt in einer undurchsichtigen subnuklearen Welt verborgen. Doch bemerkenswerterweise besagt das Standardmodell, dass beide Kräfte tatsächlich verschiedene Erscheinungsformen derselben Sache sind. Schauen Sie sich nochmals die zweite Zeile der Mastergleichung an. Ohne mathematische Kenntnisse können Sie die Wechselwirkungen zwischen den Materieteilchen erkennen. Die Teile in der zweiten Zeile, die W, B und G (für Gluon) enthalten, stehen zwischen zwei Materieteilchen, Ψ, und das bedeutet, dass hier die Stücke der Mastergleichung sind, die uns sagen, wie Materieteilchen mit den Kraftvermittlern »koppeln«. Nicht ohne Pointe. Das Photon existiert zum Teil im Symbol »W« und zum Teil in »B«, wo auch das Z vorkommt! Das W-Teilchen dagegen existiert komplett in »W«. Es ist so, als ob in der Mathematik W und B als die fundamentalen Objekte betrachtet werden, aber dass sie sich vermischen, um das Photon und das Z heraufzubeschwören. In der Folge sind die elektromagnetische Kraft (vermittelt durch das Photon) und die schwache Kraft (vermittelt durch die W- und Z-Teilchen) miteinander verflochten. Daher hängen Eigenschaften, die sich experimentell an elektromagnetischen Phänomenen messen lassen, mit Eigenschaften zusammen, die sich experimentell an schwachen Phänomenen messen lassen. Das ist eine bestechende Vorhersage des Standardmodells. Und es war eine Vorhersage: Die Architekten des Standardmodells – Sheldon Glashow, Steven Weinberg und Abdus Salam – teilten sich für diese Leistung den Nobelpreis, denn mit ihrer Theorie ließen sich die Massen der W- und Z-Teilchen lange vor deren Entdeckung am CERN in den 1980ern vorhersagen. Die ganze Sache hängt wunderschön zusammen. Aber wie wussten Glashow, Weinberg und Salam, was sie aufschreiben mussten? Wie erkannten sie, dass »W und B sich mischen, um das Photon und Z zu erzeugen«? Um diese Frage zu beantworten, muss man einen Blick auf den schönen Kern der modernen Teilchenphysik werfen. Glashow, Weinberg und Salam haben nicht einfach geraten, vielmehr hatten sie einen starken Anhaltspunkt: Die Natur ist symmetrisch.

Überall um uns herum gibt es Symmetrien. Fangen Sie eine Schneeflocke mit ihrer Hand auf und schauen Sie sich diese schönste Skulptur der Natur an. Ihr Muster wiederholt sich mit mathematischer Regelmäßigkeit, als ob es in einem Spiegel reflektiert worden wäre. Profaner: der Anblick einer Kugel verändert sich nicht, wenn Sie sie umdrehen, und ein Quadrat kann an seinen Diagonalen oder an einer Achse durch seine Mitte gedreht werden, ohne dass es sich verändert. In der Physik offenbart sich die Symmetrie auf dieselbe Weise. Wenn wir etwas mit einer Gleichung machen, aber diese sich nicht verändert, dann wird das, was wir getan haben, als Symmetrie der Gleichung bezeichnet. Das ist ein bisschen abstrakt, aber denken Sie daran, dass Gleichungen die Methode sind, mit der Physiker ausdrücken, wie die realen Dinge miteinander zusammenhängen. Eine einfache, aber maßgebliche Symmetrie aller wichtigen Gleichungen in der Physik besagt: Wenn wir ein Experiment in einen fahrenden Zug stellen, dann wird die Messung noch immer dieselben Ergebnisse liefern, vorausgesetzt, der Zug beschleunigt gerade nicht. Diese Vorstellung ist uns vertraut: Es ist Galileis Relativitätsprinzip, das im Zentrum von Einsteins Relativitätstheorie steht. In der Sprache der Symmetrie heißt das, dass die Gleichungen, die unser Experiment beschreiben, nicht davon abhängen, ob das Experiment auf dem Bahnsteig steht oder im Zug in Bewegung ist. Also ist der Vorgang der Bewegung des Experiments eine Symmetrie der Gleichungen. Wir hatten gesehen, dass diese einfache Tatsache letztlich Einstein zur Entdeckung der Speziellen Relativitätstheorie führte. Es ist häufig der Fall, dass einfache Symmetrien tiefgreifende Folgen haben.

Nun sind wir bereit, über die Symmetrie zu sprechen, die Glashow, Weinberg und Salam ausnutzten, als sie das Standardmodell der Teilchenphysik entdeckten. Was ist ein Eichmaß? Vor unserem Versuch einer Erklärung möchten wir sagen, was es uns bringt. Stellen wir uns vor, wir seien Glashow, Weinberg oder Salam, die über eine Theorie grübeln, wie Dinge mit anderen Dingen zusammenhängen. Wir werden zunächst festlegen, dass wir eine Theorie mit winzigen, unteilbaren Teilchen entwerfen wollen. Aus Experimenten wissen wir, welche Teilchen existieren. Eine gute Theorie sollte also alle enthalten, ansonsten wäre es eine unausgegorene Theorie. Natürlich könnten wir noch intensiver grübeln und versuchen herauszufinden, warum diese bestimmten Teilchen diejenigen sein sollten, aus denen alles im Universum besteht, oder warum sie unteilbar sein sollten. Aber das wäre eine Abschweifung. Freilich sind das zwei sehr gute Fragen, auf die wir noch keine Antworten haben. Eine der Eigenschaften eines guten Wissenschaftlers ist jedoch die Fähigkeit zu entscheiden, welche Fragen er auswählen muss, um überhaupt weitermachen zu können, und welche Fragen er für später zurückstellen sollte. Lassen Sie uns also die Bestandteile der Theorie als gegeben hinnehmen und lieber schauen, ob wir herausfinden können, wie die Teilchen miteinander wechselwirken. Wenn sie nicht miteinander wechselwirken, wäre die Welt sehr langweilig – alles würde durch alles andere hindurchgehen, nichts würde sich zusammenklumpen, und wir würden nie Kerne, Atome, Tiere oder Sterne bekommen. Physik besteht häufig aus kleinen Schritten. Es ist nicht so schwer, eine Theorie über nicht wechselwirkende Teilchen aufzuschreiben – wir erhalten dann die zweite Zeile der Mastergleichung ohne W, B und G. Das ist sie – eine Quantentheorie von allem, aber ohne Wechselwirkung. Wir haben den ersten kleinen Schritt getan. Jetzt kommt der Zauber. Nun fordern wir, dass die Welt – und damit unsere Gleichung – eichsymmetrisch ist. Die Folge ist erstaunlich: Der Rest der zweiten Zeile und die erste Zeile scheinen »kostenlos« zu sein. Mit anderen Worten: Wir dürfen die wechselwirkungsfreie Version unserer Theorie so abändern, dass wir die Anforderung der Eichsymmetrie erfüllen. Plötzlich sind wir von der langweiligsten Theorie der Welt bei einer Theorie angekommen, in der Photon, W, Z und Gluon existieren und zudem für die Vermittlung aller Wechselwirkungen zwischen den Teilchen verantwortlich sind. Mit anderen Worten haben wir eine Theorie bekommen, die in der Lage ist, die Struktur von Atomen, das Leuchten der Sterne und letztlich die Herstellung komplexer Objekte wie Menschen zu beschreiben – allein durch die Anwendung des Symmetriekonzepts. Wir haben die ersten beiden Zeilen unserer Theorie von fast Allem erhalten. Was aussteht, ist eine Erklärung, um was es sich bei dieser rätselhaften Symmetrie tatsächlich handelt – und dann die beiden letzten Zeilen.

Die Symmetrie einer Schneeflocke ist geometrischer Natur. Das können Sie mit eigenen Augen sehen. Die Symmetrie, die hinter Galileis Relativitätsprinzip steckt, können Sie nicht mit eigenen Augen sehen. Und obwohl sie abstrakt ist, ist es nicht allzu schwer zu verstehen. Eichsymmetrien sind eher wie Galileis Prinzip, denn sie sind abstrakt, auch wenn es mit etwas Fantasie nicht allzu schwer fällt, sie zu begreifen. Um die angebotenen Beschreibungen und die mathematische Untermauerung zusammenzubringen, sind wir in die Mastergleichung eingetaucht. Lassen Sie uns das erneut tun. Wir sagten, dass die Materieteilchen in der Mastergleichung durch das griechische Symbol Ψ dargestellt werden. Nun ist es an der Zeit, noch etwas tiefer vorzudringen. Ψ wird als Feld bezeichnet. Es kann das Elektronenfeld sein, ein Up-Quark-Feld oder irgendeines der Materieteilchenfelder des Standardmodells. Wo es am größten ist, dort hält sich das Teilchen am wahrscheinlichsten auf. Wir werden uns vorerst auf Elektronen konzentrieren, aber die Geschichte läuft bei allen anderen Teilchen genauso – vom Quark bis zum Neutrino. Wenn das Feld an einer Stelle null ist, kann das Teilchen dort nicht gefunden werden. Sie könnten sich sogar ein reales Feld vorstellen, eines mit Gras darauf. Oder vielleicht wäre eine Hügellandschaft besser, mit Kuppen und Tälern. Dort wo Kuppen sind, ist das Feld am größten, und in den Tälern am kleinsten. Nun stellen Sie sich vor Ihrem geistigen Auge ein hypothetisches Elektronenfeld vor. Es mag überraschen, dass unsere Mastergleichung so wenig bindend ist. Sie arbeitet nicht mit Gewissheiten, und wir können das Elektron nicht mal verfolgen.

Wir können nur sagen, dass es wahrscheinlicher ist, das Elektron dort drüben (wo der Berg ist) zu finden, und weniger wahrscheinlich hier (am Grund des Tales). Wir können genaue Zahlen für die Wahrscheinlichkeit nennen, dass ein Elektron hier oder dort zu finden ist, aber besser geht's nicht. Diese Unklarheit unserer Beschreibung der Welt bei den kleinsten Entfernungsskalen tritt auf, weil dort die Quantentheorie herrscht und die Quantentheorie nur von den Möglichkeiten handelt, dass etwas passiert. Es scheint bei winzigen Distanzen wirklich eine fundamentale Ungewissheit bei Begrifflichkeiten wie Ort oder Impuls zu geben. Übrigens mochte Einstein den Umstand nicht, dass die Welt auf der Grundlage von Wahrscheinlichkeiten funktioniert. Das veranlasste ihn zu dem überaus bekannten Ausspruch »Gott würfelt nicht«. Dennoch musste Einstein akzeptieren, dass die Quantentheorie extrem erfolgreich ist. Sie erklärt alle Experimente, die wir in der subatomaren Welt durchgeführt haben. Ohne die Quantentheorie hätten wir keine Vorstellung, wie die Mikrochips in einem modernen Computer funktionieren. Vielleicht erarbeitet jemand in der Zukunft eine bessere Theorie, aber derzeit stellt die Quantentheorie den größten Erfolg dar. Es gibt überhaupt keinen Grund, warum die Natur sich gemäß den Regeln des gesunden Menschenverstandes verhalten sollte, wenn wir versuchen, Dinge jenseits unserer Alltagserfahrung zu erklären. Darauf bemühten wir uns im ganzen Buch immer wieder hinzuweisen. Wir entwickelten uns mit den Dingen der makroskopischen Welt, nicht mit der Quantenmechanik.

Zurück zur anstehenden Aufgabe. Da die Quantentheorie die Spielregeln definiert, sind wir dazu verpflichtet, von Elektronenfeldern zu sprechen. Aber wenn wir das Feld festgelegt und die Landschaft angelegt haben, sind wir noch nicht fertig. Die Mathematik des Quantenfeldes wartet mit einer Überraschung auf. Es gibt eine gewisse Redundanz. Für jeden Punkt in der Landschaft, egal ob Hügel oder Tal, besagt die Mathematik, dass wir nicht nur den Betrag des Feldes an einem bestimmten Punkt genau angeben müssen (etwa die Höhe über dem Meeresspiegel in unserer Analogie eines realen Feldes), der der Wahrscheinlichkeit entspricht, ein Teilchen dort zu finden. Vielmehr müssen wir auch etwas spezifizieren, das »Phase« des Feldes genannt wird. Die einfachste Veranschaulichung einer Phase ist ein Ziffernblatt oder eine Skala (oder ein Eichmaß) mit nur einem Zeiger. Weist der Zeiger auf 12 Uhr, ist das eine mögliche Phase, zeigt er zur halben Stunde, wäre das eine weitere Phase. Wir müssen uns das so vorstellen, als ob wir an jedem einzelnen Punkt unserer Landschaft winzige Uhren haben, die jeweils die Phase des Feldes an diesem Punkt anzeigen. Natürlich sind das keine echten Uhren (und sie messen gewiss nicht die Zeit). Die Existenz der Phase war den Quantenphysikern lange vor Glashow, Weinberg und Salam bekannt. Mehr noch: Jeder wusste, dass zwar die relative Phase zwischen verschiedenen Punkten des Feldes wichtig ist, aber nicht der aktuelle Betrag. Zum Beispiel können Sie alle winzigen Uhren zehn Minuten vorstellen, und es würde nichts passieren. Entscheidend ist, dass Sie jede Uhr um denselben Betrag verstellen. Wenn Sie eine vergessen, beschreiben Sie ein anderes Elektronenfeld. Es scheint also eine Redundanz in der mathematischen Beschreibung der Welt zu geben.

Damals, 1954, mehrere Jahre bevor Glashow, Weinberg und Salam das Standardmodell entwarfen, dachten die beiden Physiker Chen Ning Yang und Robert Mills in ihrem gemeinsamen Büro am Brookhaven Laboratory über die mögliche Bedeutung nach, die sich aus dieser Redundanz bei der Festlegung der Phase ergibt. Fortschritte in der Physik gibt es häufig, wenn Leute ohne guten Grund mit einer Idee herumspielen. Bei Yang und Mills war es genauso. Sie fragten sich, was geschieht, wenn sich die Natur tatsächlich nicht um die Phase kümmern würde. Mit anderen Worten spielten sie mit den mathematischen Gleichungen herum und brachten dabei alle Phasen durcheinander, um herauszufinden, was die Folgen sein könnten. Das mag sonderbar klingen, aber wenn Sie ein paar Physiker in ein Büro setzen und ihnen etwas Freiraum geben, dann passieren solche Dinge. In der Landschafts-Analogie könnten Sie sich vorstellen, wie sie über das Feld spazieren und wahllos die kleinen Skalen um unterschiedliche Beträge verstellen. Was nun kommt, ist auf den ersten Blick einfach: Sie dürfen das nicht tun. Es ist keine Symmetrie der Natur.

Um das zu präzisieren, kehren wir zur zweiten Zeile der Mastergleichung zurück. Streichen Sie nun alle W-, B- und G-Anteile. Was wir dann bekommen, ist die einfachste mögliche Teilchentheorie, die wir uns vorstellen können: Die Teilchen sitzen bloß herum und wechselwirken nie miteinander. Dieser kleine Teil der Mastergleichung bleibt definitiv nicht derselbe, wenn wir plötzlich alle kleine Uhren verdrehen (das ist nichts, was Sie einfach durch das Anschauen der Gleichung erkennen dürften). Yang und Mills wussten das, aber sie waren hartnäckiger. Sie stellten eine großartige Frage: Wie lässt sich die Gleichung anpassen, *damit* sie unverändert bleibt? Die Antwort ist abstrus. Wir müssen genau die fehlenden Teile der Mastergleichung hinzufügen, die wir soeben gestrichen haben, nichts anderes. Indem wir das tun, zaubern wir die Kraftüberträger hervor und bewegen uns plötzlich aus einer Welt ohne Wechselwirkung zu einer Theorie, die das Potenzial hat, unsere reale Welt zu beschreiben. Die Tatsache, dass der Mastergleichung die Beträge auf den Ziffernblättern (oder Eichmaßen) egal sind, meinen wir mit dem Begriff Eichsymmetrie. Das Bemerkenswerte daran ist, dass wir durch die Forderung nach einer Eichsymmetrie keine Wahl haben, was wir aufschreiben können: Eine Eichsymmetrie führt unerbittlich zur Mastergleichung. Um es anders zu formulieren: die Kräfte, die unsere Welt interessant machen, existieren als Folge der Tatsache, dass die Eichsymmetrie eine Symmetrie der Natur ist. Als Nachsatz sollten wir anfügen, dass Yang und Mills den Ball ins Rollen gebracht haben, aber ihre Arbeit war zuvorderst von mathematischem Interesse geleitet. Sie geschah lange bevor Teilchenphysiker überhaupt wussten, welche Teilchen durch eine fundamentale Theorie beschrieben werden sollten. Erst Glashow, Weinberg und Salam hatten die geistreiche Idee, ihre Vorstellungen auf eine Beschreibung der realen Welt anzuwenden.

Wir haben nun also gesehen, wie sich die ersten beiden Zeilen der Mastergleichung formulieren lassen, die das Standardmodell der Teilchenphysik untermauern. Wir hoffen, dass wir Ihnen über ihr Ziel und ihren Inhalt eine gewisse Vorstellung geben konnten. Zudem haben wir gesehen, dass die Mastergleichung sich nicht aus dem Stegreif ergibt, vielmehr wurden wir erst durch die Eichsymmetrie unerbittlich zu ihr geführt. Da wir nun ein besseres Gefühl für diese wichtigste aller Gleichungen haben, können wir zur Aufgabe zurückkommen, die uns ursprünglich vorschwebte. Wir haben versucht zu verstehen, bis zu welchem Ausmaß die Regeln der Natur die Möglichkeit zulassen, dass Masse sich wirklich in Energie umwandeln lässt, und umgekehrt. Die Antwort steckt natürlich wieder in der Mastergleichung, denn sie legt die Spielregeln fest. Aber es gibt einen sehr viel ansprechenderen Weg, um zu sehen, was da abläuft, und um zu verstehen, wie die Teilchen miteinander wechselwirken. Dieser Ansatz ist mit Bildern verbunden, die Richard Feynman in der Physik eingeführt hat.

Was passiert, wenn zwei Elektronen sich einander stark nähern? Oder zwei Quarks? Oder wenn ein Neutrino einem Antimyon nahekommt? Und so weiter. Dann treten die Teilchen in Wechselwirkung miteinander, die genaue Art und Weise ist durch die Mastergleichung festgelegt. Im Fall zweier Elektronen werden sich die beiden abstoßen, weil sie dieselbe elektrische Ladung haben. Dagegen ziehen sich ein Elektron und ein Antielektron (Positron) an, weil sie entgegengesetzte elektrische Ladungen haben. Die ganze Physik dazu steckt in den ersten beiden Zeilen der Mastergleichung, und alles lässt sich mit einer Handvoll Regeln bildlich zusammenfassen. Eine grundlegende

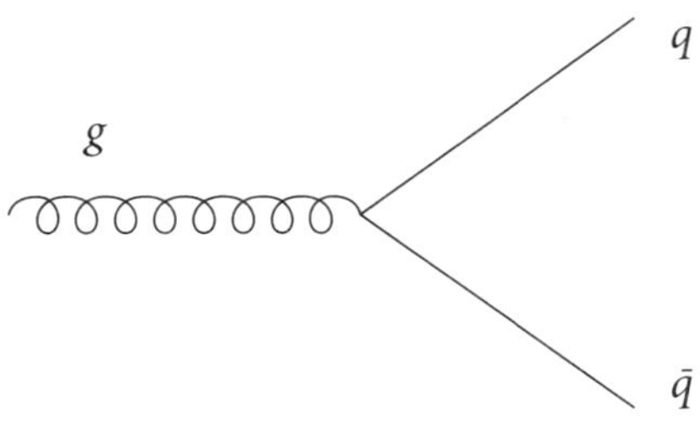

Abbildung 14

Vorstellung davon zu bekommen, ist wirklich eine sehr einfache Sache, auch wenn die Details mehr Aufwand erfordern, um sie würdigen zu können. Wir werden uns auf die Grundlagen beschränken.

Schauen wir uns die zweite Zeile nochmals an. Der Ausdruck mit den zwei Ψ-Symbolen und einem G ist der einzige Teil der Gleichung, der bei der Wechselwirkung durch die starke Kraft zwischen Quarks relevant ist. Zwei Quarkfelder und ein Gluon wechselwirken am selben Punkt in der Raumzeit miteinander – das besagt die Mastergleichung. Mehr noch: es ist die *einzige* Art, wie sie miteinander wechselwirken können. Dieser einzelne Teil der Mastergleichung besagt, wie Quarks und Gluonen wechselwirken, und er schreibt es uns präzise vor, wenn wir unsere Theorie eichsymmetrisch machen wollen. Wir haben überhaupt keine Wahl in dieser Angelegenheit. Feynman gefiel, dass alle grundlegenden Wechselwirkungen im Wesentlichen so einfach sind. Er fing an, Bilder für jede mögliche Wechselwirkung zu zeichnen, die die Theorie zulässt. Abbildung 14 zeigt, wie Teilchenphysiker für gewöhnlich die Quark-Gluon-Wechselwirkung zeichnen. Die gewellte Linie stellt ein Gluon dar und die geraden Linien ein Quark und ein Antiquark. Abbildung 15 verdeutlicht die weiteren im Standardmodell erlaubten Wechselwirkungen, die sich aus den ersten beiden Zeilen der Mastergleichung ergeben. Kümmern Sie sich nicht um die Details der Diagramme. Die Botschaft lautet,

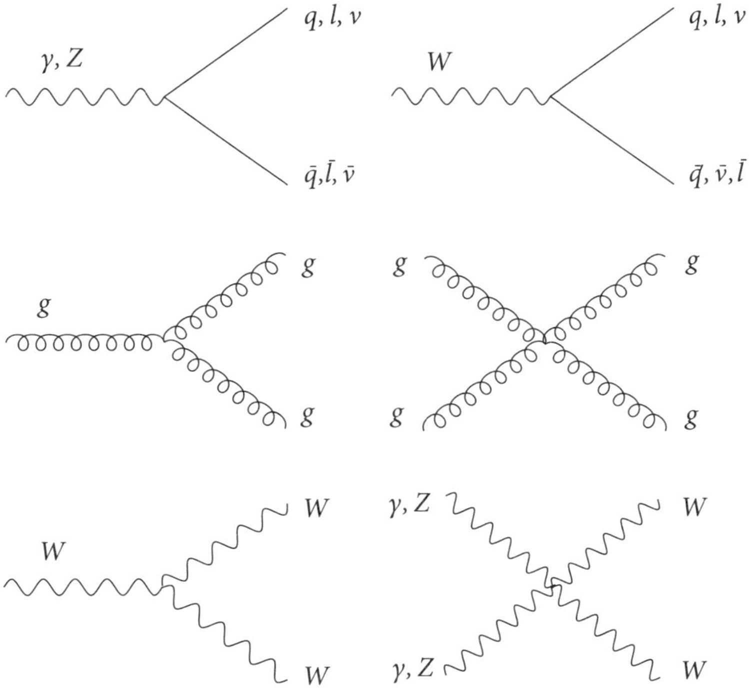

Abbildung 15

dass wir sie hinmalen können und dass es nicht zu viele von ihnen gibt. Lichtteilchen (Photonen) werden durch das Symbol γ repräsentiert, die W- und Z-Teilchen sind als solche bezeichnet. Die sechs Quarks werden allgemein mit q bezeichnet, die Neutrinos tauchen als ν auf (»Nü« ausgesprochen) und die drei elektrisch geladenen Leptonen (Elektron, Myon und Tauon) werden mit l bezeichnet. Antiteilchen bekommen einen Querstrich über das entsprechende Symbol. Nun kommt der akkurate Teil. Diese Bilder repräsentieren das, was Teilchenphysiker Wechselwirkungs-Vertices nennen. Man darf diese Vertices zu größeren Diagrammen zusammensetzen. Jedes Diagramm, das sich zeichnen lässt, repräsentiert einen Prozess, der in der Natur vorkommen kann. Umgekehrt kann ein Prozess nicht ablaufen, wenn sich kein Diagramm zeichnen lässt.

Feynman tat etwas mehr als nur die Diagramme einzuführen. Er ordnete jedem Vertex eine mathematische Regel zu; die Regeln lassen sich direkt aus der Mastergleichung ableiten. Die Regeln müssen in zusammengesetzten Diagrammen miteinander multipliziert werden, so dass Physiker die Wahrscheinlichkeit für das Eintreten eines, zu einem bestimmten Diagramm gehörenden, Prozesses berechnen können. Wenn sich zum Beispiel zwei Elektronen begegnen, ist das einfachste Diagramm, das wir zeichnen können, in Abbildung 16a dargestellt. Wir sagen, dass die Elektronen durch den Austausch eines Photons aneinander streuen. Dieses Diagramm lässt sich aufbauen, indem man zwei Elektron-Photon-Vertices aneinanderfügt. Sie sollten sich die Elektronen von links kommend vorstellen, dann streuen diese infolge des Photonenaustauschs aneinander und entfernen sich nach rechts. Sie dürfen sogar das Teilchen gegen ein Antiteilchen austauschen (und umgekehrt), solange sie ein einfallendes Teilchen daraus machen. Abbildung 16b zeigt eine weitere Möglichkeit, die Vertices zusammenzusetzen. Sie ist etwas ausgefallener als das andere Diagramm, aber sie entspricht wiederum einer Möglichkeit, wie die beiden Elektronen miteinander wechselwirken können. Kurzes Nachdenken sollte Sie davon überzeugen, dass eine unendliche Anzahl von möglichen Diagrammen existiert. Alle Diagramme stellen unterschiedliche Möglichkeiten dar, wie zwei Elektronen aneinander gestreut werden können. Zum Glück für diejenigen unter uns, die die Vorgänge berechnen müssen, sind manche Diagramme wichtiger als andere. Eigentlich lässt sich die Regel sehr leicht formulieren: Allgemein gesagt sind die Diagramme am wichtigsten, die die wenigstens Vertices haben. Also ist im Falle von zwei Elektronen das Diagramm in Abbildung 16a am wichtigsten, denn es hat nur zwei Vertices. Das bedeutet, dass wir ein ziemlich gutes Verständnis von den Vorgängen bekommen können, wenn wir nur dieses Diagramm

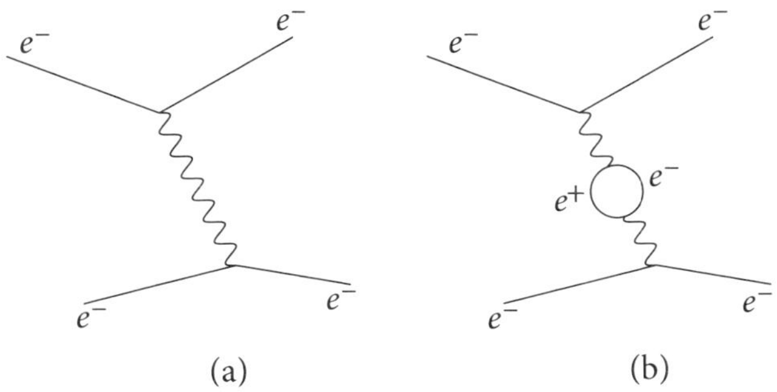

Abbildung 16

mit Feynmans Regeln berechnen. Es ist sehr angenehm, dass aus der Mathematik die Physik der Wechselwirkung zwischen zwei elektrisch geladenen Teilchen herausspringt – so wie sie Faraday und Maxwell entdeckt haben. Aber nun können wir behaupten, dass wir ein viel besseres Verständnis von den Ursprüngen dieser Physik haben, denn wir haben sie ausgehend von einer Eichsymmetrie abgeleitet. Berechnungen mit Feynmans Regeln geben uns viel mehr als bloß einen weiteren Ansatz, um die Physik des 19. Jahrhunderts zu verstehen. Selbst wenn zwei Elektronen miteinander wechselwirken, können wir Korrekturen zu Maxwells Vorhersagen berechnen – kleine Korrekturen, die seine Gleichungen verbessern, weil die Gleichungen dadurch genauer mit den experimentellen Daten übereinstimmen. Also eröffnet die Mastergleichung neue Wege. Wir kratzen hier wirklich nur an der Oberfläche. Wie bereits betont, beschreibt das Standardmodell alles, was wir über die Art und Weise wissen, wie Teilchen miteinander wechselwirken. Zudem ist sie eine vollständige Theorie der starken, schwachen und elektromagnetischen Kraft, mit der sogar die Vereinheitlichung von zweien dieser Kräfte gelingt. Außen vor bleibt bei diesem ambitionierten Entwurf eines Verständnisses, wie alles im Universum mit allem anderen wechselwirkt, nur die Schwerkraft.

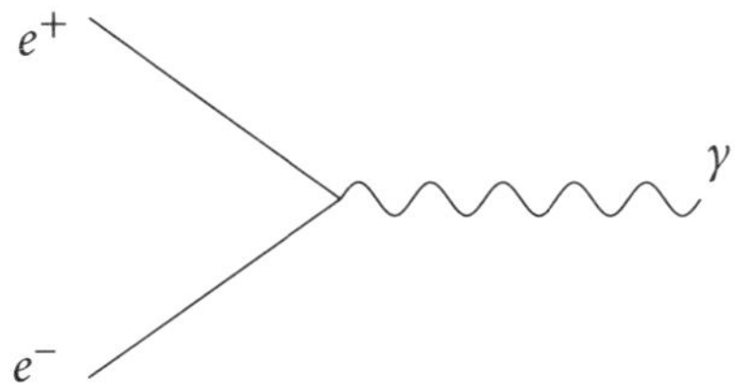

Abbildung 17

Aber wir müssen uns an die Prinzipien halten. Wie schreiben Feynmans Regeln, die den wesentlichen Inhalt des Standardmodells zusammenfassen, die Möglichkeiten vor, wie wir Masse zerstören und in Energie umwandeln können? Wie können wir mit Hilfe dieser Regeln am besten $E = mc^2$ ausnutzen? Erinnern wir uns zunächst an ein wichtiges Ergebnis aus Kapitel 5: Licht besteht aus masselosen Teilchen. Mit anderen Worten, Photonen besitzen keine Masse. Nun können wir ein interessantes Diagramm zeichnen, das in Abbildung 17 zu sehen ist. Ein Elektron und ein Antielektron (Positron) knallen aufeinander und vernichten sich gegenseitig, um ein einziges Photon zu erzeugen (zur Verständlichkeit haben wir das Elektron mit e^- und das Positron mit e^+ bezeichnet). Das lassen Feynmans Regeln zu. Dieses Diagramm ist bemerkenswert, weil es einen Fall darstellt, bei dem wir mit einer gewissen Masse beginnen (Elektron und Positron haben etwas Masse) und ohne irgendeine Masse enden (ein Photon). Es ist der endgültige Prozess der Materiezerstörung. Alle anfängliche Energie, die in den Massen des Elektrons und des Antielektrons weggesperrt war, wird als die Energie eines Photons freigesetzt. Allerdings gibt es ein Problem. Die gegenseitige Vernichtung in ein einziges Photon ist aufgrund der Regel verboten, dass alles, was geschieht, gleichzeitig der Energie- und der Impulserhaltung genügen muss. Der genannte Prozess kann das nicht leisten (das ist nicht völlig offensichtlich und wir würden uns nicht scheuen, es zu beweisen). Es ist allerdings ein leicht zu umgehendes Problem – nehmen

Sie zwei Photonen. Abbildung 18 zeigt das relevante Feynman-Diagramm. Wiederum wird die Anfangsmasse vollständig zerstört und zu 100 Prozent in Energie umgewandelt, diesmal in zwei Photonen. Prozesse wie dieser spielten im jungen Universum eine sehr wichtige Rolle, als Materie und Antimaterie sich durch solche Wechselwirkungen fast vollständig gegenseitig ausgelöscht haben. Heute sehen wir die Überreste dieser Auslöschung. Astronomen haben beobachtet, dass auf jedes Materieteilchen im Universum ungefähr 100 Milliarden Photonen kommen. Mit anderen Worten überlebte von 100 Milliarden Materieteilchen nach dem Urknall nur eines. Der Rest nutzte die sich ergebende Gelegenheit, entledigte sich seiner Masse und wurde zu Photonen, so wie es in Feynmans Diagrammen grafisch dargestellt ist.

Eigentlich ist das Material des Kosmos, aus dem Sterne, Planeten und Menschen bestehen, also nur ein winziges Überbleibsel – übrig-

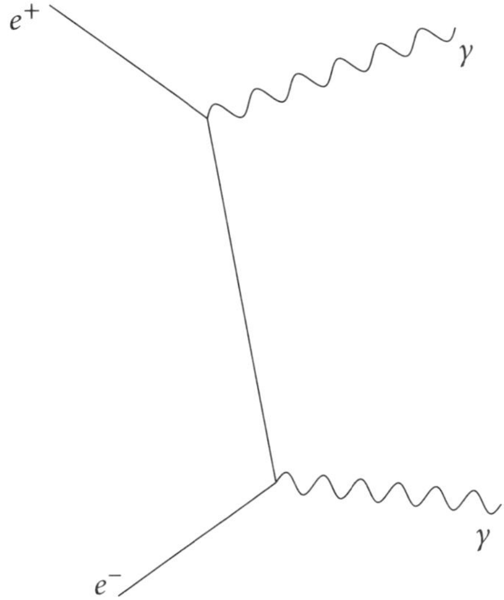

Abbildung 18

geblieben nach der großen Massenvernichtung, die sehr früh in der Geschichte des Universums geschah. Es ist ein Glück, fast schon ein Rätsel, dass überhaupt etwas übriggeblieben ist! Bis zum heutigen Tag sind wir nicht sicher, warum das geschah. Die Frage, warum das Universum nicht nur mit Licht und nichts anderem ausgefüllt ist, ist noch offen. In aller Welt werden Experimente aufgebaut, um die Antwort herauszufinden. Es herrscht kein Mangel an klugen Ideen, aber bislang müssen wir das entscheidende Stück experimentellen Hinweises noch finden – oder nachweisen, dass alle Theorien falsch sind. Der berühmte russische Dissident Andrei Sacharow leistete bei diesem Thema Pionierarbeit. Er war der erste Mensch, der Kriterien aufstellte, die von jeder bewährten Theorie erfüllt sein müssen, die die Frage beantworten will, warum überhaupt Materie nach dem Urknall übriggeblieben ist.

Wir haben gelernt, dass die Natur einen Mechanismus hat, um Masse zu zerstören. Leider ist seine Anwendung auf der Erde nicht sehr praktikabel, weil wir eine Möglichkeit benötigen würden, um Antimaterie zu speichern. Wir können Antimaterie nirgendwo abbauen und, soweit wir es beurteilen können, schwirren auch keine Brocken davon im Weltall herum. Als Energiequelle scheint Antimaterie nutzlos zu sein, einfach weil es keinen Treibstoff gibt. Antimaterie lässt sich im Labor erzeugen, aber nur wenn man zunächst viel Energie hineinsteckt. Obwohl der Prozess der Materie-Antimaterie-Vernichtung also den endgültigen Mechanismus für die Umwandlung von Masse in Energie darstellt, hilft er uns nicht, die Energiekrise der Welt zu lösen.

Was ist mit der Kernfusion, dem Prozess, der die Sonne mit Energie versorgt? Wie taucht dieser in der Sprache des Standardmodells auf? Entscheidend ist die Konzentration auf den Feynman-Vertex, an dem das W-Teilchen beteiligt ist. Abbildung 19 zeigt, was geschieht, wenn ein Deuteron durch die Fusion zweier Protonen hergestellt wird. Wir erinnern uns, dass Protonen in guter Näherung

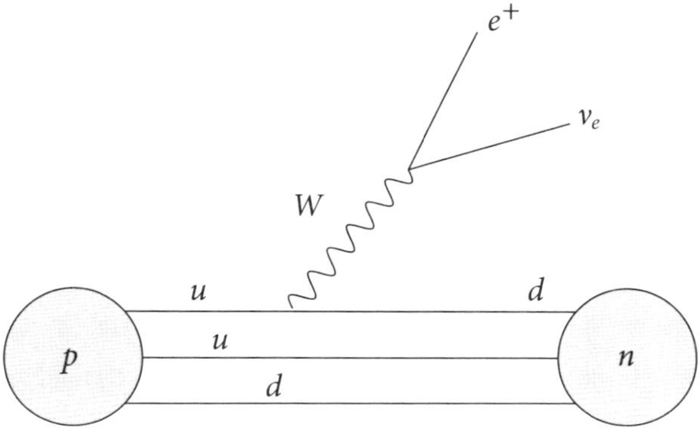

Abbildung 19

aus drei Quarks bestehen: zwei up-Quarks und ein down-Quark. Das Deuteron besteht aus einem Proton und einem Neutron, wobei das Neutron wiederum hauptsächlich aus drei Quarks besteht. Aber diesmal sind es ein up-Quark und zwei down-Quarks. Das Diagramm zeigt, wie eines der Protonen in ein Neutron umgewandelt werden kann. Wie Sie sehen, ist das W-Teilchen entscheidend. Eines der up-Quarks im Proton hat ein W-Teilchen abgestrahlt und sich in der Folge in ein down-Quark verwandelt. Dadurch wird das Proton zum Neutron. Gemäß dem Diagramm bleibt das W-Teilchen nicht bestehen. Es verwandelt sich in ein Antielektron und ein Neutrino.[15] Die bei der Bildung eines Deuterons abgestrahlten W-Teilchen zerfallen immer. Tatsächlich hat niemand jemals W-Teilchen gesehen, nur die Dinge, in die sie sich verwandeln, wenn sie aufhören zu existieren. Als Faustregel gilt, dass fast alle Elementarteilchen zerfallen, weil es für gewöhnlich einen Feynman-Vertex gibt, der das ermöglicht. Die Ausnahme tritt immer dann ein, wenn es unmöglich ist, Energie und Impuls zu erhalten. Das bedeutet, dass tendenziell nur die leichtesten

---

15 – Strenggenommen ist es ein Elektron-Neutrino, weil es in Verbindung mit einem Antielektron erzeugt worden ist.

Teilchen dableiben. Aus diesem Grund dominieren Protonen, Elektronen und Photonen in der Materie der Alltagswelt. Sie können einfach in nichts zerfallen: Die up- und down-Quarks sind die leichtesten Quarks, das Elektron ist das leichteste geladene Lepton und das Photon hat keine Masse. Das Myon zum Beispiel ähnelt dem Elektron ziemlich stark, aber es ist massereicher. Wir sind ihm früher begegnet, als wir über das Brookhaven-Experiment sprachen. Da das Myon mit mehr Masse wie das Elektron beginnt, verletzt sein Zerfall in ein Elektron nicht die Energieerhaltung. Zudem erlauben Feynmans Regeln diesen Vorgang, er ist in Abbildung 20 dargestellt, und weil ein Neutrinopaar ebenfalls abgestrahlt wird, gibt es keine Probleme mit der Impulserhaltung. Das Ergebnis ist, dass Myonen wirklich zerfallen und im Durchschnitt nur für flüchtige 2,2 Mikrosekunden existieren. Übrigens sind 2,2 Mikrosekunden eine sehr lange Zeit verglichen mit den Zeitskalen der meisten interessanten physikalischen Teilchenprozesse. Dagegen ist das Elektron das leichteste geladene Lepton im Standardmodell, weshalb es in nichts zerfallen kann. Soweit man das heute beurteilen kann, wird ein Elektron allein niemals zerfallen. Die einzige Möglichkeit, ein Elektron zu bezwingen, ist die gegenseitige Vernichtung mit seinem Antimateriepartner.

Zurück zum Deuteron in Abbildung 19. Sie erklärt, wie ein Deuteron aus dem Zusammenstoß zweier Protonen entstehen kann, und sie besagt, dass wir bei jedem Fusionsereignis ein Antielektron (Positron) und ein Neutrino erwarten können. Wie bereits erwähnt, wechselwirkt das Neutrino mit den anderen Teilchen des Universums nur sehr schwach. Die Mastergleichung sagt uns, dass dem so ist, denn die Neutrinos sind die einzigen Teilchen, die ausschließlich über die schwache Kraft wechselwirken. In der Folge können die Neutrinos, die tief im Zentrum der Sonne entstehen, ohne viele Probleme entkommen; sie strömen in alle Richtungen weg, einige von ihnen zur Erde. Wie die Sonne ist auch die Erde für Neutrinos ziemlich durchsichtig, so dass diese Teilchen durch die Erde hindurch gehen,

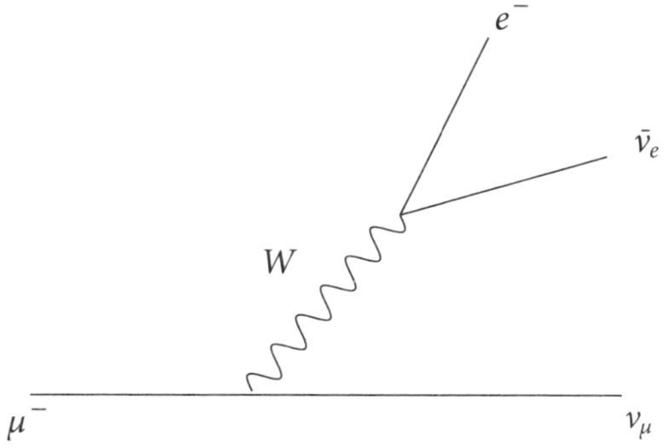

Abbildung 20

ohne dass wir es überhaupt bemerken. Nichtsdestoweniger gibt es für jedes Neutrino eine kleine Wahrscheinlichkeit, dass es mit einem Atom der Erde wechselwirkt. Wie bereits früher besprochen, haben Experimente wie Super-Kamiokande dies nachgewiesen.

Wie sicher können wir uns sein, dass das Standardmodell korrekt ist, zumindest bis zur Genauigkeit unserer aktuellen experimentellen Möglichkeiten? Viele Jahre lang hat das Standardmodell in verschiedenen Laboratorien der Welt die gründlichsten Tests durchlaufen. Wir müssen uns keine Sorgen machen, dass die Wissenschaftler zugunsten dieser Theorie voreingenommen sind. Die Forscher, die die Tests durchführen, würden liebend gerne herausfinden, dass das Standardmodell versagt oder in mancher Hinsicht Defizite hat. Sie versuchen es ernsthaft, das Modell bis zu seiner Zerstörung zu testen. Es ist ihr Traum, eine Ahnung von neuen physikalischen Prozessen zu bekommen, die umwerfend neue Einblicke in die inneren Zusammenhänge des Universums liefern würden. Bislang hat das Standardmodell jeden Test bestanden.

Die aktuellste der großen Maschinen für diese Tests ist der Large Hadron Collider (LHC) am CERN. Die weltweite Zusammenarbeit von Wissenschaftlern am LHC zielt darauf ab, das Standardmodell entweder zu bestätigen oder auseinanderzunehmen. Wir werden in Kürze zum LHC zurückkehren. Sein Vorgänger war der Large Electron Positron Collider (LEP); an ihm gelangen einige der bislang ausgezeichnetsten Tests. Der LEP befand sich in einem 27 Kilometer langen, kreisförmigen Tunnel, der unter Genf und einigen hübschen französischen Dörfern verläuft. Mit ihm wurde die Welt des Standardmodells elf Jahre lang erforscht, von 1989 bis 2000. Große elektrische Felder dienten dazu, den Elektronenstrahl in eine Richtung und den Positronenstrahl in die andere Richtung zu beschleunigen. Grob gesagt entspricht die Beschleunigung geladener Teilchen dem Mechanismus, mit dem Elektronen in altertümlichen Fernsehbildröhren (Kathodenstrahlröhren) Bilder erzeugten. Die Elektronen werden am hinteren Ende der Röhre abgestrahlt, deshalb sind ältere Fernseher auch so klobig. Dann werden die Elektronen mit Hilfe eines elektrischen Feldes zur Frontscheibe des TV-Geräts beschleunigt. Ein Magnet sorgt dafür, dass sich der Strahl ablenken und über den Schirm führen lässt, um das Bild zu erzeugen.

Beim LEP nutzte man ebenfalls Magnetfelder, um die Teilchen auf eine Kreisbahn zu zwingen, damit sie der Krümmung des Tunnels folgen konnten. Das ganze Unterfangen lief darauf hinaus, die beiden Teilchenstrahlen so zusammenzubringen, dass sie frontal miteinander kollidierten. Wie wir bereits gelernt haben, kann der Zusammenstoß eines Elektrons und eines Positrons zu einer Vernichtung beider führen. Ihre Massen verwandeln sich in Energie. An dieser Energie waren die Physiker am LEP am meisten interessiert, denn diese Energie konnte gemäß Feynmans Regeln in massereichere Teilchen umgewandelt werden. Während der ersten Betriebsphase der Maschine waren die Energien der Elektronen und Positronen genau auf den Wert eingestellt, der die Wahrscheinlichkeit außerordentlich erhöhte, dass ein Z-Teilchen entstand (falls Sie nochmals zur Liste mit Feynmans Regeln für das Standardmodell zurückkehren wollen, können Sie sehen, dass die Elektron-Positron-Paarvernichtung in ein

Z-Teilchen erlaubt ist). Das Z-Teilchen ist tatsächlich ziemlich massereich verglichen mit anderen Teilchen. Es ist fast 100-mal massereicher als das Proton und fast 200.000-mal massereicher als das Elektron oder Positron. In der Folge müssen Elektron und Positron nahe an die Lichtgeschwindigkeit gebracht werden, damit sie ausreichend Energie haben, um das Z zu erzeugen. Zweifellos ist ihre in der Masse eingeschlossene Energie, die bei der Paarvernichtung freigesetzt wird, bei weitem nicht ausreichend, um das Z zu erzeugen.

Das ursprüngliche Ziel des LEP war einfach: produziere kontinuierlich Z-Teilchen durch die wiederholten Zusammenstöße von Elektronen und Positronen. Jedes Mal, wenn die Teilchenstrahlen kollidieren, besteht eine leidliche Chance, dass sich ein Elektron des einen Strahls und ein einzelnes Positron des anderen Strahls gegenseitig vernichten und dabei ein einzelnes Z-Teilchen erzeugen. Dank häufig kollidierender Strahlen schaffte es der LEP während seiner Betriebsdauer, mehr als 20 Millionen Z-Teilchen durch die Elektron-Positron-Paarvernichtung zu erzeugen.

Genauso wie die anderen schweren Teilchen des Standardmodells ist das Z nicht stabil und zerfällt nach flüchtigen 10^{-25} Sekunden. Abbildung 21 zeigt die verschiedenen Zerfallsprozesse für das Z, an denen die etwa 1500 LEP-Physiker interessiert waren. Zu diesen 1500

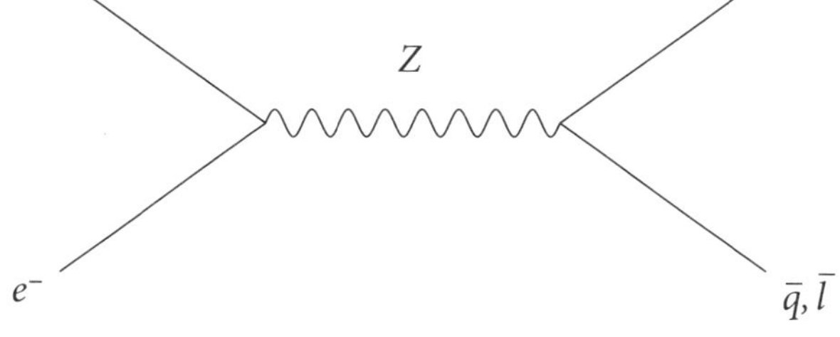

Abbildung 21

kamen viele tausend weitere in aller Welt, die begierig die Ergebnisse erwarteten. Teilchenphysiker können das Zeug identifizieren, das beim Zerfall des Z entsteht. Dazu verwenden sie riesige Detektoren, die die Stelle umgeben, an der sich die Elektronen und Positronen gegenseitig vernichten. Moderne Teilchendetektoren, wie die am LEP verwendeten, ähneln ein bisschen gewaltigen Digitalkameras. Sie haben mehrere Meter Durchmesser und können die Teilchen bei deren Durchgang durch die Detektoren verfolgen. Sie sind wie auch der Beschleuniger selbst Meisterleistungen moderner Ingenieurskunst. In Hohlräumen so groß wie Kathedralen messen sie Energie und Impuls einzelner subatomarer Teilchen mit außerordentlicher Genauigkeit. Sie sind wirklich am Rande des technisch Machbaren, wunderbare Denkmäler unseres kollektiven Wunsches, das Funktionieren des Universums zu erforschen.

Ausgestattet mit diesen Detektoren und zahllosen Hochleistungsrechnern verfolgten die Wissenschaftler als eines der ersten Ziele eine ziemlich einfache Strategie. Sie mussten ihre Daten nach den Kollisionen durchsuchen, bei denen ein Z-Teilchen erzeugt wurde, und dann für jede dieser Kollisionen ermitteln, in was das Z-Teilchen zerfiel. Manchmal entstand dabei ein Elektron-Positron-Paar, ein andermal entstanden ein Quark und ein Antiquark oder vielleicht ein Myon und ein Antimyon (siehe Abbildung 21). Aufgabe der Wissenschaftler war es, eine Strichliste zu führen, aus der hervorging, wie häufig das Z durch jeden der möglichen Mechanismen zerfiel. Dieses Ergebnis mussten sie dann mit den Zahlen vergleichen, die gemäß der Theorie des Standardmodells zu erwarten waren. Aufgrund der mehr als 20 Millionen verfügbaren Z-Teilchen konnten sie die Korrektheit des Standardmodells ziemlich stringent testen. Natürlich zeigten die Ergebnisse, dass die Theorie wunderbar funktionierte. Diese Übung wird als Messung der Zerfallsbreite bezeichnet, sie war einer der wichtigsten Tests des Standardmodells, den der LEP leisten konnte. Im Lauf der Zeit wurden viele weitere Tests durchgeführt, und immer funktionierte die Theorie des Standardmodells. Als im Jahr 2000 der Betrieb des LEP endgültig endete, war das Standardmodell dank der ultragenauen Daten des Beschleunigers mit einer Präzision von 0,1 Prozent bestätigt.

Bevor wir das Thema Tests des Standardmodells verlassen, können wir uns ein weiteres Beispiel für eine ziemlich andere Art von Experiment nicht verkneifen. Elektronen (und viele weitere Elementarteilchen) verhalten sich wie kleine Magnete, und einige sehr schöne Experimente wurden entworfen, um diese magnetischen Effekte zu messen. Es sind keine Experimente an Beschleunigern; es gibt da kein rabiates Zerschmettern von Materie und Antimaterie. Vielmehr können Wissenschaftler mit sehr klugen Experimenten den Magnetismus mit der erstaunlichen Genauigkeit von eins zu einer Billion messen. Das ist eine atemberaubende Genauigkeit, ähnlich als ob man die Entfernung zwischen London und New York mit einer Genauigkeit von unter einer Haaresbreite messen würde. Und als ob das nicht schon erstaunlich genug wäre, waren die Theoretischen Physiker ebenfalls fleißig. Sie haben dieselbe Sache berechnet. Solche Berechnungen wurden früher nur mit Papier und Bleistift durchgeführt, inzwischen brauchen selbst die Theoretiker gute Computer.

Gleichwohl haben Theoretiker mit kühlem Kopf ausgehend vom Standardmodell dessen Vorhersagen berechnet, und ihre Vorhersagen stimmten genau mit den experimentellen Daten überein. Heute stimmen Theorie und Experiment mit einer Genauigkeit von zehn zu einer Milliarde überein. Es ist einer der genauesten Tests einer Theorie, der jemals in den Naturwissenschaften durchgeführt worden ist. Mittlerweile haben wir – vor allem dank des LEP und der Experimente zum Magnetismus des Elektrons – großes Vertrauen, dass wir mit dem Standardmodell auf dem richtigen Weg sind. Unsere Theorie von fast Allem ist in guter Form – mit Ausnahme eines letzten Details, tatsächlich eines ziemlich wichtigen Details. Was sind diese letzten beiden Zeilen in der Mastergleichung?

Bislang haben wir ein entscheidendes Stück Information zurückgehalten, obwohl es von absoluter Wichtigkeit für die Fragestellung dieses Buches ist. Nun ist es an der Zeit, die Katze aus dem Sack zu lassen. Wegen der Forderung nach einer Eichsymmetrie scheinen alle Teilchen des Standardmodells masselos sein zu müssen. Das ist offensichtlich falsch. Die Dinge haben Masse; um das zu beweisen, brauchen Sie kein kompliziertes wissenschaftliches Experiment. Wir haben bislang das gesamte Buch darüber nachgedacht. Und wir haben die berühmteste Gleichung der Physik hergeleitet, $E = mc^2$, in der ganz zweifellos ein »m« steht. Die letzten beiden Zeilen der Mastergleichung dienen also dazu, dieses Problem zu beheben. Wenn wir die letzten beiden Zeilen verstehen, kommt unsere Reise zu einem Ende, weil wir dann eine Erklärung für den eigentlichen Ursprung der Masse haben.

Das Problem der Masse ist einfach zu formulieren. Wenn wir versuchen, die Masse direkt in die Mastergleichung einzufügen, zerstören wir zwangsläufig die Eichsymmetrie. Aber wie wir gesehen haben, steckt die Eichsymmetrie tief im Kern der Theorie. Durch ihre Anwendung konnten wir alle Grundkräfte erzeugen. Schlimmer noch: Theoretiker bewiesen 1970, dass das Verwerfen der Eichsymmetrie keine Option ist, weil dann die Theorie des Standardmodells auseinanderfällt, sinnlos wird. Diese scheinbar ausweglose Situation wurde 1964 unabhängig voneinander durch drei Forschergruppen aufgelöst. François Englert und Robert Brout arbeiteten in Belgien, Gerald Guralnik, Carl Hagen und Tom Kibble in London sowie Peter Higgs in Edinburgh. Alle schrieben bahnbrechende Veröffentlichungen, die zu dem führten, was später als Higgs-Mechanismus bekannt wurde.

Was würde eine Erklärung der Masse ausmachen? Nehmen Sie an, dass Sie mit einer Theorie der Natur beginnen, in der die Masse nie in Erscheinung tritt. In einer solchen Theorie existiert die Masse einfach nicht, und Sie würden nie einen Begriff für sie erfinden. Wie wir gelernt haben, würde dann alles mit Lichtgeschwindigkeit herumsausen. Nun nehmen Sie an, dass innerhalb dieser Theorie etwas passiert, so dass die verschiedenen Teilchen sich nach dem Ereignis mit unterschiedlichen, langsameren Geschwindigkeiten bewegen. Also gewiss nicht mehr mit Lichtgeschwindigkeit. Dann hätten Sie das Recht zu sagen, dass das, was da geschah, für den Ursprung der Masse verantwortlich ist. Dieses »Ding« ist der Higgs-Mechanismus, und nun ist es Zeit für die Erklärung, was es mit ihm auf sich hat.

Stellen Sie sich vor, Ihre Augen seien verbunden und Sie hielten einen Tischtennisball an einem Faden. Wenn Sie den Faden ruckartig bewegen, werden Sie zu dem Schluss kommen, dass etwas mit wenig Masse an seinem Ende hängt. Nun nehmen Sie an, dass der Tischtennisball nicht mehr frei auf und ab hüpfen kann, sondern von dickem Ahornsirup umgeben ist. Wenn Sie jetzt den Faden ruckartig bewegen, werden Sie einen größeren Widerstand spüren. Womöglich nehmen Sie nun an, dass das Ding am Ende des Fadens viel schwerer als ein Tischtennisball sei. Der Ball wirkt schwerer, weil er vom Sirup abgebremst wird. Nun stellen Sie sich eine Art kosmischen Ahornsirup vor, der den gesamten Raum ausfüllt. Jede Ecke und jeder Winkel wird von ihm bedeckt. Er ist so allgegenwärtig, dass wir seine Anwesenheit nicht mal bemerken. In gewisser Hinsicht liefert er den Hintergrund für das gesamte Geschehen.

Die Analogie zum Sirup darf natürlich nicht überstrapaziert werden. Zum Beispiel muss es ein selektiver Sirup sein, der Quarks und Leptonen zurückhält, während sich Photonen ungehindert durch ihn bewegen können. Sie könnten die Analogie noch weiter treiben, um auch noch das zu fassen, aber wir denken, das Prinzip ist deutlich geworden, und wir sollten letzten Endes nicht vergessen, dass es bloß eine Analogie ist. Die Veröffentlichungen von Higgs und den anderen Wissenschaftlern erwähnen gewiss keinen Sirup.

Was sie erwähnen, ist das, was wir heute als Higgs-Feld bezeichnen. Wie das Elektronenfeld steht es in Zusammenhang mit einem

Teilchen: dem Higgs-Teilchen. So wie das Elektronenfeld ist das Higgs-Feld veränderlich, und wo es am stärksten ist, ist das Higgs-Teilchen wahrscheinlicher anzutreffen. Aber es gibt einen großen Unterschied: Das Higgs-Feld ist nie null, nicht mal, wenn keine Higgs-Teilchen in der Nähe sind. In dieser Hinsicht verhält sich das Higgs-Feld wie ein allgegenwärtiger Sirup. Alle Teilchen des Standardmodells bewegen sich vor dem Hintergrund dieses Higgs-Feldes, und einige werden durch das Higgs-Feld stärker beeinflusst als andere. Die letzten beiden Zeilen der Mastergleichung drücken genau diese Physik aus. Das Higgs-Feld wird durch das Symbol Φ repräsentiert. Die Teile der dritten Zeile, die zusammen mit einem B oder einem W (die in unserer komprimierten Schreibweise in dem Symbol D der dritten Zeile der Mastergleichung versteckt sind) zwei Exemplare von Φ enthalten, sind die Terme, die die Massen der W- und Z-Teilchen erzeugen. Die Theorie ist klug arrangiert, damit das Photon masselos bleibt (der Teil des Photons, der in B steckt, und der Teil in W heben sich in der dritten Zeile gegenseitig auf – was wiederum alles in dem Symbol D versteckt ist). Und da das Gluonfeld nie auftaucht, hat es ebenfalls keine Masse. Das alles steht in Übereinstimmung mit den Experimenten. Das Hinzufügen des Higgs-Feldes hat den Teilchen Masse verliehen, ohne die Eichsymmetrie zu zerstören. Vielmehr sind die Massen als Folge der Wechselwirkung mit dem Higgs-Feld im Hintergrund entstanden. Das ist der Zauber des ganzen Gedankens: Wir können den Teilchen Masse verleihen, ohne den Verlust der Eichsymmetrie in Kauf nehmen zu müssen. Die vierte Zeile der Mastergleichung ist die Stelle, wo das Higgs-Feld für die restlichen Materieteilchen des Standardmodells die Massen erzeugt.

Doch viele Jahre gab es eine unerwartete Schwierigkeit in dieser tollen Darstellung. Kein Experiment hatte jemals das Higgs-Teilchen nachgewiesen. Alle anderen Teilchen des Standardmodells waren bereits experimentell erzeugt worden, nur das Higgs blieb das fehlende Puzzlestück. Wenn es wie vorhergesagt existiert, dann würde das Standardmodell erneut triumphieren und seiner beeindruckenden Liste an Erfolgen eine Erklärung für den Ursprung der Masse hinzufügen können. Wie bei den anderen Wechselwirkungen zwischen den Teilchen legt das Standardmodell auch fest, wie sich das Higgs-Teilchen experimentell offenbaren würde. Das einzige, was uns das Standardmodell nicht sagt, ist die Masse des Higgs. Jetzt, da wir die Massen des W-Teilchens und des Top-Quarks kennen, besagt die Theorie aber immerhin, dass die Higgs-Masse in einem bestimmten Bereich liegen sollte. Der LEP hätte das Higgs sehen können, wenn es am unteren Ende des vorhergesagten Bereichs läge, aber da nichts gefunden wurde, nahm man an, dass das Higgs zu schwer ist, um es mit dem LEP zu erzeugen (denken Sie daran, dass für die Erzeugung massereicherer Teilchen mehr Energie erforderlich ist, aufgrund $E = mc^2$). Auch der Beschleuniger Tevatron, der am Fermi National Accelerator Laboratory (Fermilab) bei Chicago steht, suchte nach dem Higgs, konnte es aber nicht zweifelsfrei nachweisen. Möglicherweise hat auch die Energie des Tevatron nicht ausgereicht, um ein eindeutiges Higgs-Signal zu liefern – obwohl der Beschleuniger sehr gut im Rennen lag. Der LHC ist der bis dato leistungsfähigste Teilchenbeschleuniger. Da er genug Energie hat, um weit über die vom Standardmodell gesetzte obere Grenze für das Higgs hinauszukommen, sollte er die Frage nach der Existenz dieses Teilchens ein für alle Mal beantworten können: Der LHC würde das Standardmodell entweder bestätigen oder widerlegen. Wir werden in Kürze auf die Erklärung zurückkommen, warum wir so sicher sind, dass der LHC diese Aufgabe meistern wird, die die anderen Maschinen nicht schafften, aber zunächst möchten wir erklären, wie der LHC Higgs-Teilchen erzeugen soll.

Der LHC wurde im selben 27 Kilometer langen Tunnel gebaut, in dem der LEP stand, aber abgesehen vom Tunnel hat sich alles andere verändert. Dort, wo einst der LEP war, steht ein völlig neuer Beschleuniger. Er ist in der Lage, Protonen in entgegengesetzte Richtungen durch den Tunnel auf mehr als deren 7000-fache Massenenergie zu beschleunigen. Knallen Protonen mit diesen Energien aufeinander, stößt die Teilchenphysik in eine neue Ära vor. Und wenn das Standardmodell korrekt ist, wird der LHC Higgs-Teilchen in großer Zahl erzeugen. Protonen bestehen aus Quarks. Wenn wir also herausfinden wollen, was am LHC passiert, müssen wir bloß die relevanten Feynman-Diagramme identifizieren.

Die wichtigsten Vertices, die den Wechselwirkungen zwischen regulären Teilchen des Standardmodells und dem Higgs-Teilchen entsprechen, sind in Abbildung 22 dargestellt. Sie zeigt das Higgs als gestrichelte Linie in Wechselwirkung mit dem massereichsten Quark, dem top-Quark (mit »t« bezeichnet), oder mit den ebenfalls ziemlich massereichen W- und Z-Teilchen. Vielleicht überrascht es nicht, dass das für die Masse verantwortliche Teilchen bevorzugt mit den massereichsten Teilchen wechselwirkt. Wenn wir nun wissen, dass die Protonen uns eine Quelle für Quarks bereitstellen, ist es unsere Aufgabe herauszufinden, wie wir den Higgs-Vertex in ein umfangreicheres Feynman-Diagramm einbinden können. Dadurch hätten wir herausgefunden, wie sich Higgs-Teilchen am LHC herstellen lassen. Da Quarks mit W(oder Z)-Bosonen wechselwirken, ist es ein Leichtes herauszufinden, wie das Higgs durch ein W(oder Z)-Teilchen erzeugt werden könnte. Das Ergebnis ist in Abbildung 23 dargestellt: Jeweils ein Quark von den beiden kollidierenden Protonen (mit »p« bezeichnet) strahlt je ein W(oder Z)-Teilchen aus, die dann zu einem Higgs

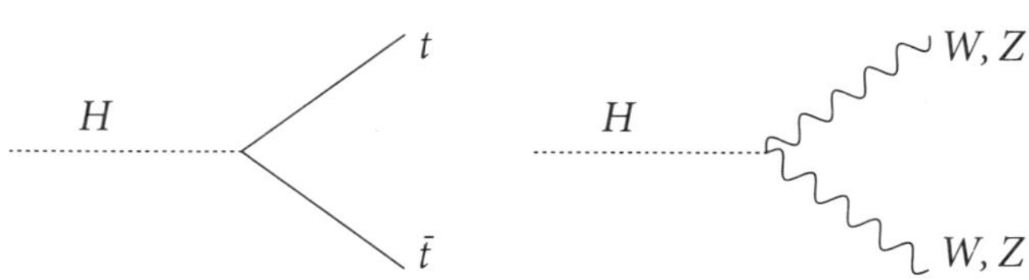

Abbildung 22

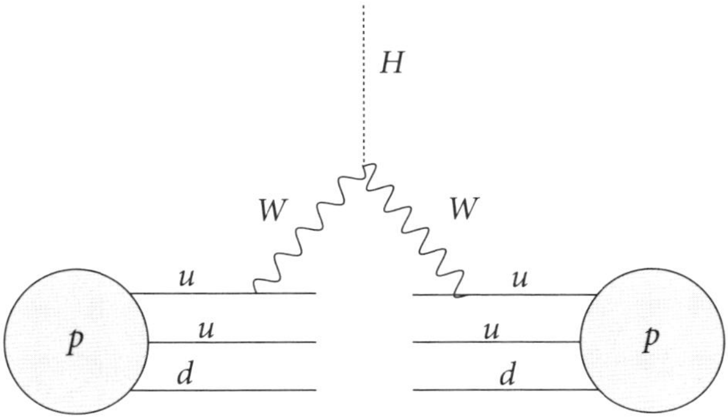

Abbildung 23

verschmelzen. Der Vorgang heißt schwache Bosonenfusion, er gilt als Schlüsselprozess am LHC.

Der Fall der Erzeugung über das top-Quark ist etwas komplizierter. In Protonen gibt es keine top-Quarks, so dass wir einen Weg brauchen, um von den leichten (up- oder down-) Quarks zum top-Quark zu gelangen. Nun wechselwirken top-Quarks mit den leichteren Quarks über die starke Kraft – vermittelt durch die Emission und Absorption eines Gluons. Das Ergebnis ist in Abbildung 24 zu sehen. Es ähnelt ziemlich der schwachen Bosonenfusion, nur dass die Gluonen die W- oder Z-Teilchen ersetzen. Weil er durch die starke Kraft vermittelt wird, ist dieser Weg tatsächlich der wahrscheinlichste für die Erzeugung eines Higgs-Teilchens am LHC. Er trägt die Bezeichnung Gluonenfusion.

Also ist der Higgs-Mechanismus die derzeit am meisten akzeptierte Theorie für den Ursprung der Masse im Universum. Wenn alles nach Plan verläuft, würde der LHC entweder die Beschreibung des Ursprungs der Masse innerhalb des Standardmodells bestätigen oder zeigen, dass diese Beschreibung falsch ist. Wir befinden uns in der klassischen wissenschaftlichen Position, eine Theorie zu haben, die präzise vorhersagt, was bei einem Experiment passieren sollte.

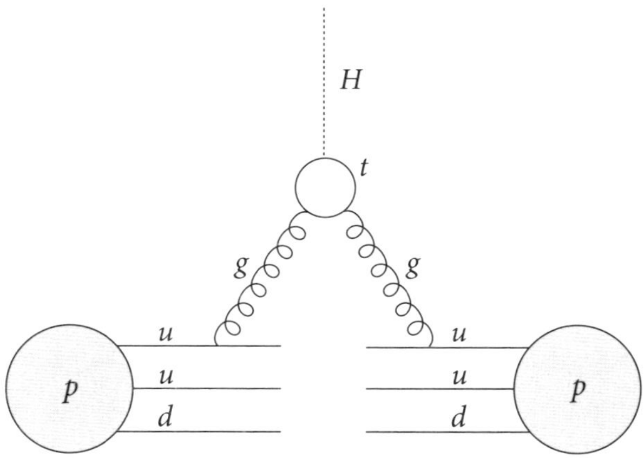

Abbildung 24

Daher steht und fällt diese Theorie mit den Ergebnissen dieses Experiments. Aber was wäre, wenn das Standardmodell unzutreffend wäre? Könnte etwas völlig anderes, unerwartetes passieren? Vielleicht ist das Standardmodell nicht ganz korrekt und es gibt kein Higgs-Teilchen. Diese Möglichkeit schließt niemand aus. Die Teilchenphysiker waren vielmehr besonders aufgeregt, weil der LHC etwas Neues ans Tageslicht bringen *musste*. Die Möglichkeit, dass der LHC nichts Neues sieht, existiert überhaupt nicht. Denn das Standardmodell ergibt ohne Higgs keinen Sinn bei den Energien, die der LHC erzeugen kann. Der LHC war der erste Beschleuniger, der in dieses unbekannte Terrain vorgedrungen ist. Welchen Weg die Natur auch immer wählt, es bleibt absolut unvermeidlich, mit dem LHC etwas zu messen, das zwangsläufig eine Physik enthält, der wir noch niemals zuvor begegnet sind. Es passiert in der Wissenschaft nicht häufig, dass ein Experiment durchgeführt wird, das die Enthüllung so interessanter Dinge garantiert. Das machte den LHC zum sehnlichst erwarteten Experiment seit vielen Jahren.

Nach langen Messreihen am LHC wurde im Juli 2012 der Nachweis des Higgs-Teilchens tatsächlich bekannt gegeben und damit das Standardmodell glänzend bestätigt. Ein Jahr später erhielten François Englert und Peter Higgs für ihre Ausarbeitung des Higgs-Mechanismus den Nobelpreis.

KAPITEL 8

Die gekrümmte Raumzeit

Bislang haben wir uns die Raumzeit als starr und unveränderlich vorgestellt – etwas, das einer vierdimensionalen Bühne oder Arena ähnelt, auf bzw. in der »Dinge geschehen«. Wir haben auch erkennen müssen, dass die Raumzeit eine Geometrie hat, und dass diese mit hoher Gewissheit nicht euklidisch ist. Wir haben gesehen, dass das Konzept der Raumzeit wie selbstverständlich zu $E = mc^2$ führt und wie diese einfache Gleichung – und die durch sie dargestellte Physik – zum Grundstein unserer modernen Theorien über die Natur und über die technische Welt wurde. Lassen Sie uns nun zur letzten unerwarteten Wendung in unserer Reise kommen, indem wir aus Neugier eine Frage stellen: Ist es möglich, dass die Raumzeit an jedem Ort im Universum unterschiedlich gekrümmt ist?

Die Vorstellung eines gekrümmten Raumes ist gewiss nicht neu für uns. Der euklidische Raum ist flach, der Minkowski-Raum ist gekrümmt. Damit meinen wir, dass der Satz des Pythagoras in der Minkowski-Raumzeit nicht gilt. Stattdessen gilt die Version der Entfernungsgleichung mit dem Minuszeichen. Wir wissen zudem, dass die Entfernung zwischen zwei Punkten in der Raumzeit ihre Analogie auf der Erdkugel in der Entfernung zwischen zwei Orten findet: In beiden Fällen ist die kürzeste Entfernung zwischen zwei Punkten keine – im wörtlichen Sinne – gerade Linie. Wie gesagt erfüllt die Entfernung zwischen zwei Punkten in der Minkowski-Raumzeit immer $s^2 = (ct)^2 - x^2$. Das bedeutet, dass sie überall gleich gekrümmt ist. Das Gleiche trifft auf die Erdoberfläche zu. Könnte es dennoch Sinn machen, von einer Fläche zu sprechen, die von Ort zu Ort unterschiedlich gekrümmt ist? Wie sähe die Raumzeit aus, wenn das erlaubt wäre? Und was wären die Folgen für Uhren, Maßstäbe und physikalische Gesetze? Um diese zugegebenermaßen obskur klingende Möglichkeit zu untersuchen, werden wir einen Schritt zurücktreten – weg von den sinnverwirrenden vier Dimensionen zu den vertrauten zwei Dimensionen auf der Oberfläche einer Kugel.

Eine glatte Kugel ist überall gleich stark gekrümmt, soviel ist klar. Aber ein Golfball mit seinen Dellen, auch Dimples genannt, ist es nicht. Genauso ist die Erdoberfläche keine perfekte Kugel. Wenn wir näher herangehen, sehen wir Täler und Hügel, Gebirge und Meere. Das Gesetz für die Entfernung zwischen zwei Punkten auf der Erdoberfläche ist nur näherungsweise überall dasselbe. Für eine genauere Antwort müssen wir wissen, wie sich die Erdoberfläche verändert, wenn wir uns durch die Berge und Täler zwischen dem Anfangs- und Endpunkt einer Reise bewegen. Könnte die Raumzeit Dimples wie ein Golfball oder Berge und Täler wie die Erde haben? Könnte sie von Ort zu Ort anders »verzerrt« sein?

Als wir erstmals die Entfernungsgleichung in der Raumzeit herleiteten, schien es so, als ob wir keine Möglichkeit hätten, sie von Ort zu Ort variieren zu lassen. Freilich argumentierten wir damals, dass uns die genaue Form der Entfernungsgleichung durch die Beschränkungen der Kausalität aufgezwungen wird. Wir trafen daher eine ziemlich umfassende Annahme. Wir *nahmen an*, dass die Raumzeit überall gleich ist. Es mag schon stimmen, dass diese Annahme ziemlich gut funktioniert und die experimentellen Belege weitgehend dafür sprechen. Schließlich war die Annahme entscheidend auf unserem Weg zu $E = mc^2$. Aber vielleicht waren wir nicht sorgfältig genug. Könnte die Raumzeit womöglich doch nicht überall gleich sein und würde das beobachtbare Folgen haben? Die Antwort ist ausdrücklich ja. Um zu diesem Schluss zu kommen, lassen Sie uns Einstein auf einer letzten Reise begleiten. Es war eine Reise, die ihn zehn Jahre harte Anstrengung kostete, bis er endlich ein weiteres großes Ziel erreicht hatte: die Allgemeine Relativitätstheorie.

Einsteins Reise zur speziellen Relativität wurde durch eine einfache Frage ausgelöst: Was wäre, wenn die Lichtgeschwindigkeit für alle Beobachter identisch ist? Seine viel turbulentere Reise zur allgemeinen Relativität begann mit einer genauso einfachen Beobachtung, die Einstein so sehr beeindruckte, dass er nicht mehr davon ablassen konnte, bis er ihre wahre Bedeutung erkannt hatte. Tatsache ist: Alle Dinge fallen mit derselben Beschleunigung zu Boden. Das ist alles... das war es, was Einstein so anregte! Es bedarf eines Geistes wie dem von Einstein, um zu erkennen, dass ein scheinbar so harmloser Umstand von so tiefer Bedeutung sein kann.

Tatsächlich ist es eine berühmte Erkenntnis der Physik, die lange vor Einstein bekannt war. Galilei gilt als der Erste, dem sie gelang. Gemäß der Legende stieg er auf den Schiefen Turm von Pisa und ließ zwei Kugeln unterschiedlicher Masse von oben herunterfallen. Er beobachtete, dass beide zur selben Zeit am Boden auftrafen. Ob er das Experiment tatsächlich durchgeführt hat, spielt keine Rolle. Wichtig ist, dass er den Ausgang des Experiments richtig erkannte. Wir wissen sicher, dass das Experiment schließlich, wenn nicht in Pisa, so doch 1971 auf dem Mond von David Scott, dem Kommandanten von Apollo 15, durchgeführt worden ist. Er ließ eine Feder und einen Hammer zur selben Zeit fallen – beide trafen gleichzeitig auf dem Boden auf. Auf der Erde können wir dieses Experiment nicht durchführen, weil die Feder vom Luftwiderstand abgebremst wird. Dagegen ist seine Durchführung im Hochvakuum über der Mondoberfläche ziemlich spektakulär. Eine Reise zum Mond, um zu überprüfen, ob Galilei Recht hatte, lohnt sich natürlich nicht wirklich. Aber das mindert nicht die Wirkung der Apollo-15-Vorführung. Es lohnt sich auf jeden Fall, das Video anzuschauen. Die wichtige Tatsache ist, dass alles gleich schnell fällt – solange verkomplizierende Einflüsse wie der Luftwiderstand unterbunden werden können. Die naheliegende Frage ist die nach dem Warum: Warum fällt alles gleich schnell und warum machen wir daraus so eine große Sache?

Stellen Sie sich vor, Sie befinden sich in einem ruhenden Aufzug. Ihre Füße stehen fest auf dem Boden und Ihr Kopf drückt auf Ihre Schultern. Ihr Magen ruht an der richtigen Stelle in Ihrem Körper. Nun stellen Sie sich vor, dass Sie sich unglücklicherweise in einem Aufzug befinden, dessen Seile durchtrennt wurden, so dass er nach unten fällt. Da alles gleich schnell fällt, drücken Ihre Füße nicht mehr gegen den Boden des Aufzugs, Ihr Kopf nicht mehr länger auf Ihre Schultern und Ihr Magen schwebt frei in Ihrem Körper. Kurz gesagt sind Sie schwerelos. Das ist eine große Sache, weil es *exakt* genauso ist, als ob jemand die Gravitation abgeschaltet hätte. Ein Astronaut im Weltraum würde genau dasselbe fühlen. Um etwas präziser zu sein: Während der Aufzug fällt, können Sie in ihm keine Experimente durchführen, um zu entscheiden, ob Sie in einem Aufzug Richtung Boden fallen oder im Weltraum schweben. Natürlich kennen Sie die Antwort, weil Sie den Aufzug betreten haben und die Stockwerksanzeige womöglich mit alarmierendem Tempo Richtung »Boden« zählt. Aber das ist nicht der Punkt. Der Punkt ist, dass die physikalischen Gesetze in beiden Fällen identisch sind. *Das* ist es, was Einstein so stark bewegte. Die Allgemeingültigkeit des freien Falls hat einen Namen. Sie wird Äquivalenzprinzip genannt.

Im Allgemeinen ändert sich die Gravitation an jedem Ort. Die Anziehung wird stärker, je näher Sie sich an der Erdoberfläche befinden, auch wenn es keinen großen Unterschied zwischen der Meereshöhe und dem Gipfel des Mount Everest gibt. Die Anziehung ist auf dem Mond viel schwächer, weil der Mond weniger Masse als die Erde hat. Entsprechend ist die Anziehungskraft der Sonne viel größer als die der Erde. Aber wo auch immer Sie gerade im Sonnensystem sind, wird sich die Stärke der Gravitation in Ihrer unmittelbaren Umgebung nicht allzu sehr verändern. Stellen Sie sich vor, Sie stehen auf dem Boden. Dann ist die Schwerkraft an ihren Füßen etwas größer als an Ihrem Kopf, wobei es nur ein kleiner Unterschied sein wird. Für kleine Menschen ist er geringer als für große. Wenn Sie sich eine Ameise vorstellen, dann ist der Unterschied zwischen der Anziehung an ihren Füßen und an ihrem Kopf noch geringer. Lassen Sie uns nochmals entlang der ausgetretenen Pfade des Gedankenexperiments gehen und uns noch kleinere Dinge vorstellen, bis zu einem winzigen »Aufzug«. Unser Aufzug wäre so klein, dass man die Gravitation in seinem Innern überall als gleich annehmen darf. Der winzige Aufzug ist mit noch winzigeren Physikern besetzt, deren Aufgabe lautet, wissenschaftliche Experimente in diesem Aufzug durchzuführen. Nun stellen wir uns vor, der Aufzug befinde sich im freien Fall. Dann würde keiner der winzigen Physiker jemals das Wort »Gravitation« in den Mund nehmen. Eine Beschreibung der Welt aufgrund der Beobachtungen dieser Gruppe fallender winziger Physiker hätte die erstaunliche Wirkung, dass die Gravitation einfach nicht existiert. Keiner würde das Wort »Gravitation« mit seiner piepsigen Stimme aussprechen, denn es ist keine Beobachtung innerhalb des Aufzugs möglich, die Hinweise auf so etwas wie die Gravitation liefert. Doch einen Moment! Irgendwas sorgt dafür, dass die Erde die Sonne umkreist. Ist das bloß eine Art Taschenspielertrick oder sind wir da auf etwas Wichtiges gestoßen?

Lassen wir Gravitation und Raumzeit für einen Moment beiseite und kehren zu der Analogie der gekrümmten Oberfläche der Erde zurück. Ein Pilot, der von Manchester nach New York fliegen möchte, muss zweifellos wissen, dass die Erdoberfläche gekrümmt ist. Dagegen können Sie die Erdkrümmung unbeschadet ignorieren, wenn Sie vom Esszimmer in die Küche gehen. Sie können einfach annehmen, die Erde sei flach. Mit anderen Worten ist die Geometrie (um ein Haar) euklidisch. Das ist letztlich der Grund, warum es ein Weilchen dauerte, bis die Menschen erkannten, dass die Erde nicht flach, sondern kugelförmig ist. Der Krümmungsradius ist sehr viel größer als die alltäglichen Entfernungen, an die wir uns gewöhnt haben. Stellen wir uns vor, dass wir die Erdoberfläche in kleine quadratische Flecken zerlegen, so wie es in Abbildung 25 zu sehen ist. Jeder Fleck ist fast flach; je kleiner wir die Flecken machen, desto flacher ist jeder. Auf jedem der Flecken herrscht eine euklidische Geometrie: Parallele Linien schneiden sich nicht und der Satz von Pythagoras gilt. Die Krümmung der Oberfläche wird nur offensichtlich, wenn wir versuchen, große Bereiche der Erdoberfläche mit unseren euklidischen Flecken zu bedecken. Wir müssen dazu viele kleine Flecken aneinanderhängen, um die gekrümmte Oberfläche einer Kugel wirklichkeitsgetreu nachbilden zu können.

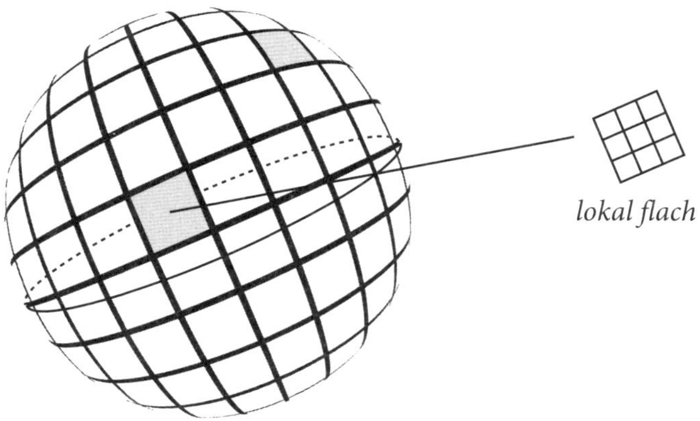

Abbildung 25

Nun kehren wir zu unserem kleinen Aufzug im freien Fall zurück. Dabei soll es viele andere kleine Aufzüge geben, von denen sich jeweils einer an jedem Punkt der Raumzeit befindet. Die Raumzeit im Innern der Aufzüge ist näherungsweise überall dieselbe, und die Näherung wird besser, wenn die Aufzüge kleiner werden. Erinnern Sie sich an Kapitel 4, in dem wir unsere Annahme, dass die Raumzeit »unveränderlich und überall gleich« sein sollte, sehr sorgfältig dargelegt hatten. Das war entscheidend, um die Entfernungsformel der Minkowski-Raumzeit konstruieren zu können. Da die Raumzeit in jedem der winzigen Aufzüge ebenfalls »unveränderlich und überall gleich« ist, folgt daraus, dass wir Minkowskis Entfernungsformel in jedem einzelnen winzigen Aufzug anwenden können.

Hoffentlich wird Ihnen die Analogie zu der Kugel langsam klar. Anstelle »flacher Flecken auf der Erdoberfläche« verwenden Sie »fallender Aufzug in der Raumzeit« und für »gekrümmte Oberfläche der Erde« nehmen Sie »gekrümmte Raumzeit«. Tatsächlich bezeichnen Physiker aus genau diesem Grund die Minkowski-Raumzeit häufig als »flache Raumzeit«. Die Minkowski-Raumzeit übernimmt die Rolle des flachen euklidischen Raumes in der Analogie. In diesem Buch haben wir das Wort »flach« der euklidischen Geometrie vorbehalten, und das Minuszeichen in der Minkowski-Form vom Satz des Pythagoras regte uns dazu an, den Begriff »gekrümmt« zu verwenden. Manchmal ist die Sprache nicht so einfach, wie wir es gerne hätten! Also gilt die Ansammlung kleiner Aufzüge für die Raumzeit wie die Ansammlung kleiner Flecken für eine Kugel. Aus jedem kleinen Aufzug wurde die Gravitation verbannt, aber wir können uns vorstellen, alle kleinen Minkowski-Flecken aneinanderzuhängen, um eine gekrümmte Raumzeit auf die genau gleiche Weise zu bilden, wie wir die gekrümmte Erdoberfläche aus flachen euklidischen Flecken konstruierten. Gäbe es keine Gravitation, kämen wir mit einem großen Aufzug aus, in dem Minkowskis Geometrie gilt. Wir haben also soeben gelernt, dass wenn es die Gravitation gibt, wir sie nur verschwinden lassen können, wenn wir in Kauf nehmen, dass die Raumzeit gekrümmt ist. Was für eine bemerkenswerte Schlussfolgerung.

Wenn wir das umdrehen, sieht es so aus, als ob wir entdeckt hätten, dass die Schwerkraft in Wirklichkeit nichts anderes als ein Anzeichen für die gekrümmte Raumzeit ist. Da die Gravitation in der Nähe von Materie zu finden ist, könnten wir folgern, dass die Raumzeit durch die Anwesenheit von Materie gekrümmt wird, also – da $E = mc^2$ – durch Energie. Über die Stärke der Krümmung haben wir bislang noch überhaupt nichts gesagt. Und wir werden darüber auch nicht sehr viel sagen, denn die Stärke der Krümmung ist – um einen vielgenutzten physikalischen Begriff zu verwenden – nicht trivial. 1915 schrieb Einstein eine Gleichung auf, mit der sich quantitativ exakt bestimmen lässt, wie stark die Krümmung in der Anwesenheit von Masse und Energie ist. Einsteins Gleichung verbessert Newtons uraltes Gravitationsgesetz, so dass es automatisch in Übereinstimmung mit der Speziellen Relativitätstheorie steht (Newtons Gesetz tut das nicht). Natürlich liefert die Gleichung in den meisten Fällen, denen wir im Alltag begegnen, sehr ähnliche Ergebnisse wie Newtons Theorie, aber sie macht Newtons Theorie zu einer Näherung. Um die unterschiedlichen Denkweisen über die Gravitation zu veranschaulichen, schauen wir, wie Newton und Einstein die Art beschreiben, in der die Erde um die Sonne kreist. Newton würde etwa folgendes sagen: »Die Erde wird von der Sonne durch die Schwerkraft angezogen. Diese Anziehung verhindert, dass die Erde hinaus ins Weltall fliegt, und beschränkt sie stattdessen auf eine Bewegung in einem großen Kreis.«[16] Es ist so ähnlich, als ob Sie einen Ball an einer Schnur über Ihrem Kopf herumwirbeln. Der Ball wird eine Kreisbahn beschreiben, weil die Spannung im Seil ihn dazu zwingt. Wenn Sie die

16 – In Wahrheit bewegt sich die Erde auf einer Ellipse, einem leicht eingedrückten Kreis. Aber die Erd-Ellipse ist ziemlich nah an einem Kreis.

Schnur durchtrennen, dann wird sich der Ball auf einer geraden Linie entfernen. Genauso würde Newton sagen, dass die Erde auf einer geraden Linie ins All davonsausen würde, wenn Sie plötzlich die Gravitation der Sonne abschalten würden. Einsteins Beschreibung geht völlig anders und lautet wie folgt: »Die Sonne ist ein massereiches Objekt und krümmt als solches die Raumzeit in ihrer Umgebung. Die Erde bewegt sich frei durch die Raumzeit, aber die Krümmung der Raumzeit zwingt die Erde auf eine Kreisbahn.«

Um einzusehen, dass eine offensichtliche Kraft eine reine Folge der Geometrie sein kann, können wir zwei Freunde betrachten, die über die Erdoberfläche spazieren. Sie sollen am Äquator beginnen und genau nach Norden gehen, parallel zueinander auf einer perfekt geraden Linie, was sie auch pflichtbewusst tun. Nach einer Weile werden sie bemerken, dass sie sich einander nähern und, wenn sie nur lange genug gehen, am Nordpol zusammenstoßen. Nachdem sie festgestellt haben, dass keiner von beiden geschummelt hat oder vom Weg abgekommen ist, kommen sie zu dem richtigen Schluss, dass eine Kraft zwischen ihnen wirkte. Durch diese Kraft zogen sie sich gegenseitig an, während sie nordwärts wanderten. Das ist eine Möglichkeit, sich die Dinge vorzustellen, aber es gibt natürlich eine andere Erklärung: Die Oberfläche der Erde ist gekrümmt. Die Erde macht ziemlich das Gleiche, wenn sie sich um die Sonne bewegt.

Um ein besseres Gefühl dafür zu bekommen, über was wir gerade sprechen, kehren wir zu einem unserer unerschrockenen Wanderer auf der Erdoberfläche zurück. Wie zuvor sagt man ihm, dass er immer entlang einer geraden Linie gehen soll. Lokal kann er diese Anweisung ohne Verwirrung befolgen, weil er annehmen kann, dass die euklidische Geometrie ausreichend gut gilt. In der Folge hat er eine klare Vorstellung von einer geraden Linie. Trotzdem geht er am Ende entlang eines kreisförmigen Weges, auch wenn wir uns den Kreis aus vielen kurzen geraden Linien bestehend vorstellen können. Nun kehren wir zum Fall der Gravitation und Raumzeit zurück. Die

Vorstellung einer geraden Linie durch eine gekrümmte Raumzeit ist völlig analog zur Vorstellung einer geraden Linie auf der Erdoberfläche. Die Schwierigkeit entsteht dadurch, dass die Raumzeit eine vierdimensionale »Oberfläche« ist, während die Erdoberfläche nur zweidimensional ist. Aber die Komplikation ist wieder mal mehr auf unsere begrenzte Vorstellungskraft zurückzuführen als auf eine höhere mathematische Komplexität. In der Tat ist die Mathematik einer Geometrie auf einer Kugeloberfläche nicht schwieriger als die Mathematik der Raumzeit-Geometrie. Gerüstet mit dem Konzept der geraden Linien in der Raumzeit (sie werden auch als Geodäten bezeichnet) können wir so mutig sein und vorschlagen, wie die Gravitation funktioniert. Wir haben erkannt, dass die Gravitation sich im Tausch gegen eine gekrümmte Raumzeit verbannen lässt, und dass die Raumzeit lokal eine »flache« Minkowski-Raumzeit ist. Wir wissen an dieser Stelle des Buches sehr gut, wie sich die Dinge in einem solchen Umfeld bewegen. Wenn zum Beispiel ein Teilchen ruht, wird es das weiter tun (solange nicht etwas daherkommt und ihm einen Stoß gibt oder es anzieht): Das Teilchen beschreibt eine Raumzeit-Bahn, die nur entlang der Zeitachse verläuft. Ebenso werden Objekte, die sich mit einer konstanten Geschwindigkeit bewegen, sich weiterhin in dieselbe Richtung mit derselben Geschwindigkeit bewegen (wiederum solange nicht etwas daherkommt und ihnen einen Stoß gibt oder sie anzieht). In diesem Fall folgen die Objekte einer geraden Linie im Raumzeit-Diagramm, die zur Zeitachse geneigt ist. Also sollte auf jedem winzigen Fleck der Raumzeit alles einer geraden Linie folgen, solange kein Einfluss von außen wirkt. Die Gesamtwirkung der Gravitation tritt in Erscheinung, wenn wir alle kleinen Flecken aneinanderhängen. Denn nur dann fügen sich die einzelnen geraden Linien zu etwas Interessanterem zusammen, etwa zur Umlaufbahn eines Planeten um die Sonne. Wir haben noch nicht gesagt, wie sich die Flecken aneinanderhängen lassen, um die Krümmung der Raumzeit zu erzeugen. Das legt Einsteins Gleichung von 1915 genau fest. Aber die Quintessenz könnte nicht viel einfacher sein: Die Gravitation ist im Tausch gegen die reine Geometrie verschwunden.

Gravitation ist also Geometrie, und alle Dinge bewegen sich entlang gerader Linien durch die Raumzeit, bis sie aus ihrer Bahn geworfen werden. Aber an jedem beliebigen Punkt der Raumzeit gibt es eine unendliche Zahl von Geodäten, so wie es eine unendliche Zahl von geraden Linien durch einen beliebigen Punkt der Erdoberfläche gibt (oder auf einer beliebigen anderen Oberfläche, wenn wir schon dabei sind). Wie können wir also herausfinden, auf welcher Raumzeit-Bahn sich ein Objekt bewegen wird? Die Antwort ist einfach genug: Die Umstände legen das fest. Zum Beispiel könnte die Person auf der Wanderung um die Erde in jede Richtung starten. Sie entscheidet, welchen Weg sie nimmt. Ebenso wird ein Objekt, das nahe der Erdoberfläche aus der Ruhe fallen gelassen wird, eine gewisse Raumzeit-Bahn beschreiben, während ein geworfenes Objekt einer anderen Geodäte folgen wird. Durch das Festlegen der Richtung, in die sich ein Objekt durch die Raumzeit an einem bestimmten Punkt bewegt, kennen wir daher dessen vollständige Bahn. Überdies folgen alle Objekte, die sich in diese bestimmte Richtung entfernen, derselben Bahn – unabhängig von ihren inneren Eigenschaften (wie Masse oder elektrische Ladung). Sie beschreiben einfach eine gerade Linie, das ist alles. Unsere Betrachtung anhand der gekrümmten Raumzeit drückt also auf erfreuliche Weise das Äquivalenzprinzip aus, von dem Einstein so fasziniert war.

Das Nachdenken über die Beschaffenheit von Raum und Zeit half uns zu verstehen, dass die Erde nichts anderes macht, als in einer geraden Linie um die Sonne zu fallen. Es ist nur so, dass die gerade Linie in einer gekrümmten Raumzeit liegt, was sich als eine (fast) kreisförmige Umlaufbahn im dreidimensionalen Raum äußert. Wir haben bislang nicht bewiesen, dass die Sonne die Raumzeit so krümmt, dass sich die Erde auf einer Geodäte bewegt, deren Schatten im dreidimensionalen Raum (fast) ein Kreis ist. Wir haben es einfach nicht getan, weil dafür zu viel Mathematik erforderlich ist. Es wären dafür auch Aussagen nötig, wie Objekte eigentlich die Raumzeit krümmen. Davor haben wir uns gedrückt. Die komplexe Mathematik ist der Hauptgrund, warum Einstein zehn Jahre für die Entwicklung der Theorie brauchte. Die allgemeine Relativität ist konzeptionell eigentlich einfach, aber die Mathematik ist kompliziert, wenngleich ihre Schwierigkeit nicht die Schönheit der Theorie verdeckt. In der Tat betrachten viele Physiker Einsteins Allgemeine Relativitätstheorie als die schönste unter allen Theorien über die Natur.

Sie dürften bemerkt haben, dass nichts, was wir sagten, eine Sorte Objekt unter den anderen heraushebt. Besonders sollte sich auch das Licht durch die Raumzeit entlang einer Geodäte bewegen. In jedem Raumzeit-Flecken, den es durchquert, bewegt sich das Licht entlang einer der um 45 Grad geneigten Geraden, die wir in Kapitel 4 eingeführt hatten. Aber durch das Aneinanderhängen aller Flecken ergibt sich eine Bahn, die im Raum gekrümmt ist. Die Krümmung spiegelt einfach wider, wie die Raumzeit in Anwesenheit von Masse und Energie gekrümmt wird. Wie im Fall der Erde auf ihrer Umlaufbahn um die Sonne ist die Bahn des Lichts durch den Raum ein Schatten seiner vierdimensionalen Geodäte. Das Leistungsvermögen des Äquivalenzprinzips und die Krümmung des Lichts lassen sich schön durch ein weiteres Gedankenexperiment veranschaulichen.

Stellen Sie sich vor, sie stehen auf der Erde und feuern einen Laserstrahl horizontal ab. Was passiert mit ihm? Das Äquivalenzprinzip sagt uns, was geschieht. Das Licht fällt gleich schnell Richtung Boden wie es ein Objekt täte, das just zu dem Zeitpunkt aus der Ruhe losgelassen wird, zu dem der Laserstrahl abgefeuert wurde. Hätte Galilei Zugang zu einem Laser gehabt und ihn horizontal vom Schiefen Turm von Pisa zur selben Zeit abgefeuert, wie er eine Kanonenkugel hätte fallen lassen, dann würde der Laserstrahl laut Einstein zur selben Zeit den Boden berühren müssen wie die Kanonenkugel. In der Realität besteht bei diesem Experiment das Problem, dass die Erdoberfläche sich sehr schnell wegkrümmt und der Laser niemals wirklich den Boden erreichen könnte, bevor er die Erde verlässt. Wenn wir uns dagegen vorstellen, auf einer falschen Erde zu stehen, verschwindet das Problem: Wir würden erwarten, dass der Laserstrahl den Boden zur selben Zeit wie die Kanonenkugel erreicht – wenn auch ein großes Stück weiter weg. Bräuchte die Kanonenkugel eine Sekunde bis zum Boden, dann würde der Laser den Boden in der Tat erst eine Lichtsekunde entfernt vom Turm treffen, was knapp 300.000 Kilometern entspricht.

Die Beschreibung der Gravitation als Geometrie ist gewiss ungemein überzeugend und führt zu ziemlich verblüffenden Folgerungen, aber sie wäre letztlich nutzlos, solange sie zu keinen Vorhersagen führt, die sich experimentell überprüfen lassen. Das haben wir im ganzen Buch betont. Einstein musste glücklicherweise nur vier Jahren warten, bis seine exotischen Vorhersagen bestätigt wurden.

Der erste große Test von Einsteins neuer Theorie fand 1919 statt, als Arthur Eddington, Frank Dyson und Charles Davidson eine Arbeit mit dem Titel *A Determination of the Deflection of Light by the Sun's Gravitational Field, from Observations Made at the Total Eclipse of May 29, 1919*[17] veröffentlichten. Sie erschien in den *Philosophical Transactions of the Royal Society of London* und enthält die unsterbliche Formulierung »beide [Beobachtungen] deuten auf die volle Ablenkung von 1,75″ gemäß Einsteins Allgemeiner Relativitätstheorie hin«. Über Nacht wurde Einstein weltweit zum Superstar. Seine esoterische Theorie der gekrümmten Raumzeit wurde durch die nicht unerheblichen Anstrengungen von Eddington, Dyson und Davidson bestätigt: Um die Finsternis zu sehen, mussten sie Expe-

---

17 – »Eine Bestimmung der Lichtablenkung durch das Gravitationsfeld der Sonne durch Beobachtungen der totalen Sonnenfinsternis am 29. Mai 1919«

ditionen in die brasilianische Stadt Sobral und auf die vor der westafrikanischen Küste gelegene Insel Principe unternehmen. Während der Finsternis war es ihnen möglich, Sterne sehr nahe der Sonne zu beobachten, die ansonsten im Sonnenlicht ertrinken. Dieses Sternenlicht eignet sich am besten für eine Überprüfung von Einsteins Theorie. Denn je näher man der Sonne kommt, desto mehr nimmt die Krümmung der Raumzeit zu. Im Wesentlichen überprüften Eddington, Dyson und Davidson, ob die Sterne ihre Positionen am Himmel veränderten, als die Sonne an ihnen vorbeizog. Dass die Sonne die Raumzeit krümmt, ist ziemlich wörtlich zu nehmen. Sie verhält sich wie eine Linse, die die Anordnung der Sterne am Himmel verzerrt.

Inzwischen ist Einsteins Theorie mit hoher Genauigkeit überprüft worden. Dazu wurden einige der außergewöhnlichsten Dinge des Universums verwendet: rotierende Neutronensterne, Pulsare genannt. Wir begegneten Neutronensternen und Pulsaren am Ende des Kapitels 6. Es gibt unzählige im Universum. Unter allen Objekten, die wir von der Erde aus mit Teleskopen untersuchen können, sind rotierende Neutronensterne etwas Besonderes, denn sie bieten uns eine starke Krümmung der Raumzeit und eine präzise Zeitmarke, die den weltweit besten Atomuhren gleichkommt. Wenn Sie sich ein Objekt ausmalen wollen, das das perfekte Umfeld für die Überprüfung der Relativitätstheorie liefert, käme Ihnen womöglich ein Pulsar in den Sinn. Pulsare liefern ihre Zeitmarke, indem sie während der Rotation Radiowellen abstrahlen. Stellen Sie sich einen Leuchtturm vor, der einen engen Lichtstrahl aussendet, der infolge einer Rotation etwa einmal pro Sekunde in einer bestimmten Blickrichtung aufleuchtet. So ist es auch bei Pulsaren. Sie wurden 1967 eher zufällig von Jocelyn Bell Burnell und Tony Hewish entdeckt. Vielleicht fragen Sie sich, wie es möglich ist, zufällig auf einen rotierenden Neutronenstern zu stoßen. Bell Burnell suchte nach Fluktuationen in der Intensität von Radiowellen, die von fernen Objekten – Quasare genannt –

stammen. Es war bekannt, dass diese Fluktuationen durch Sternwinde im interstellaren Raum entstehen. Als gute Wissenschaftlerin suchte Bell Burnell jedoch ständig nach interessanten Dingen in ihren Daten. In einer Novembernacht wies sie ein regelmäßiges Signal nach, das sie und ihr Doktorvater Hewish zunächst auf einen künstlichen Ursprung zurückführten. Durch spätere Beobachtungen kamen sie jedoch zu dem Schluss, dass das nicht stimmen konnte, sondern dass dieses Signal seinen Ursprung jenseits der Planeten haben musste. »An diesem Abend ging ich ziemlich mürrisch heim«, erzählte Bell Burnell später über ihre Beobachtungen. »Da war ich und versuchte eine Doktorarbeit über ein neues Verfahren zu schreiben und irgendwelche albernen kleine grüne Männchen mussten ausgerechnet meine Antenne und meine Frequenz auswählen, um mit uns zu kommunizieren.«

Obwohl Pulsare recht weit verbreitet sind im Universum, gibt es nur ein Beispiel für zwei Pulsare, die umeinander kreisen. Die Existenz dieses Doppelpulsars wurde 2004 von Radioastronomen einwandfrei festgestellt. Nachfolgende Beobachtungen führten zu der bislang genauesten Überprüfung von Einsteins Allgemeiner Relativitätstheorie.

Der Doppelpulsar ist ein außergewöhnliches Ding. Wir wissen inzwischen, dass er aus zwei Neutronensternen besteht, die etwa eine Million Kilometer auseinander sind. Stellen Sie sich die Gewalt dieses Systems vor. Zwei Sterne, jeder mit einer Sonnenmasse zusammengepresst auf die Größe einer Stadt, rotieren mehrere Mal pro Sekunde um ihre eigene Achse und rasen in einer Entfernung umeinander, die nur dreimal größer als die von der Erde zum Mond ist. Der Vorteil von zwei Pulsaren für die Überprüfung von Einsteins Theorie ist, dass die Radiowellen eines Pulsars gelegentlich sehr nahe am anderen Pulsar vorbeigehen. Das bedeutet, dass der ultraregelmäßige Radiostrahl durch einen Bereich mit einer stark gekrümmten Raumzeit verläuft, was dessen Passage verzögert. Mit sorgfältigen

Beobachtungen lässt sich diese Verzögerung messen und dadurch die Richtigkeit von Einsteins Theorie bestätigen.

Ein weiterer Vorteil des Doppelpulsar-Systems: Wenn die Sterne sich gegenseitig umrunden, erzeugen sie sich ausbreitende, kleine Wellen in der Raumzeit. Diese Wellen entziehen der Bahnbewegung des Paares Energie, so dass diese sich auf Spiralbahnen einander langsam nähern. Die Wellen werden Gravitationswellen genannt, und ihre Existenz ist ebenfalls eine Vorhersage von Einsteins Theorie (in Newtons Gravitation existieren sie nicht). In einer der größten Leistungen der experimentellen Wissenschaften haben Astronomen das Tempo gemessen, mit dem sich die Pulsare einander nähern. Die Astronomen verwendeten dazu das 64-Meter-Parkes-Teleskop in Australien, das 76-Meter-Lovell-Teleskop am Observatorium Jodrell Bank in Großbritannien und das 100-Meter-Green-Bank-Teleskop in West Virginia, USA. Die beiden Pulsare nähern sich einander nur um sieben Millimeter pro Tag, was in Übereinstimmung mit den Vorhersagen der Allgemeinen Relativitätstheorie steht. Diese Leistung ist atemberaubend. Die beiden rotierenden Neutronensterne, die sich in einem Abstand von einer Million Kilometer umrunden, sind 2000 Lichtjahre von der Erde entfernt. Ihr Verhalten wurde mit Millimetergenauigkeit vorhergesagt – mit Hilfe einer Theorie, die 1915 ein Mensch entwickelt hat, der verstehen wollte, warum zwei Materieklumpen gleichzeitig auf dem Boden auftreffen, wenn man sie wie drei Jahrhunderte zuvor geschehen vom Schiefen Turm von Pisa fallen lässt.

So genial und obskur die Messungen an dem Doppelpulsar auch sind, hier auf der Erde macht sich die Anwesenheit der allgemeinen Relativität in einem alltäglicheren Phänomen bemerkbar. Die GPS-Satelliten sind in der Welt allgegenwärtig und ihr Funktionieren hängt von der Genauigkeit ab, die Einsteins Theorien liefern. Ein 24 Satelliten starkes Netzwerk umkreist die Erde in einer Höhe von 20.000 Kilometern, jeder Satellit vollendet täglich zwei Bahnumläufe. Mit Hilfe der sehr genauen Borduhren der Satelliten lassen sich Positionen auf der Erde per Triangulation bestimmen. Auf ihren hohen Umlaufbahnen spüren die Uhren ein schwächeres Gravitationsfeld – die Raumzeit ist also anders gekrümmt als bei den gleichen Uhren auf der Erde. Die Uhren auf den Satelliten gehen dadurch täglich um 45 Mikrosekunden vor. Zusätzlich zur Wirkung der Schwerkraft bewegen sich die Satelliten auch mit ziemlich hoher Geschwindigkeit (mit ungefähr 14.000 Kilometer pro Stunde); die aus Einsteins Spezieller Relativitätstheorie folgende Zeitdilatation summiert sich dadurch auf sieben Mikrosekunden pro Tag. Zusammengenommen führen die beiden Effekte unterm Strich zu 38 Mikrosekunden, die die Uhren pro Tag vorgehen. Das klingt nach nicht viel, aber würde man es ignorieren, würde das GPS innerhalb von ein paar Stunden versagen. Das Licht legt in einer Nanosekunde, dem Tausendmillionstel Teil einer Sekunde, etwa 30 Zentimeter zurück. 38 Mikrosekunden entsprechen daher einem Positionsfehler von mehr als zehn Kilometern *pro Tag*, so wäre keine genaue Navigation mehr möglich. Die Lösung ist ganz einfach: Die Uhren auf den Satelliten sind so gebaut, dass sie täglich um 38 Sekunden langsamer gehen, wodurch das System eine Genauigkeiten von Metern statt von Kilometern erreicht.

Dass die Uhren auf den GPS-Satelliten schneller als die Uhren auf der Erde gehen, lässt sich leicht verstehen, wenn wir das anwenden, was wir in diesem Kapitel gelernt haben. Das Beschleunigen der Uhren ist tatsächlich eine direkte Folge des Äquivalenzprinzips. Um zu verstehen, wie es zustande kommt, gehen wir zurück in das Jahr 1959, in ein Labor an der Universität Harvard. Robert Pound und Glen Rebka machten sich damals an den Entwurf eines Experiments, um Licht von der Decke ihres Labors bis ins Untergeschoss, 22,5 Meter darunter, »fallen« zu lassen. Fällt das Licht in strikter Übereinstimmung mit dem Äquivalenzprinzip, sollte seine Energie während des Fallens um genau denselben Bruchteil zunehmen, um den die Energie sich bei jedem anderen Ding erhöhen würde, das wir fallen lassen könnten.[18] Wir müssen dazu wissen, was mit dem Licht geschieht, wenn es Energie gewinnt. Anders formuliert: was können Pound und Rebka am Boden ihres Labors sehen, wenn das gefallene Licht ankommt? Um die Energie zu erhöhen, bleibt dem Licht nur eine Möglichkeit. Wir wissen, dass das Licht nicht schneller werden kann, weil es sich bereits mit der universellen Höchstgeschwindigkeit bewegt, aber seine Frequenz kann zunehmen. Denken Sie daran, dass man sich Licht als Wellenbewegung vorstellen kann; eine Reihe von Wellenbergen und -tälern ähnlich wie bei einer Wasserwelle, die sich auf einem ruhigen Teich ausbreitet, nachdem man einen Stein hineingeworfen hat. Die Frequenz der Wellen ist einfach die Zahl der Wellenberge (oder -täler), die einen bestimmten Punkt in jeder Sekunde passieren. Im speziellen Fall des Pound-Rebka-Experiments können Sie es sich so vorstellen, dass Pound ganz oben neben der Lichtquelle sitzt. Er zählt, wie viele Lichtwellenberge bei jedem seiner Herzschläge ausgestrahlt werden. Rebka stellen Sie sich im Untergeschoss neben einer identischen Lichtquelle sitzend vor. Er zählt ebenfalls, wie viele Wellenberge pro Herzschlag ausgestrahlt werden. Rebka sollte zur selben Antwort wie Pound kommen, weil beide identische Lichtquellen-Uhren und identische Herzen haben. Okay, sie werden die genau gleiche Zahl nur bekommen, wenn sie wirklich identische Herzen hätten, was wohl nicht der Fall sein wird. Aber wir können uns das der Argumentation zuliebe so vorstellen. Nun stellen wir uns Rebka vor, wie er im Untergeschoss sitzt und das ankommende Licht von Pounds Lichtquelle sieht. Weil das Licht Energie gewonnen hat, sieht Rebka die Wellenberge häufiger ankommen, als wenn die

---

18 – Mit dem Wissen, dass die potenzielle Energie gleich »mgh« ist, können Sie leicht erkennen, dass diese anteilige Zunahme gleich gh/c^2 ist, wobei g die Beschleunigung aufgrund der Gravitation und h die Höhe des Falls ist.

Lichtquelle neben ihm wäre. Aber diese Wellenberge sind mit dem Herzschlag seines Kollegen synchronisiert. Laut Rebka im Untergeschoss würde Pounds Herz schneller schlagen, Pound würde also auch rascher altern. Der Effekt ist winzig und entspricht einer Beschleunigung um eine Sekunde alle 13 Millionen Jahre. Er ist ein Beleg für die Fertigkeit und Erfindungsgabe von Pound und Rebka, denn es ist ihnen gelungen, ein Experiment durchzuführen, dass diesen Effekt noch nachweisen konnte. Genau diese Beschleunigung der Zeit geschieht auch bei den Uhren der GPS-Satelliten. Sie sind in viel größeren Höhen als die 22,5 Meter im Harvard-Labor, aber die grundlegende Idee ist die gleiche: Uhren gehen in schwächeren Gravitationsfeldern schneller.

Einsteins Allgemeine Relativitätstheorie, auf erfreuliche Weise experimentell bestätigt, brachte uns dazu, die Raumzeit nicht als eine für immer feste Mischung aus Raum und Zeit zu betrachten, sondern als eine dynamischere Einheit – eine, die sich durch die Anwesenheit von Materie beeinflussen lässt und – da $E = mc^2$ ist, also Masse und Energie austauschbar sind – auch durch Energie. Umgekehrt beeinflusst die dynamische Struktur die Art, wie sich Objekte in ihr bewegen. Wir stellen uns den Raum also nicht mehr als eine unveränderliche Bühne vor, auf der die Dinge geschehen, und die Zeit nicht mehr als das unveränderbare, absolute Ticken einer gewaltigen Himmelsuhr. Vielleicht ist die wichtigste Lektion angesichts dieser radikalen Revision, dass es klug ist, die Grenzen der Erfahrung anzuerkennen. Warum sollten sich schnelle Dinge nach denselben Gesetzen richten wie die langsamen Dinge, denen wir im Alltag begegnen? Warum sollten wir auf das Verhalten sehr massereicher Objekte durch die Untersuchung von leichteren Objekten schließen dürfen?

Zweifellos erweist sich unsere Alltagserfahrung als ziemlich schlechte Richtschnur, und ein tieferes Verständnis ist, wie Einstein uns gezeigt hat, sehr viel eleganter. Einsteins Spezielle und Allgemeine Relativitätstheorie werden für immer als zwei der größten Leistungen des menschlichen Geistes gelten. Sie bringen so unterschiedliche Vorstellungen wie Masse und Energie sowie Raum und Zeit zusammen, und letztlich die Gravitation. In den kommenden Jahren könnten neue Einsichten, die auf neuen Beobachtungen und Experimenten aufbauen, durchaus zu einer Revision der in diesem Buch präsentierten Vorstellungen führen. In der Tat erwarten viele Physiker bereits eine neue Runde in der Suche nach genaueren und in größerem Umfang anwendbaren Theorien. Die dieser Lektion innewohnende Demut hinsichtlich der Grenzen der Erfahrung beschränkt sich zudem nicht auf die Relativitätstheorie. Sie gilt auch für den anderen großen Erkenntnissprung in der Physik des 20. Jahrhunderts: die Entdeckung der Quantentheorie, die das Verhalten aller Dinge auf der Skala von Atomen und darunter begründet. Niemand hätte jemals allein aufgrund der Alltagserfahrung herausfinden können, wie die Natur sich bei kleinen Distanzen verhält. Für den Menschen, dessen direkte Beobachtungmöglichkeit sich auf »die großen Dinge« beschränkt, widerspricht die Quantentheorie auf irrwitzige Weise der Intuition. Aber im 21. Jahrhundert lieferte sie die Basis für so vieles in unserem modernen Leben – von der medizinischen Bildgebung bis zu den jüngsten Computertechnologien –, dass wir sie akzeptieren müssen, egal ob wir uns mit ihr wohlfühlen oder nicht.

Heutige Physiker stehen vor einem Dilemma. Einsteins Allgemeine Relativitätstheorie, unsere beste Theorie der Gravitation, lässt sich nicht mit der Quantentheorie verbinden. Entweder muss eine oder es müssen beide überarbeitet werden. »Endet« die Raumzeit bei winzigen Entfernungen? Womöglich existiert sie überhaupt nicht wirklich, sondern ist nur eine Illusion, die durch die ständig zunehmende Zahl der »Dinge, die geschehen« entsteht. Sind die fundamentalen Objekte in der Natur winzige Schwingungen der Energie, die als Strings bezeichnet werden? Oder liegt die Lösung in einer anderen Theorie, die noch gefunden werden muss? Dies ist die Grenze, an der die Grundlagenphysik heute steht. Für an dieser Grenze arbeitende Wissenschaftler ist der Blick ins Unbekannte aufregend und begeisternd zugleich.

Am Ende dieses Buches über Einsteins Relativitätstheorien ist es nur allzu leicht, einen weiteren Beitrag zu dem unglücklichen Personenkult zu leisten, von dem dieser große Denker umgeben ist. Das ist nicht unsere Absicht. So ein Kult könnte sogar den künftigen Fortschritt blockieren, weil der Eindruck entsteht, dass die Wissenschaft Supermännern vorbehalten sei – Genies mit einzigartigen Einsichten, die für den Rest von uns unzugänglich sind. Nichts wäre weiter weg von der Wahrheit. Die Relativität war nicht die Arbeit eines Einzelnen, obwohl das in einem Buch über die Relativität manchmal so wirken kann. Einstein war zweifellos einer der Großen in der Kunst der Wissenschaft. Aber er gelangte zu seinen radikalen Einsichten über Raum und Zeit, wie wir im ganzen Buch betont haben, durch die Neugier und die Fähigkeiten von vielen Menschen. Er war keine Laune der Natur und sein Intellekt war nicht übermenschlich. Er war einfach ein großartiger Wissenschaftler und tat, was Wissenschaftler tun: Er nahm die einfachen Dinge ernst und ging logisch die Konsequenzen durch. Sein Genie bestand darin, die Konstanz der Lichtgeschwindigkeit ernst zu nehmen, wie es die Maxwell-Gleichungen und das – erstmals von Galilei erkannte – Äquivalenzprinzip unterstellen.

Wir hoffen, dass Nicht-Wissenschaftler aufgrund dieses Buches Einsteins bewundernswerte Theorien verstehen können. Dieses Verstehen gelingt auch Laien, weil Wissenschaft wirklich nicht schwer ist. Mit dem richtigen Startpunkt lässt sich der Weg zu einem tieferen Naturverständnis in kleinen Schritten nach und nach gehen. Im Kern ist die Wissenschaft ein bescheidenes Streben, und diese Bescheidenheit ist maßgeblich für den Erfolg. Einsteins Theorien werden anerkannt, weil sie – soweit wir das sagen können – korrekt sind. Aber sie sind keine heiligen Werke. Platt gesagt bleiben sie so lange gültig, bis es etwas Besseres gibt. Ebenso werden die großen Denker der Wissenschaft nicht wie Propheten verehrt, sondern als Menschen, die gewissenhaft zu unserem Naturverständnis beigetragen haben. Es gibt gewiss einige, deren Namen Millionen bekannt sind, aber es gibt keinen Wissenschaftler, dessen Ruf seine Theorien vor scharfer Kritik bewahren kann. Die Natur nimmt keine Rücksicht auf Reputationen. Galilei, Newton, Faraday, Maxwell, Einstein, Dirac, Salam, Weinberg... alle sind großartig. Die ersten vier lagen nur näherungsweise richtig, und dem Rest wird im Lauf des 21. Jahrhunderts wohl dasselbe Schicksal widerfahren.

Trotz dem Gesagten haben wir überhaupt keinen Zweifel, dass Einsteins Spezielle und Allgemeine Relativitätstheorie für immer als zwei der größten Leistungen des menschlichen Intellekts gelten werden – nicht zuletzt weil sie zeigen, wie leistungsfähig die Vorstellungskraft sein kann. Ausgehend von einer anregenden Mischung aus reinem Denken und wenigen experimentellen Daten war ein Mensch in der Lage, unser Verständnis von der genauen Struktur des Universums zu verändern. Dass Einsteins Physik sowohl ästhetisch und philosophisch befriedigend ist als auch äußerst nützlich, ist eine wichtige Lehre. Ihre wahre Bedeutung wird allzu selten gewürdigt. Wissenschaft wird im besten Fall von neugierigen Geistern betrieben, die die Freiheit zum Träumen haben, verbunden mit technischem Können und diszipliniertem Denken. Angenommen, die Gesellschaft, in der Einsteins Ideen aufblühten, hätte beschlossen, dass sie eine neue Energiequelle benötigt, um die Bedürfnisse der Bürger zu befriedigen. Es wäre dann kaum vorstellbar gewesen, dass ein visionärer Politiker öffentliche Fördermittel in die Erforschung der Natur von Raum und Zeit umgeleitet hätte. Aber wie wir gesehen haben, war es genau dieser Ansatz, der zu $E = mc^2$ führte. Dieser Ansatz stellte uns den Schlüssel zur Verfügung, um die Energie der Atomkerne nutzbar zu machen. Ausgehend von den einfachsten Vorstellungen – dass die Geschwindigkeit des Lichts etwas ist, über das sich alle im Universum einig sein sollten – wurde eine ganze Kiste an

Reichtümern entdeckt. »Ausgehend von den einfachsten Vorstellungen«… wenn es jemals eine Grabinschrift für die großartigen wissenschaftlichen Leistungen der Menschheit geben sollte, dann könnte sie mit diesen fünf Wörtern beginnen. Die Lust am Beobachten der kleinsten, anscheinend unwichtigsten Details der Natur und das Nachdenken darüber haben immer wieder zu den eindrucksvollsten Schlussfolgerungen geführt. Wir bewegen uns inmitten von Wundern. Wenn wir unsere Augen und unsere Sinne für sie öffnen, sind die Möglichkeiten grenzenlos. Solange es Menschen im Universum gibt, wird man sich an Albert Einstein als Inspiration erinnern. Er wird all jenen als Vorbild dienen, die mit einer natürlichen Neugierde die uns umgebende Welt verstehen wollen.

Register

F

G

L

M

T

U

V

W